全国高等学校计算机教育研究会"十四五"规划教材

全国高等学校
计算机教育研究会
"十四五"
系列教材

丛书主编 郑 莉

大学计算机概论

傅向华 / 主 编

李经宇 张 妙 / 副主编

刘羽朦 谷 也吕 羽 杨晓杏 赵 珩 陈 钒 / 编 著

清华大学出版社
北 京

内 容 简 介

本书着重在新工科背景下为所有工科计算机及非计算机专业的本科新生提供完整的计算机科学思维框架,以 Python 高级程序设计语言作为线索,简化计算机领域中的各个分支为模型,使用 Python 语言进行简易实现。

全书共 8 章,第 1 章从计算思维的角度概述计算机学科的整体脉络;第 2 章着重介绍计算机中对于数据和信息的编码原理;第 3 章对基础的 Python 语法做出介绍;第 4 章主要描述使用计算机解决问题的各类经典算法思想;第 5 章从底层出发介绍计算机的硬件系统和软件系统;第 6 章介绍计算机网络及网络安全;第 7 章介绍数据库系统;第 8 章对新时代下的计算机新技术——人工智能进行发散式介绍。本书还提供了大量应用实例,每章后均附有习题。

本书适用于高等院校工科专业本科一年级的相关课程,也可供教学工作人员设计本科实践课程时参考。

图书在版编目(CIP)数据

大学计算机概论 / 傅向华主编. -- 北京:清华大
学出版社,2024.7. --(全国高等学校计算机教育研究
会"十四五"系列教材). -- ISBN 978-7-302-66724-7

Ⅰ. TP3

中国国家版本馆 CIP 数据核字第 20241435PS 号

责任编辑:谢 琛 薛 阳
封面设计:傅瑞学
责任校对:申晓焕
责任印制:沈 露

出版发行:清华大学出版社
   网   址:https://www.tup.com.cn,https://www.wqxuetang.com
   地   址:北京清华大学学研大厦 A 座   邮 编:100084
   社 总 机:010-83470000   邮 购:010-62786544
   投稿与读者服务:010-62776969,c-service@tup.tsinghua.edu.cn
   质量反馈:010-62772015,zhiliang@tup.tsinghua.edu.cn
   课件下载:https://www.tup.com.cn,010-83470236
印 装 者:大厂回族自治县彩虹印刷有限公司
经 销:全国新华书店
开 本:185mm×260mm   印 张:16   字 数:392 千字
版 次:2024 年 7 月第 1 版   印 次:2024 年 7 月第 1 次印刷
定 价:59.00 元

产品编号:100609-01

FOREWORD

前言

 自 2022 年底 OpenAI 公司发布智能聊天机器人 ChatGPT 以来，关于人工智能的社会探讨与科学研究无疑再次被赋予了极高的热度。本书根据当下行业发展，以人工智能为引线，将 Python 作为实践工具，为工科专业本科新生提供全面的计算机科学视角，以便学生们可以在今后的学习和发展中充分利用这一工具。

 本书由傅向华任主编，李经宇、张妙任副主编。第 1 章由傅向华编写，第 2 章由刘羽朦、张妙编写，第 3 章由谷也编写，第 4 章由李经宇编写，第 5 章由陈钒、张妙编写，第 6 章由吕羽编写，第 7 章由杨晓杏编写，第 8 章由赵珩编写。

 作者在编写本书的过程中参考了许多书籍和文献资料，在此对文献的作者表示感谢。由于作者们的知识水平有限，书中难免有不妥和错误之处，恳请读者批评指正。

作者

2024 年 5 月 20 日

大学计算机概论课件

头歌课程平台

CONTENTS

目录

计 算 概 论

2023 年 5 月 21 日,图灵奖得主、深度学习之父 Hinton 在 Twitter 发文,确认其已离开谷歌(Google),并澄清道,他离开谷歌是为了能够公开谈论人工智能(artificial intelligence,AI)的危险,并且不必考虑对谷歌的影响。在此之前的 2023 年 3 月 29 日,包括埃隆·马斯克(Elon Musk)和苹果联合创始人史蒂夫·沃兹尼亚克(Steve Wozniak)在内的 1000 多名科技界领袖集体呼吁暂停开发人工智能,担心这场危险竞赛会对社会和人类构成深远的风险,且可能产生灾难性影响;而谷歌大脑成员吴恩达、图灵奖得主 LeCun 在内的反对派则认为,许多人将受益于人工智能应用,暂停研究的想法很糟糕。

这场对人工智能发展持不同态度的争论,源于 2022 年 11 月 30 日 OpenAI 发布的 ChatGPT 应用。ChatGPT 是使用生成型预训练转换(generative pre-trained transformer,GPT)技术构建的聊天机器人,而 GPT 模型是一种大规模的预训练模型,其使用大量数据和计算资源进行自我学习,可以用于聊天、写作、翻译、写代码等各种不同的任务。ChatGPT 仅上线两个月活跃用户便已破亿,是史上用户增长最快的消费级应用。ChatGPT 的出现掀起了新一代人工智能的浪潮,引起全球范围内的人工智能领域军备竞赛,国内外科技巨头和研究机构纷纷跟进研发自己的大模型,如百度的文心一言大模型、华为的盘古大模型、Meta 的羊驼(Llama)大模型、清华大学的通用预训练模型 GLM 等,打响人工智能领域的"百模大战"。

当前的大模型基本都采用深度神经网络结构,如果将时间回溯到 2012 年,那时深度神经网络刚刚崭露头角。2012 年 12 月,百度、谷歌、微软和 DeepMind 在神经信息处理系统(neural information processing systems,NIPS)会议召开期间,竞相竞拍一家由 Hinton 和他的两名学生 Alex Krizhevsky、Ilya Sutskever 成立的一家小公司 DNNresearch。DNNresearch 的成果是一篇 9 页的论文,论文详细介绍了他们提出的一种深度学习网络 AlexNet 是如何在 ImageNet 数据集上,将图像识别的错误率降到了惊人的 15.3%。拍卖规则很简单:每次拍卖开始之后,这 4 家公司有一个小时的时间将报价提高至少 100 万美元。Hinton 在报价达到 4400 万美元时叫停了拍卖,并决定将 DNNresearch 卖给谷歌。2013 年,Hinton 带着一个人工智能团队加入谷歌,将神经网络带入到研究与应用的热潮,将深度学习从边缘课题变成谷歌等互联网巨头仰赖的核心技术。

Hinton 绝对想不到,他加入谷歌十年之后,人工智能的发展速度,远远超出了包括他自己在内的众多专家的预期。2023 年 5 月,Hinton 在麻省理工学院(Massachusetts Institute of Technology,MIT)的一次演讲中表示,他最近改变了对他毕生研究的计算机系统推理能力的看法,以前人们觉得人工智能变得比人类聪明的事情可能要 30 年至 50 年才能实现,现在他认为这一切可能发生得更快。如今,以大语言模型为代表的新一代人 0 工智能技术发展的飞轮已快速转动,新方法和新技术不断推陈出新。那么,在这样一个技术变革的前夜,是否还有必要学习计算机课程? 是否直接学习人工智能技术就够了?

实际上,近年来迅速发展的人工智能、大数据、物联网等技术,与已有的计算机技术是一脉相承和紧密相关的。正是因为计算机无所不在,所以计算机技术仍然是数字经济发展的核心驱动力。人工智能系统的根基也依然是计算机系统,只有嵌入到已有的信息系统中,才能发挥其功效。例如,OpenAI 公开的 GPT 3.0 语言模型,其神经网络结构包含 1750 亿个参数,需要分布式系统和大量专用图形处理器(graphics processing unit,GPU)的支持;而为支持 OpenAI 的超大规模人工智能模型训练,微软花费数亿美元打造了专门的超级计算机,拥有超过 285 000 个中央处理器(central processing unit,CPU)内核、10 000 个 GPU 和 400Gb/s 的网络连接。

进入大学后,大家会发现,不同的专业都会涉及如何利用计算机来解决专业学习和科技创新活动中遇到的各类复杂问题。例如,设计支持可自动生成艺术作品的人工智能系统;求解像生命特征分析那样需要海量数据处理的问题;求解像航天飞机那样需要仿真模拟的问题;求解各类数学建模竞赛问题;利用社交网络数据进行社会影响力评价的问题;为构建安全的系统采用数据加密、安全认证和防止数据篡改的问题;构建智能问答系统;设计服务机器人的视觉识别系统;解决巡线导航甚至自动驾驶的问题等。所有这些问题的处理,都需要专业知识与计算机知识的结合,需要坚实的计算机基础和专业的分析问题、解决问题的能力,需要很好的程序设计能力。

因此,理解、使用和研究计算机技术和人工智能技术,探讨碳基文明与硅基文明如何更好地共生,更好地借助计算机进行问题求解,需要追随历史的足迹,回归到计算的本质,了解哥德尔不完全性定理、邱奇-图灵论题、图灵机模型、了解冯·诺依曼架构,理解计算机系统的构建、数据的表示和自动计算的过程。本章将概要介绍计算的概念、计算相关的编程、计算机系统组成、计算模型,以及计算思维与问题求解等相关内容。

◆ 1.1 计算的概念

1.1.1 计算与自动计算

1. 计算

"计算"这个词在小学学习加减乘除等各项算术运算的数学课中就已经接触到了。例如,"苹果 18 元/kg,算一下买 3kg 苹果要多少钱?"除算术运算以外,还有其他有关计算的说法,如逻辑运算、关系运算、多媒体计算、云计算、边缘计算等。那么,这些不同的"计算"是否具有共同的特性? 如何从本质上理解"计算"呢? 很多学者们已经从计数、逻辑、算法等不同的视角来看待计算问题,并把计算的概念推广到运筹、运算、演算、推理、变换和操作等当中去。

此处,可以通过分析上述"买苹果付多少钱"这个问题的计算过程,来理解"计算"的含义。该问题一般可用两种方法进行解答：一是 3 个 18 相加，二是 18 乘以 3。当然，也可直接用计算器来求解，在计算器上输入 18×3，就能得到结果。

从这个例子，可以看出计算的一些特性，因此可以对"计算"给出如下定义。

计算（computation）指的是在某计算装置上，根据已知条件，从某一个初始点开始，在完成一组良好定义的操作序列后，得到预期结果的过程。

对于这个定义，有两点需要注意。

（1）计算的过程可由人或者某种计算装置执行。

（2）同一个计算可由不同的技术实现。

上述例子中的"计算"是算术运算，其由数值和算术运算符形成运算式，按运算符的计算规则对数值进行计算并获得结果。在学习算术运算的过程中，需要不断学习和训练两方面内容：一是用各种运算符及其组合来表达对数据的变换，即熟悉各种运算式；二是能够按照运算的计算规则对前述的运算式进行计算并得到正确的结果。这种运算式的计算是由人来完成的，可被称为人的计算。

广义地讲，求解一个函数 $f(x)$ 就可认为是一次计算。当给出一个 x 值，通过按规则的计算就可以得到结果 $f(x)$ 值，如一元二次函数

$$f(x)=ax^2+bx+c$$

在高中及大学阶段，大家不断学习各种函数及其计算规则，如对数与指数函数、微分与积分函数等来求解各种问题，以得到正确的计算结果。

2. 自动计算

计算规则可以学习与掌握，但应用计算规则进行计算有可能会超出人的计算能力，即人知道规则却无法得到计算结果。在人类历史上，计算的作用受到了人脑运算速度和手工记录计算结果的制约，使得通过计算解决的问题规模非常小。对于复杂问题的解决，一种办法是研究复杂计算各种简化的等效计算方法使人可以计算并求得结果，这是数学家要研究的内容；另一种办法是设计简单的规则（注：为什么要简单，因为能够执行复杂规则的机器有可能造不出来），让机器重复地执行来自动完成计算，即用机器来代替人按照计算规则自动计算，这就是计算机科学家要研究的内容——怎样实现自动计算。

相对于计算有制约的人来说，计算机非常擅长于做（也只能做）两件事：运算和记住运算的结果。随着计算机的出现，以及计算机运算速度的不断提高，能通过自动计算解决的问题越来越多，问题规模越来越大，越来越多的问题被证明存在计算的解（computational solution）。所谓有计算的解，指的是对某个问题，能通过定义一组操作序列，按照该操作序列行为得到该问题的解，也就是说该问题是可计算的。

接下来简单比较一下人和机器进行计算的思维差异。

例：人和机器如何求解一元二次方程"$ax^2+bx+c=0$"的整数解？

如果人进行求解，则可以直接利用公式 $x=\dfrac{-b\pm\sqrt{b^2-4ac}}{2a}$ 进行求解。如果机器进行求解，则可采用如下方式：在 $[-n,n]$ 中，猜测 x 为该区间内的每一个整数值，将整数依次代入到方程中，如果其值使方程式成立，则该值即为其解。如图 1-1(a)所示，对于方程 $y=x^2-2x-3$，可以从 -5 到 5，依次取整数，代入方程，即可以求出方程的解。

当 x 不是整数时，如图 1-1(b)所示，方程 $y=x^2-5x+3$ 的解就不是整数。如果考虑

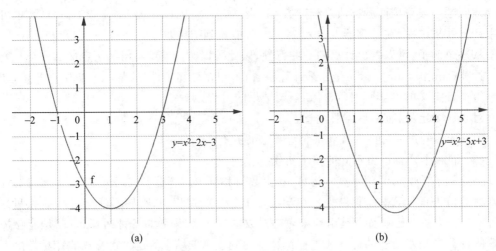

图 1-1　一元二次方程的整数解

实数,则 x 可以取 $0.1,0.01,\cdots,0.000\,000\,1$,为步长产生 x 的每一个实数值,代入方程进行验证。可以发现,需要求解的精度越高,那么产生 x 的数目也将越多,计算量也越大。

　　这个例子解释了计算与自动计算的基本差别。人进行计算,计算规则可能很复杂,如求根公式,但计算量可能很小,只需要按求根公式计算一次即可。人需要知道具体的计算规则才能完成计算(注:这些计算规则可能比较复杂,都是经过大量研究获得的,如由数学家研究提供的求根公式),有时人所应用的规则只能满足特定方程的求解,如上述公式可求解一元二次方程,但却不能用于一元三次方程或一元任意次方程。而机器进行计算,规则可能很简单,只需要进行简单的加减乘除运算,但计算量很大,有多少个 x 值就需要按照方程重复计算多少次。还有,机器所用方法一般具有更强的适用性,例如,上述机器所用方法就可用于任意次方程的求解。此外,"机器"也可以采用人可以使用的快速计算方法,例如,可以根据一元二次方程的求根公式,编写计算机程序。

　　计算不仅限于数值计算,随着科学技术的发展和社会需求的牵引,技术的概念被极大地泛化,各个学科都需要进行大量的计算,因此冠以"计算"的词语层出不穷,计算还包括非数值计算及各种应用推动的数据处理过程。例如,从技术的角度有云计算及大数据、数据库、多媒体数据处理等,从应用的角度有生物计算、量子计算、网格计算、仿真计算、社会计算、情感计算、可穿戴计算等。

　　3. 从手工计算到自动计算的探索历程

　　自远古时代开始,人类就在不断地发展计算工具。古人用石头计算捕获的猎物,石头就是计算工具。美国著名科普大师艾萨克·阿西莫夫(1920—1992)曾说过,人类最早的计算工具是手指,英文单词 digit 既表示"手指"又表示"数字"。根据我国专家的考证,大约在新石器时代早期,即远古传说中伏羲、黄帝之前,人们就开始用绳结的多少来表示数的概念,结绳就是当时的计算工具。《周易·系辞》中记载"上古结绳而治,后世圣人易之以书契,百官以治,万民以察"。

　　后来,在中国古代又发明了算筹这种计算工具,不仅可以代替手指帮助计数,还能做加减乘除等算术运算。中国古代十进位制的算筹记数法,在世界数学史上是一个伟大的创造。

此后,在算筹的基础上,又慢慢演变出算盘这一辅助计算工具。在北宋名画《清明上河图》的赵太丞药铺柜中就有一把算盘,专家据此推断算盘在北宋时期已经融入宋人生活。算盘是中国古代的一项重要发明,在自动计算工具出现之前,算盘曾是世界广为使用的计算工具。

从 17 世纪开始,科学家们逐渐开始研究自动计算工具。从最早的机械式计算机,到现代计算机,自动计算工具的计算能力不断增强。

帕斯卡机械计算机:机械执行计算规则,计算规则固定不变,简单计算。1642 年法国科学家帕斯卡建造了第一台能工作的计算机器——帕斯卡机械计算机,当时帕斯卡只有 19 岁。这台机器是帕斯卡为他的父亲——一名法国政府的税务官而设计的。整台机器是纯机械设备,使用齿轮传动,用手柄驱动。

帕斯卡机械计算机只能做加法和减法运算。该机器用齿轮来表示与存储十进制各个数位上的数字,通过齿轮的比例及其啮合来解决进位问题。低位的齿轮每转动 10 圈,高位上的齿轮只转动 1 圈。可以进行 8 位数的加减法运算,不仅用机械实现了数字在计算过程中的自动存储,而且用机械自动执行一些计数规则。30 年后,德国数学家莱布尼茨对此进行了改进,设计了“步进轮”,实现了计算规则的自动连续重复执行,可以实现自动连加、连减运算,进而可实现乘除法运算。帕斯卡机械计算机的意义在于:它告诉人们“用纯机械装置可以代替人的思维和记忆”,开辟了自动计算的道路。此后,莱布尼茨在研究过程中发现了十进制运算规则很复杂。为简化计算规则以便于机械实现,他借鉴中国的《易经》提出了二进制,发现二进制的运算规则非常简单,而且其与逻辑能够相互统一,因此深入研究并创立了“数理逻辑”,把理论的真理性论证归结于一种计算的结果,奠定了电子计算机的实现基础。1854 年,布尔基于二进制创立了布尔代数,为百年后的数字计算机的电路设计提供了重要的理论基础。

巴贝奇机械计算机:机械执行计算规则,计算规则复杂可变,特定形式计算。1822 年,30 岁的巴贝奇受前人杰卡德编织机的启迪,花费 10 年时间,设计并制作了差分机——利用差分法计算各种函数,如实现一个数的求平方操作。这台机械设备和只能做加法和减法的帕斯卡机械计算机类似,是为海军导航计算数据表而设计的,只能运行一个算法,即用多项式计算有限差分。有趣的是它的输出方法,是用钢模子将结果刻在铜面上,这可以说是后来一次性写的存储介质(如穿孔卡片和光盘)的雏形。

巴贝奇的差分机和帕斯卡机械计算机的不同点在于:帕斯卡机械计算机是用机械实现一些计算规则,其计算规则虽可重复执行但却不可变化;而巴贝奇利用堆栈、运算器、控制器设计出的差分机,可以一定程度地改变一些计算规则,以自动处理不同函数的计算过程。英国著名诗人拜伦的独生女埃达·奥古斯塔(Ada Augusta)为差分机编制了人类历史上第一批程序,即一套可预先变化的有限有序的计算规则。巴贝奇用了 50 年时间和大量资金不断研究如何设计制造、改进差分机(即分析机)。分析机由四部分组成:存储部分(存储器)、计算部分(计算部件)、输入部分(读卡器)和输出部分(打孔输出)。分析机的制造需要成千上万的各种高精度齿轮,但限于 19 世纪的技术,提供不了这些齿轮,分析机未能制造出来。巴贝奇的思想远远超越了与他同时代的人,甚至今天的许多计算机结构也与分析机类似,因此,称巴贝奇为现代数字计算机之父(甚至祖父)是非常恰当的。在巴贝奇去世 70 多年之后,霍华德·艾肯在图书馆发现了巴贝奇的著作,并于 1944 年用继电器在 IBM 的实验室制造出第一台全自动计算机 Mark I,巴贝奇的夙愿才得以实现。

现代计算机：计算规则任意变化（程序），自动执行计算规则（执行程序），任意形式的计算。前人对机械计算机的不断探索与研究，对计算自动化、智能化的不懈追求，促进了机械技术和电子技术的结合，最终实现了现代计算机的诞生。现代计算机，在借鉴了前人的机械化自动化思想后，着重解决了如何才能够自动存取数据、如何能够让机器识别可变化的计算规则并按照规则执行、如何能够让机器像人一样思考三个问题。科学家基于二进制，设计了能够理解和执行任意复杂程序的机器，可以进行任意形式的计算，如数学计算、逻辑推理、图形图像变换、数理统计、人工智能与问题求解等，计算机的能力在不断提高之中。

现代计算机的发展，经历了第一代的电子管计算机、第二代的晶体管计算机、第三代的集成电路计算机、第四代的超大规模集成电路计算机，直到第五代无处不在的计算机。计算机的形态也各式各样，从大型机到个人计算机，从服务器到各类嵌入式设备，从游戏机到各种无线射频识别（radio frequency identification，RFID）芯片等。

自动计算的探索历程，如图 1-2 所示。

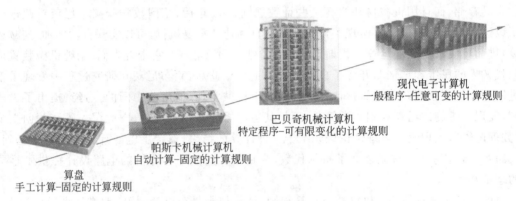

图 1-2　自动计算的探索历程

显然，自动计算的发展离不开自动计算工具的进步。概括地讲，计算与自动计算需要解决 4 个问题：①数据如何表示；②计算规则如何表示；③数据与计算规则的存储及自动存储如何实现；④计算规则的自动执行如何实现。换句话说，若要进行自动计算，需要由机器来自动存储和获取数据、自动存储和获取计算规则（即程序），自动按照计算规则对数据进行计算和处理（即程序的自动执行）。

对于计算机的使用者，主要研究如何利用存在的自动计算机器，面向各行各业开展自动计算，即利用计算机解决领域问题；而对于计算机科学家来说，除此之外，还需研究进一步研究哪些问题可以自动计算，如何构造能够实现自动计算的机器等问题。

1.1.2　算法

1. 算法的概念

通过前面的内容，我们知道计算与自动计算离不开计算规则的确定。那么，计算规则如何描述呢？

一般来说，知识可分为陈述性知识和过程性知识。陈述性知识是对事实的描述，例如，"x 的平方根是一个数 y，使得 $y \times y = x$"。但是，从平方根的描述，无法知道如何去求某数的平方根。而过程性知识描述的是"如何做"，或演绎信息的动作序列。例如，古希腊数学家希罗第一次给出了一种计算平方根的方法,描述如下。

输入:一个任意的实数 x。

输出:x 的算术平方根 g_1。

(1) 对给定的数 x,从 0 到 x 的区域猜测一个整数 g 作为其平方根。

(2) 如果 $g \times g - x$ 足够接近 0,g 即为所求算术平方根的解 g_1。

(3) 否则,计算 g 与 x/g 的平均值作为新的猜测。

(4) 将新的猜测仍记为 g,即令 $g = (g + x/g)/2$,重复上述过程,直到 $g \times g$ 足够逼近 x。

例如,用上述方法求 49 的平方根,计算过程如下。

(1) 猜测 49 的平方根为 6,即 g 为 6。

(2) $6 \times 6 = 36$ 不够逼近 49。

(3) 令 $g = (6 + 49/6)/2 \approx 7.08333$。

(4) $7.0883 \times 7.0883 \approx 50.17$,不够逼近 49。

(5) 令 $g = (7.0883 + 49/7.0883)/2 \approx 7.00049$。

(6) $7.00049 \times 7.00049 \approx 49.007$,已足够逼近 49,停止,并称 7.00049 为足够近似于 49 的平方根。

希罗求平方根的方法,是由一组简单动作的序列,以及规定每一个动作何时执行的控制构成的。这就是计算定义中所指的“一组良好定义的操作序列”,又称算法(algorithm)。

算法是求解一类问题的、机械的、统一的方法,它由有限个步骤组成,对于问题类中的每个给定的具体问题,机械地执行这些步骤就可以得到问题的解答。

对于算法概念的理解,需要把握两点:①算法是用于解决一类问题的,例如,可以用两数加法的运算方法来理解算法的概念;②算法定义了一组步骤,遵循这些步骤,可以求解具体的问题。广义地说,做任何事情都有其算法。例如,红烧肉的制作说明步骤是一个“红烧肉算法”,自由泳的分解动作序列是一个“自由泳算法”,一套广播体操的动作图解是一个“广播体操算法”。做任何事,都需要首先确定算法,然后才是去实现这个算法以达到目的。当然,我们主要关注计算机算法,即计算机能执行的算法。所谓计算机能执行是指一个算法能够不断地被细化,最终能用计算机语言来表达,进而被计算机所执行。

算法是利用计算机进行问题求解的核心,它给出了问题求解的步骤,被誉为计算机学科和计算机器的灵魂。如果一个问题,能够找到求解它的一个算法,则说该问题是可计算的。相同的问题,可以有不同的算法。虽然算法与具体的编程语言没有关系,但是算法是编程的第一步。设计出好的算法之后,可以用任何自己熟悉的语言来编程实现。假如没有设计出好的算法,无论哪种编程语言都无法避免算法带来的计算复杂性和存储空间需求等诸多问题。

计算机算法具如下有五个重要特征。

(1) 有穷性。即算法必须能执行有限个步骤之后终止。

(2) 确定性。算法执行的每一步都必须是确定且具有确切的定义的。而相对应的非确定执行步骤,可以把它想象成为在无限多种可能的步骤中,任意一个步骤都可以被执行。

(3) 输入。每个算法都需要输入,这些输入可以是一个数组,或是一个图的结构等。算法将对可以接受的输入形式进行相应的计算和转换。

（4）输出。每个算法都有一个或多个输出，以告知使用者算法的运行结果。

（5）能行性。算法执行的任何步骤都是计算机系统可以执行的一个或数个操作，可以由机器自动完成。能行性的另一含义是算法应能在有限时间内完成。

2. 算法的控制结构

当描述一个算法时，需要表述清楚算法具体的操作步骤和执行流程。可以用 3 种基本的控制结构描述算法的执行流程。

（1）顺序结构。可以如"执行 A，然后执行 B"的形式描述。以这种控制结构组合在一起的词语或语句段落 A 和 B 是按次序逐步执行的。

（2）分支结构。可以如"如果条件 Q 成立，则执行 A，否则执行 B"的形式表达，或者如"如果条件 Q 成立，则执行 A"的形式表达。其中 Q 是某些逻辑条件。

（3）循环结构。用于控制语句或语句段落的多次重复执行，有两种基本形式：①有界循环：可以如"执行语句或语句段落 A，共 N 次"的形式表达，其中 N 是整数。②条件循环：某些时候称为无界循环，可以如"重复执行语句或语句段落 A，直到条件 Q 成立"的形式表达，或者如"当条件 Q 成立时反复执行语句或语句段落 A"的形式表达。其中 Q 是条件。

控制结构也可以用流程图来表示，基本的流程图符号如图 1-3(a)所示，3 种基本的流程控制结构如图 1-3(b)所示。

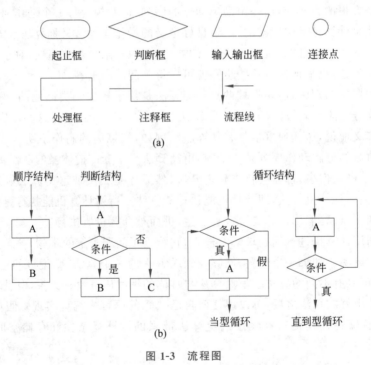

图 1-3　流程图

（a）基本的流程图符号；（b）3 种基本控制结构的流程图表示

一个算法可能需要多种控制结构的组合使用，顺序、分支和循环等结构可以相互嵌套。已经证明，任何算法都可用 3 种基本结构进行描述。例如，对于希罗求平方根算法的控制流程，可以用图 1-4 所示的流程图进行表示。其中 ε 为给定的某个精度，当 x 与 g 平方的差值不大于给定精度 ε 时，则认为已找到满足要求的平方根的解。

3. 算法的性能

谷歌被公认为全球最大的搜索引擎,是互联网上最受欢迎的网站之一。谷歌的最根本创新就在于谷歌的搜索算法。搜索算法始于 PageRank,是 1997 年拉里·佩奇(Larry Page)在斯坦福大学读研究生时开发的。佩奇的创新思想是:基于输入链接(如 www.sina.com.cn)的数量和重要性对网页进行评级,也就是通过网络的集体智慧确定哪些网站最有用。谷歌也因此成为互联网上最成功的搜索引擎。事实上,不仅仅是谷歌,诸如 Facebook、Twitter、百度、字节跳动等很多在信息产业取得成功的公司,都有自己的算法作为支撑。

在计算机迅速发展的这几十年中,各种新的算法在不断涌现,计算机应用的性能得到了显著提高。这使得众多使用计算机解决其核心问题的领域(如电子商务、移动通信、智能机器人、大数据应用等)都获得了巨大的发展。

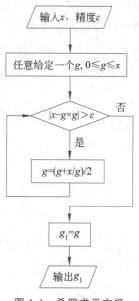

图 1-4　希罗求平方根算法的流程图

提高计算机性能的途径有多种,比如,通过不断改进计算机硬件的配置来提高计算机运算效率,或者优化程序和计算的过程,减少资源的开销等。但是,分析数据表明,计算机系统的整体运算效率提高的关键还是提高软件的运行效率,及其对硬件资源的使用效率,而软件的核心是算法。

相同的问题,可以设计不同的算法进行求解。例如,对于下面的 8 球称重问题,可以尝试不同的方法。

【8 球称重问题】　有 8 个大小相同的球,其中 7 个重量相等,有一个稍微重一点。请问如何用天平把较重的球找出来?

［方法 1］依次取 2 个球,一个放天平的左边和右边,如果天平是平衡的,则再拿 2 个球比较。直到天平向一侧倾斜,就找到稍重的一个。如此,最多只需测 4 次就能找到较重的球。

［方法 2］先将 8 个球分成两组,每组 4 个,把这 2 组球分别放在天平两侧,因为所有的球都在天平上,必然有一侧比另一侧重。把较重一侧的 4 个球再分成两组,每组 2 个,放到天平上。然后再把较重一侧的 2 个球分别放在天平两侧,较重一侧的小球即为所求。如此,最多只需测量 3 次。

［方法 3］先将 8 个球分成 2 组,一组 6 个球,一组 2 个;然后从 6 个球那组分别拿出 3 个放到天平左边和右边,如果天平不平衡,从重的那侧 3 个球中再任意取两个放到天平,如果天平不平衡,则较重的那个即为所求,如果平衡,则剩下的那个球则为所求。如果 6 个球分成的两组 3 个球,放到天平的左边和右边平衡,那说明较重的球在剩下的 2 个球中,将这两个球放到天平上,则可以找到所求的较重的球。采用这种方法,最多只需测量 2 次。

当球的数目较少时,3 个方法的差别不大。但如果球的数目增加到 1000 个,只有 1 个较重的球,想要找这个较重的球,又该如何处理?

在设计计算法时,算法的性能还和待求解问题中使用的数据结构有关系。数据结构是指相互之间存在一种或多种特定关系的数据元素的集合,一般涉及数据的逻辑结构、数据的物理结构及其数据结构上的运算。其中,数据的逻辑结构描述数据之间的逻辑关系,数据的物理结构指数据在计算机中的存储方式,数据结构的运算是指如何操作数据结构中的数据,例如,如何插入一个元素,如何查找一个元素,如何删除一个元素。

数据的逻辑结构通常分为集合结构、线性结构、树结构和图结构四类,如图 1-5 所示。

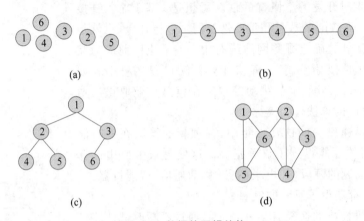

图 1-5　数据的逻辑结构

(a)集合结构;(b)线性结构;(c)树结构;(d)图结构

可以根据如下图书摆放的例子,理解不同的数据组织方式对图书查找性能产生的影响。

【图书摆放】　假设有一个图书馆,有很多书架,如何设计图书摆放的方法,才能使读者方便找到指定的图书。

[方法 1]随便放——任何时候有新书进来,哪里有空就把书插到哪里。放书方便,但查找效率极低。

[方法 2]按照书名的拼音字母顺序排放。查找方便,但插入新书很困难。

[方法 3]把书架划分成几块区域,每块区域指定摆放某种类别的图书;在每种类别内,按照书名的拼音字母顺序排放。查找、插入方便,但每种类型的书不知道有多少本,有可能造成空间的浪费。

◈ 1.2　计算机编程

1.2.1　什么是程序

对于特定的问题,有了求解算法之后,接着就是利用程序设计语言编写程序。程序经过编译处理,才能在计算机系统中自动运行,进行问题求解。程序其实就是用计算机语言表示的待执行任务的步骤。例如,对于 1.1.2 节中的求平方根问题,需要有输入正实数 c,根据希罗求平方根算法计算结果,输出结果等步骤。编程就是与计算机的对话,用编程语言把解决该问题的步骤表示出来。

若用 Python 语言实现希罗求平方根算法,求 10 的平方根,程序如图 1-6 所示。

```
def square_root1():
    c=10
    g=c/2
    i=0
    while abs(g*g-c)>0.00001:
        g=(g+c/g)/2
        i=i+1
        print("%d:%.13f" % (i,g))

square_root1()
```

图 1-6　求 10 的平方根的 Python 程序

运行该程序,结果如下所示:

```
1:3.5000000000000
2:3.1785714285714
3:3.1623194221509
4:3.16227766604441
```

程序概念的出现,得益于人类长期的生活实践,它通常指完成某些事务的一种既定方式和过程。例如,学生每天早晨起床的程序是起床、刷牙、洗脸、吃饭、早自习等;蛙泳的程序是"划手腿不动,收手再收腿,先伸手臂再蹬腿,并拢伸直漂一会";吃灌汤包的程序是"轻轻提,慢慢移,先开窗,再喝汤"。

在计算机学科中,程序是指能够实现特定功能的一组指令序列集合。其中,指令可以是机器指令、汇编语言指令,也可以是高级语言的语句命令,甚至还可以是用自然语言描述的运算或操作命令等。程序是程序设计的最终结果,它表达了人的思想,体现了开发者要求计算机执行的操作。程序与算法之间的关系可以用图 1-7 来表示。

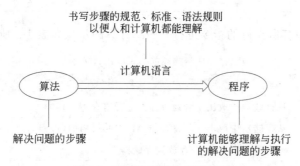

图 1-7　程序与算法之间的关系

程序设计技术一直是计算机应用的核心技术,从某种意义上来说,计算机的能力主要靠程序来体现。计算机之所以能够在各行各业中广泛应用,也是由于有丰富多彩的利用程序设计语言编制的应用程序。

1.2.2　程序设计语言

程序设计语言是人与计算机进行交流的工具。就如同想与外国人交流就必须学会外语一样,要想比较深入地掌握计算机,就必须学习有关程序设计语言的知识。程序设计语言虽然很多,但都具有一定的共性,掌握一门程序设计语言,就可以触类旁通。

程序设计语言的发展,经历了机器语言、汇编语言和高级语言等几个阶段。机器语言(machine language)是一种面向机器的语言。由于电子计算机只能识别0和1两个数码,因此计算机能够直接识别的指令是由一连串0和1组合起来的二进制编码,称为机器指令。机器指令是能被计算机识别并执行的、用于完成一个基本操作所发出的命令,一台机器所能支持的所有指令称为指令集。机器语言是指计算机能够直接识别的所有基本指令的集合,是最早出现的计算机语言。

一条指令一般由操作码和地址码两部分组成。其中,操作码规定了该指令进行的操作类型,如传送、加法、打印、停机等;地址码则给出操作数、结果及下一条指令的地址。指令的一般格式如图1-8所示。

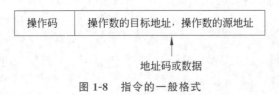

图 1-8　指令的一般格式

例如,假设某计算机支持的指令和对应的指令操作码如表1-1所示。

表 1-1　指令操作的操作码与汇编助记符表

操作名	操作码	汇编助记符
传送	0100	MOV
加法	0101	ADD
打印	1000	PRT
停机	1111	HLT

在该计算机上用其所支持的指令进行"7+8"计算的步骤如表1-2所示。

表 1-2　文字描述的"7+8"的计算步骤

序号	操作步骤内容
1	从存储器中取出7到运算器的0号寄存器AL中
2	从存储器中取出8与寄存器AL中的数相加,得到结果15
3	将寄存器AL中15存放到存储器中
4	从输出设备将存储器中的15打印出来
5	停机

假设操作数7存储在地址为0001的存储单元,操作数8存储在地址为0010的存储单元,则表1-2中的"7+8"计算程序可用机器指令表示如表1-3所示。其中指令地址是指该条指令在存储器中的存放地址,操作码对应表1-1中的操作码,地址码是指操作数存放的地址。

可以看出,机器指令和数据均存放在存储器中。根据上述对数据和指令在存储器中存放地址的假定,可以得到如图1-9所示的存储器布局。

表 1-3　用二进制机器指令表示的"7＋8"计算程序

指令地址	指令内容		所完成的操作
	操作码	地址码	
0101	0100	0001	取地址 0001 位置的数 7 到寄存器 AL 中
0110	0101	0010	取地址 0010 位置的数 8 与寄存器 AL 中的数相加
1000	0100	0011	将寄存器 AL 中的结果 15 存放到地址 0011 中
1001	1000	0011	输出地址 0011 中的数
1010	1111		停机

存储单元地址	存储单元内容	
0001	0000 0111	7
0010	0000 1000	8
0011		计算结果
0100		
0101	0100 0001	传送指令
0110	0101 0010	加法指令
0111	0100 0011	传送指令
1000	1000 0011	打印指令
1001	1111	停机指令
1010	...	

图 1-9　"7＋8"计算的存储器布局

因此,"7＋8"的二进制机器语言程序如图 1-10 所示。

0100 0001	把地址 0001 中的加数 7 送到寄存器 AL 中
0101 0010	将 AL 与地址 0010 中的加数 8 相加,结果存放在 AL 中
0101 0011	将 AL 中的结果存放到 0011 地址
1000 0011	打印 0011 地址中的结果
1111	停止操作

图 1-10　"7＋8"的二进制机器语言程序

由于机器语言不太好用,后来又对机器语言进行改进,用一些容易记忆和辨别的有意义的符号代替机器指令。利用这些符号代替机器指令所产生的语言称为汇编语言(assembly language),也称为符号语言,如表 1-1 中"汇编助记符"一列所示。将求"7＋8"的机器语言程序,改写成汇编语言程序,其形式如图 1-11 所示。其中 01H 为二进制数 0001 的十六进制表示,02H 为二进制数 0010 的十六进制表示,03H 为二进制数 0011 的十六进制表示。

MOV AL,01H	把 01H 中的加数 7 传送到寄存器 AL 中
ADD AL,02H	将 02H 中的加数 8 与寄存器 AL 中的数相加,结果存放在寄存器 AL 中
MOV 03H,AL	将 AL 中的结果传送到 03H 地址
PRT 03H	打印 03H 中的结果
HLT	停止操作

图 1-11　"7＋8"的汇编语言程序

不过,机器语言和汇编语言都是针对特定机器指令集的语言。高级语言是相对于机器语言和汇编语言来说的,它是用接近自然语言和数学语言的语法、符号描述基本操作的程序设计语言。因此,高级语言的一条指令通常是多个机器指令的复合体。例如,求"7+8"的问题,用 Python 语言编程时,可以直接写成如下表达式:

```
>>> al = 7 + 8
```

高级语言编写的程序,需要经过专门的翻译程序,将其翻译成用二进制代码表示的机器指令之后,才能够在计算机上处理运行。每种高级语言都有自己的翻译程序,翻译程序主要有两种工作方式:一种是解释方式,另一种是编译方式。解释方式的翻译工作由解释程序来完成,解释程序对源程序逐条语句边解释边执行,不产生目标程序。编译方式的翻译工作由编译程序来完成,会产生一个与源程序等价的可执行的目标程序,如图 1-12 所示。

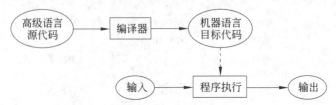

图 1-12　高级语言程序的编译和执行过程

高级语言更符合人的思考方式,利用高级语言编写程序时,程序设计者可以不关心机器的内部结构和工作原理,而把主要精力集中在解决问题的思路和方法上。常见的高级语言有 C、C++、Java 和 Python 等。编写程序时最常用的语句包括表达式语句、函数调用语句、控制结构语句。

1. 表达式语句

表达式语句由表达式组成。表达式是由数字、运算符、数字分组符号(括号)、变量等组成的有意义的序列,并且能够求得数值。执行表达式语句就是计算表达式的值。

例如:

y+z 为加法运算语句,但计算结果不能保留,因此不是一个完整的表达式语句。

x=3 为赋值语句,意思是将常数 3 的数值赋值给变量 x,执行该赋值语句后变量 x 的值为 3。这是一个表达式语句。

x=y+z 为上述两个表达式的组合,意思是将 y+z 的值赋给变量 x。这是一个完整的表达式语句。

2. 函数调用语句

函数调用语句由函数名和函数的参数表所组成。所谓参数表类似于数学中常见的自变量。函数调用语句的一般形式为:函数名(参数表)。如果该函数有返回值,则调用函数后可以获得它的返回值。例如,x=add(y,z)就是一个函数调用语句。其中,函数 add(y,z)表示将两个参数 x、z 的值相加,并将两个参数的和作为返回值赋值给变量 x。print(x)也是一个函数调用语句,用于输出变量 x 的值。

3. 控制结构语句

高级程序语言提供了多种控制逻辑和分支执行结果,因此,程序在执行的过程中可以选择执行路径的分支。常用的三种控制语句有 for、while 和 if 语句。不同的程序设计语言,有不同的设置方法。以下为 Python 语言中的三种控制语句形式。

1）for 语句

for 语句的一般形式为：for i in range(N)：{循环体}。这个语句的语义是：重复 N 次执行{循环体}的程序段。for 语句中的索引变量 i 表示第 i 次执行循环体。索引变量 i 的起始值和终止值可以根据需要来设定。一般而言，程序中索引变量 i 的值设定为：$i=0$，$1,\cdots,N-1$。例如，实现在屏幕上显示数字 0 到 9 的 for 语句形式为：

```
>>> for i in range(10):
>>>     print(i)
```

2）while 语句

while 语句的一般形式为：while(表达式){循环体}。这个语句的语义是：当表达式的值为真(或者非 0)时，就执行{循环体}的程序段。语句中的表达式是循环的执行条件。每次开始执行循环体之前，while 语句先评估表达式的值，一旦表达式的值为 0，循环就终止执行。因此，表达式定义了 while 语句中循环体的执行条件，限定了循环的执行次数。例如，实现在屏幕上不停地显示数字 0，直到程序被强制终止的 while 语句形式为：

```
>>> while 0<1:
>>>     print(0)
```

3）if 语句

if 语句的一般形式为：if(表达式){分支}。这个语句的语义是：如果表达式的值为真(或者非 0)，则执行{分支}部分的程序，否则跳过分支部分，直接执行后面的语句。有时，还会在 if 语句后面看到 else 程序段。例如，结合 for 语句实现从 1 到 100 偶数的 if 语句形式如下。

```
>>> sum=0
>>> for i in range(1,101):
>>>     if i%2==0:
>>>         sum=sum+i
>>>     else:
>>> print(sum)
```

1.2.3 编程解决问题举例

为了让大家对编程有个直观的了解，下面举几个利用 Python 语言解决具体问题的例子。具体的 Python 语言和程序设计在第 3 章再详细介绍。

问题 1：给定一个常数 $n(n>0)$，求 n 的阶乘。即 $n!=1\times2\times3\times\cdots\times n$。

要求 n 的阶乘，一种方法是利用循环依次访问 $1\sim n$ 的所有数。在程序开始时，创建一个初值为 1 的中间变量 res，循环中每次访问一个数 i，就将数 i 与中间变量相乘，这样中间变量存储的值就为 $i!$。当 $i=n$ 时，res 的值就是最终要求的 $n!$。

利用 Python 语言实现该思路的程序如图 1-13 所示，其中 factor 为定义的求阶乘的函数名：

```
def factor(n):
    if n==0:
        return 1
    else:
        res=1
        for i in range(1,n+1):
            res=res*i
        return res
num=factor(10)
print(num)
```

图 1-13　求 n 的阶乘的 Python 程序示例

问题 2： 给定常数 n、k，求 n 的 k 个组合。

要求组合数 C_n^k 的值，有如下公式：

$$C_n^k = \frac{n \times (n-1) \times \cdots \times (n-k+1)}{1 \times 2 \times 3 \times \cdots \times k} = \frac{n!}{k!(n-k)!}$$

利用 Python 语言实现求组合数的程序如图 1-14 所示，这里直接调用了问题 1 中的函数 factor()求阶乘，同学们也可以考虑其他的实现方式。

```
def combination(n,k):
    if k<0 or n<0 or k>n:
        return -1
    elif k==0:
        return 1
    else:
        c=factor(n)/factor(k)/factor(n-k)
        return c

num=combination(10,1)
print(num)
```

图 1-14　求组合数的 Python 程序示例

问题 3： 任意方程的求解。

对于任意方程 $f(x)=0$，若有一个值或一些值使得方程成立，那么该值就被称为方程的解，又称零点和根。根据勘根定理：对于任意实函数方程 $f(x)=0$，当 $x \in (a,b)$，且 $f(x)$ 在 $x \in (a,b)$ 上具有单调性和连续性，若 $f(a) \cdot f(b) < 0$，则方程在 $x \in (a,b)$ 有且仅有一个根。

所以任意方程的求根方法基本思路都是：首先找到有根的区间 (a,b)，然后在区间 (a,b) 上不断去逼近方程的根。这里采用二分法求解的思路，取定有根区间 (a,b) 进行对分，求得 $mid = (a+b)/2$ 进行判断含根区间，如果 $f(a) \cdot f(mid) < 0$，则令 $b = mid$；反之若 $f(b) \cdot f(mid) < 0$，则令 $a = mid$。当 $|b_n - a_n| < \epsilon$ 时停止计算并返回结果，其中 ϵ 为允许的误差。利用 Python 语言实现二分法求解任意方程的程序，如图 1-15 所示。

```
def f(x):
    return x**2-10*x+3

def findroot(a,b,eps):
    while abs(a-b)>eps:
        m=(a+b)/2
        if f(m)*f(b)<0:
            a=m
        if f(a)*f(m)<0:
            b=m
    return (a+b)/2

print("%.4f"%findroot(-2,2,0.0001))
print("%.4f"%findroot(8,12,0.0001))
```

图 1-15　二分法求解任意方程的 Python 程序示例

◆ 1.3　计算机系统

编写好的程序,要有计算机环境才能运行。对于普通的计算机使用者而言,使用某个程序时,只需知道如何运行程序,并不需要知道程序的实现和运行细节。因此,对普通用户来说,程序的运行可以被看成一个黑匣子,给定输入,即可以得到输出结果。但是,当编写程序解决问题时,就需要打开这个黑匣子,探索和了解计算机系统的内部构造,深入理解计算机的工作原理。

1.3.1　计算机硬件系统

对于所有的操作和程序的运行,都离不开计算机硬件。计算机硬件多种多样,根据不同的功能,可以分为以下几类。

(1) 输入设备,如键盘、鼠标等。

(2) 存储设备,如内存、硬盘等。

(3) 运算控制设备,如 CPU。

(4) 输出设备,如显示器、打印机等。

(5) 通信设备,如网卡、调制解调器等。

计算机的组成设备通过总线进行连接,如图 1-16 所示,这种结构也称为冯·诺依曼体系结构。

以 1.2.1 节中希罗法求根的 Python 程序为例,输入数据在硬件上的逻辑流动过程如图 1-17 所示:首先,用户从键盘输入实数 c,操作系统将实数传递到内存;然后,CPU 对输入数据进行运算并得到结果;最后,运算结果输出并通过显示器显示。在这个过程中,涉及的数据传输都是通过总线完成的。

程序又是如何在计算机硬件系统中运行起来的?冯·诺依曼体系结构的计算机采用存储程序的方式,具有 3 个特点:①二进制表示(二进制的数据表示方式会在第 2 章中详细介绍);②程序与数据一样存放在存储器中;③指令逐条自动执行。实际上在执行某个程序时,需要首先将高级语言编写的程序编译为二进制表示的机器指令,得到机器指令表示的程序,然后在计算机中依次执行指令,如图 1-10 中,完成"7＋8"计算的二进制机器语言程序。

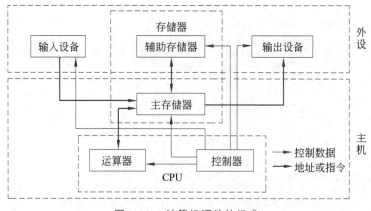

图 1-16　计算机硬件的组成

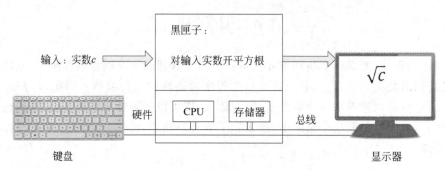

图 1-17　数据在硬件上的逻辑流动过程

　　了解计算机系统硬件的部署之后,就能清楚地认识到数据在程序运算过程中的传播与计算流程。但是,仅有硬件,计算机仍然不能对输入的实数 c 进行求根运算。因为硬件无法自我完成和实现用户的需求,硬件本身并不知道黑匣子所要完成的功能,并不能读懂自然语言"求某个实数的根"所表示的意思。因此,计算机系统中需要有这样一个部件,它专门将用户需求转换为硬件能看懂的语言,同时也控制着硬件的操作步骤和顺序。

1.3.2　计算机软件系统

　　对于求平方根的问题,如果让人进行计算,一般是运用所学的知识,在大脑中进行一系列的计算,例如,给定实数 16,经过计算后得到结果 4。而对于计算机而言,虽然 CPU 是其"大脑",但需要由程序控制 CPU 按步骤执行任务。因此,要让计算机实现平方根计算,需要先编写好程序。对图 1-6 的 Python 程序稍作修改,得到求任意实数 c 的平方根的 Python 程序,如图 1-18 所示。程序的步骤是:首先,调用 input() 函数,从输入设备读入实数 num,存储到存储器的特定单元;然后,调用希罗求根法的实现函数 square_root2() 进行求根计算;最后,调用 print() 函数将结果输出到显示器显示。

　　由于 Python 是一种高级程序设计语言,上述用 Python 语言编写的程序最终需由操作系统的某些软件将其解释成计算机可以理解的机器指令序列,才能被计算机识别,控制CPU 运行。在程序执行过程中,所有指令将会被存储在存储器中,然后由 CPU 按照顺序逐条执行语句,如图 1-19 所示。软件如果再细分,又可分为应用软件和支撑软件,求平方根的

```
def square_root2(c):
    g=c/2
    while abs(g*g-c)>0.00001:
        g=(g+c/g)/2
    return g
num = int(input())
res = square_root2(num)
print("%d:%.13f" % (num,res))
```

图 1-18　求实数 c 的平方根的 **Python** 程序

程序是应用软件,而将 Python 程序翻译为机器指令的编译系统是支撑软件。

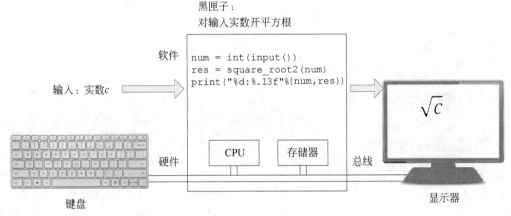

图 1-19　程序控制硬件

　　在程序执行的这个黑匣子中,软件用于描述用户的需求,硬件则用于实现用户的需求。但是,硬件和软件之间的衔接和交互还需要其他器件的帮助。从图 1-17 可以看出,写好的程序被加载到存储器中,CPU 才能通过总线读到这个程序。在程序执行过程中,软件指令可以让 CPU 做加减乘除等基本的算术和逻辑运算,也可以让 CPU 从存储器上读写数据或指令,但是,对于一般的程序指令不能直接控制除 CPU 和存储器之外的、其他与黑匣子协同工作的硬件。例如,从键盘接受输入数据、让显示器显示计算结果、让扬声器发出声音、从网络接收数据、从外接的硬盘和 U 盘读写数据等。因此,计算机系统一般都需要一个中间层次来衔接计算机用户所写的软件与黑匣子里的硬件(或是与黑匣子相连的硬件接口),起到为软件提供服务、控制硬件工作的作用。这个特殊的层次就是操作系统。

1.3.3　计算机操作系统

　　有了存储器、CPU 等硬件,再结合控制这些硬件的程序,计算机就能够工作了。现在的计算机可以附加多种硬件,例如,U 盘、硬盘、扫描仪、打印机、网卡、声卡、显卡等。如果让每一个用户都学会控制所有这些外围硬件设备,是不切实际的,而且用户和用户之间可能会产生混乱、相互争抢硬件的情况,无法合理共享资源。

　　操作系统是一种特殊的软件,其主要功能就是作为计算机各种硬件的管理者,通过它可以实现对不同硬件的有效使用、共享和管理。在一台计算机上,无论有多少不同类型的应用程序,通常都由同一个操作系统来提供服务和管理工作。例如,打开新买的计算机时,会看到 Windows 的标志,它就是这台计算机的操作系统;一部智能手机被称为"安卓"手机,"安卓(Android)"就是这部智能手机的操作系统。其他的操作系统还有 Linux、UNIX、HarmonyOS 等。

操作系统也是一组程序。这组程序非常大,并且很复杂,是由很多专业的软件工程师编写出来的。它既方便了应用程序的编程人员,又让一些硬件资源处于统一的管理之下,用户程序不能随意使用,因此起到了管理和服务的双重作用。有了操作系统后,应用程序编写者不用再去参考硬件手册,而只需使用操作系统提供的标准接口函数即可。

到此,整个程序执行的黑匣子就揭开了,它由软件、操作系统和硬件共同构成,如图 1-20 所示。

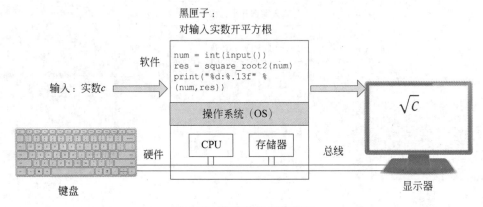

图 1-20　程序执行工作原理

1.3.4　计算机系统层次

通过对程序执行过程的探索,可以发现现代计算机是一个十分复杂的由软件、硬件结合而成的整体。没有硬件作为支撑,软件只能是空中楼阁;而没有软件的控制,硬件只能是一堆电子器件,即使给电子器件设计再复杂的按钮,它也只能是执行固定步骤的机器,而不能做到智能化。是软件的出现使得计算机具备了智能化计算的条件,"软"件的特性在于它可以按照使用人的目的和设计工作,而不像"硬"件,只能执行被固化在电子器件中不变的操作步骤。因此,把软件的功能从电子器件里面提取和分离出来,是计算机成为智能化机器的关键跨越。

在 20 世纪 40 年代,最早的计算机只有编制所有程序的指令集架构层(instruction set architecture,ISA)和硬件实现的数字逻辑层。1951 年,剑桥大学的研究员 Maurice Wilkes 提出设计一个三层计算机来简化硬件设计的思想。这种机器需内置一个不可修改的解释器,来解释执行 ISA 层的程序。到 1960 年左右,为提高程序运行的效率,出现了常驻计算机的程序——操作系统。早期的操作系统是为自动执行用户作业而设计的,但后来,操作系统越来越复杂,几乎成为任何计算机系统都需要的标准系统服务软件。它让所有使用者所开发的应用软件都能调用操作系统所提供的服务,如打印文件、显示数据等;也让所有使用者所写的应用软件能够接收到硬件的信号,如打印完毕、网络传来数据等。在中间和软件、硬件沟通的是操作系统内核程序,它在计算机系统中具有特殊地位,并且被存放在其他应用软件所不能触及的存储区域,以保护整个系统的安全性。在这种系统设计架构下,使用者就只需要和他们的应用软件打交道,而不需要了解、也不可以改变操作系统及硬件的工作方式。对于应用软件只要知道操作系统所提供的标准接口函数就可以请求操作系统所提供的服务,并得到响应。

与此同时,随着计算机科学技术的发展,软件的开发和维护代价在整个计算机系统中所占的比重很大,远远超过硬件。为提高软件的生产率,保证软件的正确性、可靠性和维护性,在操作系统之上又出现了大量的支撑软件。支撑软件是在系统软件和应用软件之间,提供应用软件设计、开发、测试、评估、运行检测等辅助功能的软件,有时以中间件形式存在。如各种软件开发环境、数据库管理系统、网络软件等。计算机系统基本可以分为四个层次:硬件系统层、系统软件层、支撑软件层和应用软件层,如图 1-21 所示。

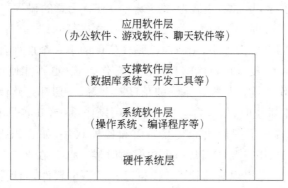

图 1-21　计算机系统层次结构

计算机的硬件层包括计算机工作所需的各种电子器件和设备,例如,CPU、存储器、数据传输线、硬盘、键盘、鼠标、网卡、声卡、显卡、显示器,以及排热装置等。计算机硬件最核心的组成部分还是 CPU 和存储器,它们是完成计算机的计算和存储两大核心工作的部件,其他硬件一般都是计算机的外围设备。而数据在硬件之间的传输、消息在硬件之间的互通要通过复杂的传输线所组成的互联网络完成。

软件层一般指由使用者通过高级程序语言所编写的应用程序。例如,通信软件、办公软件、互联网浏览器、日历、闹钟、记事本、游戏等,这些都是应用软件。使用者通过软件的指令实现对 CPU 的控制,从而完成使用者所需要的操作步骤,实现既定的任务目标。

高级程序语言的指令是非常接近人类的语言和逻辑思维习惯的,而不是 CPU 所能识别的指令。因此在使用者和 CPU 之间还需要一个"翻译",完成这个翻译工作的是另一组由专业人员编写的软件,叫做编译器。高级程序语言所编写的应用软件,需要经过编译才能成为机器的指令输入 CPU,而机器的指令则是一串串由 0 和 1 组成的字符串。支持软件开发的集成开发环境包括微软的 Visual Studio,开源的 Eclipse 等。此外,还有用于操纵和管理数据库的数据库管理系统如 MySQL、Oracle 等。

操作系统是连接软件和硬件的中间桥梁。操作系统的种类繁多,一般使用者最常见的操作系统有 Windows 系列,Linux 系统,苹果的 macOS 系列,华为的 HarmonyOS 和 EulerOS 等。

对于某些特殊的应用需求和特殊的计算机硬件系统,还会为此开发定制的操作系统,例如,用于雷达信号处理的操作系统、用于汽车安全气囊控制的操作系统、用于高铁机车控制的操作系统等。这一类特殊用途的计算机系统我们称之为嵌入式系统。一般嵌入式系统对于任务的响应时间要求非常高,通常是毫秒级甚至更短。这里嵌入式系统所需要的是实时操作系统,例如 μC/OS、VxWorks 等。操作系统是一个环环相连,和软件、硬件密切交互的层次,在计算机学习中非常重要。

操作系统的主要职能可以概况为如下几点。

(1) 管理和调度多个程序的执行。

(2) 管理共享的资源,例如 CPU、主存储器等。

(3) 管理文件系统,管理各种硬件资源,如 U 盘、网络、键盘等。

(4) 提供程序和硬件的衔接,提供各种系统的服务和接口。

(5) 维护系统的安全,尽量防止病毒(恶意软件)有意无意的侵入。

有关操作系统各部分的详细内容,将在本书第 5 章进行介绍。

在计算机系统的四个层次之中,用户应该是在软件的上一个层面,因为用户是使用软件的人,即使用者。请注意,没有用户能够直接使用操作系统(更不能使用硬件),所有用户都是通过软件来使用操作系统。从操作系统的角度向上看,一切都是软件。平时,当用户使用 Windows 系统,或安卓系统时,以为自己在直接使用操作系统,其实是通过软件来使用操作系统。Windows 系统提供了图形化的交互界面和各种软件,如音乐播放器、日历、小游戏等,都是不同的软件。当用户要使用某一个功能的时候,例如,在两台联网的计算机之间进行聊天,只有两条途径:①用现有的软件;②自己开发一个软件,调用操作系统提供的接口实现所需要的功能。

在计算机系统中,采用分层思想进行结构组织和设计。通过分层,将一个复杂的系统分为多个层次,每一层专注该层功能的实现。层与层之间定义接口规范,下层为上层提供接口服务,上层使用接口。在层次体系中,接口一般经过精心设计,尽量保持稳定不变,理论上,只要层次之间遵循接口,任何一层都可以被修改或替换,从而保持各层的相对独立性。图灵奖得主巴特勒·兰普森(Butler Lampson)曾说过一句名言:"计算机科学领域的任何问题,都可以通过增加一个间接的中间层来解决。"

例如,大模型技术的发展也引起信息技术(information technology,IT)栈的变化。在个人计算机(personal computer,PC)和移动时代,IT 技术栈都是三层:芯片层、操作系统层和应用层。而人工智能时代,已有专家提出将 IT 技术栈划分为四层:芯片层、框架层、模型层和应用层。最底层仍然是芯片层,但主流芯片从 CPU 变成 GPU;芯片之上的框架层,就是深度学习框架,如百度的飞桨、Meta 的 PyTorch、谷歌的 TensorFlow 等;框架层之上是模型层,如百度的文心一言、华为的盘古大模型、OpenAI 的 GPT、谷歌的 PaLM 等;最上面是应用层,包括 ChatGPT 等各种人工智能原生应用。

◆ 1.4 计 算 模 型

利用计算机求解问题,首先得设计求解问题的算法。是否所有的问题都能找到可求解的算法? 有可求解算法的问题,是否都可以用计算机进行计算? 回答这些问题,涉及问题的可计算性和计算的复杂性,即取决于待求解问题是否存在求解算法,算法所需要的时间和空间在数量级上能否接受,这都属于计算理论的范畴。

1.4.1 可计算性

20 世纪初,戴维·希尔伯特(David Hilbert)提出了著名的 23 个问题,其中包括数学的完备性问题。数学完备性问题试图为数学寻求坚实的基础:建立一组公理体系,使一切数学命题原则上都可由此经有限步推定真伪,称为公理体系的完备性;同时要求公理体系保持独立性(即所有公理都是互相独立的,使公理系统尽量简洁)和无矛盾性(即相容性,不能从公理系统导出矛盾)。以此作为所有数学的基础。1931 年,年仅 25 岁的奥地利逻辑学家库尔特·哥德尔(Kurt Gödel)发表了一篇论文,提出了著名的哥德尔不完全性定理。哥德尔证明:任何无矛盾的公理体系,只要包含初等算术的陈述,则必定存在一个不可判定命题,用这组公理不能判定其真假。也就是说,"无矛盾"和"完备"是不能同时满足的。意味着不存在一个对万事万物皆适用的数学理论,可证明性和正确性也无法统一。

哥德尔构造了这样一个命题:"我无法被公理证明。"如果证明了这个命题,那么这个命题的内容便是不对的,或者说该命题为假。因此,命题是有矛盾的。如果这个命题为真,根据它的内容,便无法证明它。哥德尔构造了一个描述本身不可证明的自指命题,通过这个命题完成了他的证明。所以,哥德尔不完全性定理证明了许多问题是不可判定真假的。那么,哪些问题是可判定的,哪些问题是不可判定的呢?

可判定性的问题是计算理论中最具哲学意义的定理之一。在逻辑中,如果某个逻辑命题是不可判定的,即表明对它的推理过程将一直运行下去,永远都不会停止。换一个角度,在计算理论中,不可判定问题可以表述为在有限的时间内无法得到解决的问题,也就是说,这些问题是不可计算的。可计算性理论的中心任务就是将算法这一直观的概念精确化,建立计算的数学模型,研究哪些是可计算的,哪些是不可计算的,以此揭示计算的实质。

从 20 世纪 30 年代开始,为讨论所有问题是否都有求解的算法,数学家和逻辑学家从不同角度提出了几种不同的算法以精确定义。许多数学家对自然数论域中的数论函数的可计算性进行研究,提出了几种可计算函数的定义。如丘奇(A. Church)于 1935 年提出了lambda 演算,哥德尔等人于 1936 年定义了递归函数,图灵(A. M. Turing)和波斯特(E. L. Post)分别于 1936 年和 1943 年提出了各自的抽象计算机模型,马尔可夫(A. A. Markov)于1951 年定义了正规算法等。后来陆续证明,上述这些不同的计算模型的计算能力都是一样的,它们所刻画的函数类均相同,即它们是等价的。

所谓可计算性,是指某个问题是否具备可计算的性质。通俗地说,如果存在一个机械的过程,对给定的一个输入,能够在有限步内给出答案,那么这个问题就是可计算的。计算科学给可计算性的定义是:凡是可用某种程序设计语言描述的问题都是可计算问题。

通过计算学科的研究,得到一个基本结论:不可计算的函数要比可计算的函数多得多。例如,停机问题(halting problem)就是一个经典的不可计算问题。

停机问题可简单表述为:能否找到一个测试程序,它能判断任何一个程序在给定输入的情况下能否终止。若能,则停机问题可解;若不能,则停机问题不可解。

停机问题可以通过数学反证法进行证明。假设存在一个测试程序 T,它能接受任何输入。当输入程序 P 能终止,则测试程序 T 输出 1;P 不能终止,则测试程序 T 输出 0。再构造一个程序 S，如图 1-22 所示。

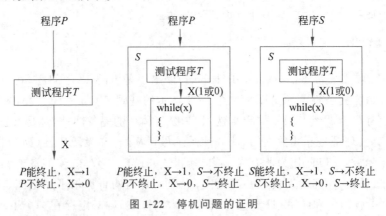

图 1-22　停机问题的证明

结论是：若程序 S 能终止，则程序 S 不终止；若程序 S 不终止，则程序 S 终止。结论矛盾，因此可以确定这样的程序是不存在的。

与停机问题类似的，还有"理发师悖论"问题。19 世纪 70 年代，德国数学家康托创立了集合论，正当人们欢欣鼓舞时，一系列数学悖论却冒了出来，引发了第 3 次数学危机。其中，1903 年的"理发师悖论"影响最大，其内容是一位手艺高超的理发师的招牌上写着，城里所有不自己刮脸的男人都由我给他们刮脸，我也只给这些人刮脸。德国的著名逻辑学家弗雷格在他关于集合的基础理论《算术的基本法则》一书完稿付印时，收到了罗素关于这一悖论的信。他立刻发现，自己忙了很久得出的一系列结果却被这条悖论搅得一团糟。他只能在自己著作的末尾写道，一个科学家所碰到的最倒霉的事，莫过于在他的工作即将完成时却发现所干的工作的基础崩溃了。

试问：谁给这位理发师刮脸呢？如果他不给自己刮脸，他是个不给自己刮脸的人，那他就应当给自己刮脸；如果他给自己刮脸，由于他只给那些不给自己刮脸的人刮脸，他就不应当给自己刮脸。所以没法进行判定。

停机问题和"理发师悖论"在本质上是一样的，它们都是不可判定的问题，因此也不可计算。一个问题要能用计算机进行求解，则该问题必须是可计算的。

1.4.2　计算复杂性

对于可计算的问题，现实情况下是否是可求解的，这需要根据问题的计算复杂性来确定。计算复杂性是利用计算机求解问题的难易程度，它的度量标准：一是计算所需的步数或指令条数（即时间复杂度）；二是计算所需的存储空间大小（即空间复杂度）。

一个问题的规模是指这个问题的大小，一个算法的计算复杂性决定了这个算法可以解决多大规模的问题。假设有求解同一个问题的两个算法，第一个算法的计算复杂性是 n^3，第二个算法的计算复杂性是 3^n。用 100 万次/s 的计算机来计算，当 $n=60$ 时，第一个算法只要用时 0.2s，而第二个算法就要用时 4×10^{28}s，也就是 10^{13} 年，相当于 10 亿台 100 万次/s 的计算机计算 100 万年。

算法的时间复杂度一般用大 O 符号表示法，表示代码执行时间随数据规模增长的变化趋势。对于问题规模为 n 的算法，其实际执行时间可表示为关于 n 的函数 $f(n)$，若 n 趋于无穷大时，$f(n)$ 与 $g(n)$ 比值的极限为常数 c，则称该算法的时间复杂度为 $O(g(n))$。大 O 表示法并不具体表示代码真正的执行时间，因此，它又称渐进时间复杂度。例如，图 1-23 的三段程序，第一段计算从 O 到 n 的和，总共累加 $n+1$ 次，其时间复杂度被表示为 $O(n)$；第二段执行 $(n+1)^2$ 次，其时间复杂度被表示为 $O(n^2)$；而第三段为递归调用，其时间复杂度为 $O(2^n)$。

```
#O(n)
sum = 0
for i in range(0,n+1):
    sum = sum + i

#O(n²)
sum = 0
for i in range(0,n+1):
   for j in range(0,n+1):
        sum = i + j

#O(2ⁿ)
def fun(n):
  if n <= 2:
      return 1
  else:
      return fun(n-1)+fun(n-2)
```

图 1-23　不同时间复杂度的算法

时间复杂度一般分为多项式时间复杂度和指数时间复杂度两种。多项式时间复杂度是指可用多项式来对问题的计算时间界定，如 $O(n)$、$O(n^2)$；而指数时间复杂度是指可用指数或阶乘来对问题的计算时间界定，如 $O(2^n)$、$O(n!)$。

常见的 6 种多项式时间函数之间的关系是：
$$O(1) < O(\log n) < O(n) < O(n\log n) < O(n^2) < O(n^3)$$

而常见的 3 种指数计算时间函数和它们之间的关系是：
$$O(2^n) < O(n!) < O(n^n)$$

当 n 比较小时，不同时间复杂度的算法可能差别不大，但当 n 比较大时，就会出现非常大的差异。例如，图 1-24 给出了当 n 取不同值时，不同时间复杂度函数的计算值。图 1-25 给出了不同函数随 n 取值变化的示意图。

函数	输入规模 n					
	1	2	4	8	16	32
1	1	1	1	1	1	1
$\log_2 n$	0	1	2	3	4	5
n	1	2	4	8	16	32
$n\log_2 n$	0	2	8	24	64	160
n^2	1	4	16	64	256	1 024
n^3	1	8	64	512	4 096	32 768
2^n	2	4	16	256	65 536	4 294 967 296
$n!$	1	2	24	40 326	2 092 278 988 000	26 313×10³³

图 1-24　不同时间复杂度函数的计算值

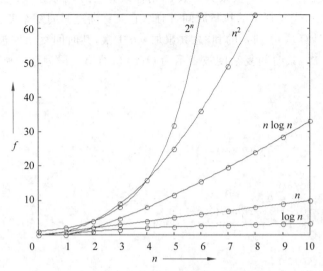

图 1-25　不同函数随 n 取值变化的示意图

从图 1-25 中可以看到，对于多项式函数和指数函数，当 n 很大时，差别会很大。因此，一个问题如果没有多项式时间计算复杂度的算法，该问题就被称为是难解型问题。但是，要判定一个问题是否是难解型问题也是很困难的。一个问题即使长期没找到多项式时间计算复杂度算法，也不能保证今后就一定找不到，更不能据此证明这个问题不存在多项式时间计算复杂度算法。

一个问题是否存在多项式时间复杂度的求解算法，是人们关心的问题之一。如果一个问题存在多项式时间复杂度的求解算法，那么这一问题就可以借助计算机来实现求解。反之，如果算法所需要的时间是输入量的指数函数，如 $T(n) = 2^n$，那么当 n 很大时，$T(n)$ 就是一个很大的量，采用计算机无法在有限的时间内实现求解。

在计算理论领域，有一个尚未解决的难题，即 NP 完全问题，称为"千禧"世界七大难题之一，简单写为"NP＝P？"。

这里 P(polynomial)类问题是指所有多项式时间内可解的问题类，即存在多项式时间复杂度的算法可以找到问题的解。NP(non-deterministic polynomial)类问题是指所有非确定性多项式时间可解的问题类，即存在多项式时间复杂度的算法，可以判定某个解是否正确。非确定性算法将问题分解成猜测和验证两个阶段。算法的猜测阶段是非确定性的，算法的验证阶段是确定性的，它验证猜测阶段给出解的正确性。例如，输入一个密码，可以在多项式时间内判断密码是否正确，但是很难在多项式时间找出密码。

即能在多项式时间求解的 P 类问题，也一定能在多项式时间内判定某个解是否正确，因此 P 类问题肯定是 NP 类问题。反过来看，尽管按通常的经验，验证一个解比求出这个解要容易，但是一直没有人能够证明，NP 问题包含 P 类问题，即不能证明存在 NP 类问题不是 P 类问题。于是，P 是否等于 NP 便成了当今数学界尚未解决的一个重要问题。

1.4.3　图灵机模型

计算模型是刻画计算这一概念的一种抽象的形式系统或数学系统。在计算科学中,计算模型是指具有状态转换特征,能够对所处理对象的数据或信息进行表示、加工、变换和输出的数学机器。

1936 年,为解决可计算问题,阿兰·图灵在其发表的"论可计算数及其在判定问题中的应用"一文中,提出了一种十分简单但运算能力很强、可实现通用计算的理想计算装置"图灵机"。他将逻辑中的任意命题用图灵机来表示和计算,并能按照一定的规则推导出结论,其结果是:可计算函数可以等价为图灵机能计算的函数。换句话说,图灵机能计算的函数便是可计算的函数,图灵机无法计算的函数便是不可计算的函数。

1. 图灵机

图灵的基本思想是用机器来模拟人们用纸笔进行数学运算的过程,他把这样的过程看作下列两种简单的动作:①在纸上写上或擦除某个符号;②把注意力从纸的一个位置移动到另一个位置。而在每个阶段,人要决定下一步的动作,依赖于此人当前所关注的纸上某个位置的符号和此人当前思维的状态。

因此,图灵机的实现并不复杂,它由一条两端可无限延长的带子、一个读写头以及一组控制读写头工作的命令组成,如图 1-26 所示。

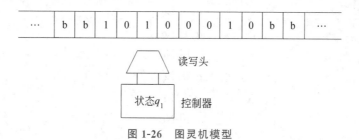

图 1-26　图灵机模型

图灵机的带子被划分为一系列均匀的方格,读写头可以沿带子方向向左右移动,并可以在每个方格上进行读写。

写在带子上的符号是一个有穷字母表:$\{S_0, S_1, S_2, \cdots, S_p\}$。通常,可以认为这个有穷字母表仅有 S_0、S_1 两个字符,其中 S_0 可以看作 0,S_1 看作是 1,它们只是形式化的两个符号。机器的控制状态表为:$\{q_1, q_2, \cdots, q_n\}$。通常,将一个图灵机的初始状态设为 q_1,同时确定一个具体的结束状态 q_w。

一个给定机器的程序认为是机器内的五元组 $\{q_i S_j S_k R(\text{或 } L, N) q_l\}$ 形式的指令集,五元组定义了机器在一个特定状态下读入一个特定字符时所采取的动作,五个元素的含义如下:

(1) q_i 表示机器当前所处的状态。

(2) S_j 表示机器从方格中读入的符号。

(3) S_k 表示机器用来代替 S_j 写入方格中的符号。

(4) R、L、N 分别表示向右移一格、向左移一格、不移动。

（5）q_1 表示下一步机器的状态。

2. 图灵机的工作原理

机器从给定带子上的某起始点出发，它的动作完全由其初始状态及机内五元组来决定。最后机器计算的结果由机器停止时带子上的信息得到。例如，若 $q_1S_2S_2Rq_3$ 和 $q_3S_3S_3Lq_1$ 两条指令同时在机器中，那么当机器处于 q_1 状态时，会执行第一条指令，读入 S_2，写入 S_2，然后向 R 移动，进入 q_3 状态；然后会执行第二条指令，读入 S_3，写入 S_3，然后向 L 移动，进入 q_1 状态。这样，又会执行第一条指令，从而导致循环执行两条指令，机器会在两个方块之间无休止的工作，因此出现了指令的死循环。而如果同时出现类似于 $q_3S_2S_2Rq_4$ 和 $q_3S_2S_4Lq_6$ 这样的指令，那么当机器处于 q_3 状态时，存在满足当前状态的两条指令，从而产生指令的二义性问题，机器将无法进行判定。

下面以一个五元集表示简单的程序指令，举例说明图灵机的执行过程。

假设：b 表示空格，q_1 表示机器的初始状态，q_4 表示机器的结束状态。如果带子上的输入信息为 10100010，读写头对准最右边第一个为 0 的方格，状态为初始状态 q_1。程序的指令集如下：

$$q_101Lq_2$$
$$q_110Lq_3$$
$$q_1bbNq_4$$
$$q_200Lq_2$$
$$q_211Lq_2$$
$$q_2bbNq_4$$
$$q_301Lq_2$$
$$q_310Lq_3$$
$$q_3bbNq_4$$

计算过程，如图 1-27 所示。

显然，最后的结果是 10100011，即对给定的数加 1。事实上，以上指令集计算的是函数：$S(x)=x+1$。

图灵机虽然构造简单，但具有充分的一般性。图灵机模型是目前为止最为广泛应用的经典计算模型。目前尚未找到其他的计算模型（包括量子计算机在内），可以计算图灵机无法计算的问题。"丘奇-图灵论题"认为：所有计算或算法都可以由一台图灵机来执行。

图灵机为现代计算机提供了理论原型，为现代计算机指明了发展方向，肯定了现代计算机实现的可能性。数学家冯·诺依曼正是在图灵机模型的基础上提出了奠定现代计算机基础的冯·诺依曼架构。从第一台每秒可以进行数千次计算的埃尼阿克（ENIAC）起，到至今每秒可以进行数亿亿次运算的中国神威·太湖之光超级计算机，几十年现代计算机的发展依旧遵循冯·诺依曼体系。可以说，现代计算机都只是图灵机的扩展，其计算能力与图灵机等价。因此，图灵的工作被认为奠定了计算机科学的基础，为了纪念图灵对计算机科学的杰出贡献，美国计算机学会（Association for Computing Machinery，ACM）于 1966 年设立图灵奖，每年颁发一次，以表彰在计算机领域取得突出成就的科学家。

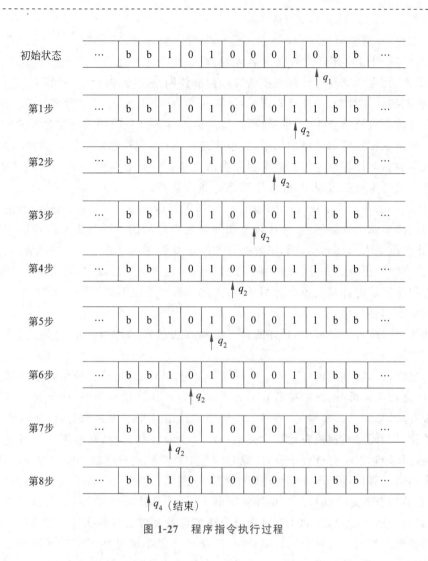

图 1-27 程序指令执行过程

◆ 1.5 计算思维与计算机问题求解

1.5.1 计算思维

在人类历史中,一直在进行着认识和理解自然界的科学研究活动。曾经,实验方法和理论方法是主要的科学研究方法。几千年前,人类主要以观察和实验为依据,通过经验的方式描述自然现象,如哥白尼提出的"日心说"。随着科学的发展和进步,直到几百年前,人类才开始对观测到的自然现象加以假设,然后构造模型进行理解,在经过大量实例验证模型的一致性后,对新的自然现象就可用模型进行解释和预测了,如牛顿的万有引力定律、爱因斯坦的相对论。

近几十年,随着计算机的出现和相关技术的发展,现实世界的各种事物变得可感知、可度量,进而形成大规模的数据,如在线社交媒体每天产生的大量数据,对这些数据采用人工观察并发现规律越来越难,因此依靠计算方法发现和预测规律成为不同学科进行研究的重要手段。如今,在科学研究中,计算方法已成为与实验方法、理论方法并存的第三种方法。例如,生物学家利用计算方法研究生命体的特性;化学家利用计算方法研究化学反应的机理;经济学家、社会学家利用计算方法研究社会群体网络的各种特性。计算方法与各学科结合,形成所谓的计算科学,如计算物理学、计算化学、计算生物学、计算经济学等。可以说,计算科学就是计算机科学与各学科结合所形成的以各学科计算问题为研究对象的科学。

与科学方法相对应的是科学思维,它包含理论思维、实验思维和计算思维,这些思维也隐含于数学、物理、计算机一级其他课程和生活之中。计算思维是计算学科的基础,在利用计算机进行问题求解的过程中,计算思维能力非常重要。

周以真(Jeannette M. Wing)教授指出,计算思维(computational thinking)是运用计算机科学的基础概念去求解问题、设计系统和理解人类行为的一系列思维活动的统称。通俗地说,计算思维是人们在利用计算机解决各类问题过程中形成的一系列思维方法,是人的思维,不是计算机的思维。并且,在利用计算机进行问题求解的过程中,需要建立数学模型,但计算又受限于底层的计算设备和运用环境,因此计算思维也不同于数学思维,它是数学思维与工程思维的互补与融合。

在计算学科的各个领域中,具体的计算思维方法很多,如抽象、分解、模式、算法、递归、预置、缓存等。

计算思维的本质是抽象(abstraction)和自动化(automation)。抽象就是处理某个问题时,抽取问题的关键部分,忽略掉所有不必要的信息。在计算科学中,抽象是一种被广泛使用的思维方法,如图灵机模型是一种抽象、程序设计语言是一种抽象、网络协议也是一种抽象。自动化是指能够机械地在计算设备上一步一步地自动执行,是利用计算机进行问题求解的目的。从问题求解的过程来看,抽象对应利用计算机进行问题求解过程中的建模,而自动化对应利用计算机进行问题求解过程中的运行模拟。抽象与自动化反映了计算的根本问题,即什么能被有效地自动执行。从操作层面来说,计算就是如何寻找一台计算装置去求解问题,即确定合适的抽象,自动化就是选择合适的计算装置去解释执行该抽象。

计算思维虽然具有计算机的许多特征,但是计算思维本身并不是计算机的专属。实际上,即使没有计算机,计算思维也会逐步发展,甚至有些内容与计算机没有关系。但是,正是由于计算机的出现,给计算思维的发展带来了根本性的变化。

理解一些计算思维,包括理解计算机的思维,即理解计算机系统是如何工作的,计算系统的功能是如何越来越强大的,以及利用计算机的思维,即理解现实世界的各种事物如何利用计算系统来进行控制和处理等。培养一些计算思维模式,对于各学科人员建立复合型的知识结构、进行各种新型计算手段研究,以及基于新型计算手段的学科创新都有重要意义。

1.5.2　问题描述与抽象

对于一个实际问题,利用计算机对其进行求解的一般步骤是:①对问题进行准确描述;②构建数学模型;③提出求解算法;④编写程序;⑤软件测试;⑥运行求解。因此,对问题的清晰描述与抽象是计算的前提。

1. 问题抽象

抽象包含两方面的含义:一方面指舍弃事物的非本质特征,仅保留与问题相关的本质特征;另一方面指从众多的具体实例中抽取共同的、本质性的特征。

当用计算机求解现实问题时,需要在计算机中构建现实问题的模型,因此抽象是必不可少的。因为现实问题涉及的事物多且较为杂乱,包含大量无用的、干扰性细节,不可能将现实问题原封不动地迁移到计算机内,所以只能将与问题求解相关的本质性细节保留下来,针对这些细节进行建模和问题求解。

例如,毕加索的减法画牛的过程,就是典型的第一类抽象。通过将现实中牛所有不关键的元素去掉,留下牛的强壮躯干、四肢、牛尾,以及地面的投影,如图 1-28 所示。还有城市的规划图,导弹发射轨迹计算问题等,都属于这种抽象。

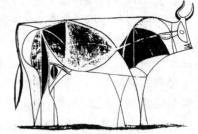

图 1-28　毕加索画牛

第二类抽象的例子也很多,例如,数字就是从众多具体的实物中抽象出来的一种共同特征。本章所提到的图灵机是各种计算模型的一种共同抽象,计算机科学中著名的丘奇-图灵论题就说明了所有的计算模型等价于图灵机,图灵机上可计算的问题,在其他计算机上均可计算。冯·诺依曼体系结构也是对现代计算机系统结构的一种共同抽象,现代计算机基本上都基于冯·诺依曼体系结构,均由内存、CPU、控制单元、输入设备和输出设备五部分组成。网络协议也是计算机学科中运用抽象思维解决复杂问题的典型,如 TCP/IP 模型,将复杂的网络通信任务分解为 5 个层次,每个层次利用下一层的接口,完成本层的数据处理,并为上一层提供更加高层的服务接口,从而完成正确、可控的网络通信。

2. 建模

抽象的目的是产生模型并进行求解。建模的结果是得到各种模型,是对现实世界事物的各种表示,即经过抽象之后的现实问题的表现形式。一般来说,模型展示了问题解决方案涉及的对象,以及对象之间的关系。模型有助于理解和简化问题,理清思路。

数学家欧拉解决哥尼斯堡七桥问题,就是模型简化问题的典型例子。18 世纪初普鲁士的哥尼斯堡,有一条河穿过城区,河上有两个小岛,有七座桥把两个岛与河岸联系起来,如图 1-29(a)所示。有人提出一个问题:一个步行者怎样才能不重复、不遗漏地走完七座桥,最后回到出发点。

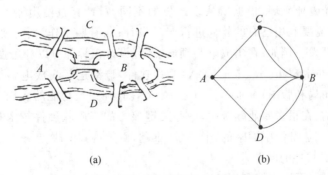

(a)　　　　　　　　　　　　(b)

图 1-29　哥尼斯堡七桥问题

(a) 七座桥与两个岛;(b) 七桥问题的抽象模型

根据不同的求解思路,可以对该问题建立不同的模型。下面给出两种求解思路和对应的模型。

一种思路是采用"蛮力法",列出所有可能的解决方案,并逐个检验其正确性。这样,可以先给每座桥进行编号,分别是 1~7,那么任何一种解决方案都应该是七座桥的编号组成的序列,也就是 7 个数字的排列。7 个数字组成的不同排列数是 7!=5040,利用计算机可以快速检验每种排列是否满足条件。

"蛮力法"虽然思路简单,但只适用于桥梁数量较少的情况。2006 年,宾夕法尼亚州匹兹堡的一项统计结果表明,该市共有 446 座桥梁。如果采用蛮力法来检查,是否能在不离开匹兹堡任何道路的情况下,一次性通过所有桥梁,预计需要多少时间? 假设计算机检验完7!个排列的时间为 1s,那么检验 446!个排列所花的时间将是一个无法想象的天文数字。这比科学家预测宇宙毁灭的时间 10^{100} 年还要长。

另一种思路是采用数学家欧拉的求解思路。欧拉对地图进行了抽象,将陆地抽象成一个点,桥抽象成连接点的线,从而得到典型的模型——图,如图 1-29(b)所示。图是一种由点和边组成的模型。通过构建图模型,舍弃与问题无关的细节,欧拉可以专注于问题求解。

从图中任意一点开始到任意一点结束,如果能够找到一条路径,使得通过且通过每条边一次,这条路径就称为"欧拉路径"。无论一个顶点有多少条边,当路径通过一个顶点时,都会使用它的两条边:一条在到达顶点前通过,另一条在离开时通过。因此可以得到这样的结论:如果一个顶点有奇数条边,则它必须是欧拉路径的起点或终点。进一步,还可以知道,对于任意图,如果有两个以上的顶点具有奇数条边,则不可能存在欧拉路径,即不存在能够经过每一条边恰好一次的路径。

采用欧拉的思路,利用计算机求解哥尼斯堡问题时,只需计算抽象后的图中所有顶点的边数,然后就可以进行判定。通过解决该问题,欧拉开创了数学的一个新的分支——图论与几何拓扑。

1.5.3　基于计算机的问题求解方法

面对不同的问题需要不同的求解方法。因为专业不同、领域不同,问题就不同,站在计算机的角度看问题,可以将其归为三大类:直接用计算机软件求解的问题、需要编写程序求解的问题、需要进行系统设计和多环境支持才能求解的问题。

即使在同一个专业领域,根据所从事岗位的不同,对计算机使用能力的要求也会不一样。有些工作,只需要利用已有的软件进行产品设计;而有些工作,则需要深入了解计算机原理并进行软件开发。例如,在集成电路领域,芯片设计工程师可以利用强大的电子设计自动化(electronics design automation,EDA)工具软件,自动进行集成电路设计、验证、综合、物理结构(布线、布局和版图)等工作。但 EDA 工具软件强大功能的实现,则需要进行专业的软件开发。当前,在很多专业领域中,一些关键核心的基础软硬件技术和设备,还是比较薄弱的环节,成为产业升级中面临的"卡脖子"难题,亟须得到解决。

1. 基于计算机软件的问题求解

目前,很多问题,可以直接利用已有的软件得到解决。例如,利用浏览器可以进行上网、利用文字处理软件 Word 可以制作一份简历、利用 Excel 软件可以对班级的考试成绩进行统计分析等。已开发好的软件都有特定功能,当遇到问题的时候,可以根据需要,选择相应的软件。而且,随着计算机技术的发展,不断会有新的软件出现,软件的功能也会不断更新。表 1-4 中给出了几种需要使用计算机解决的问题和解决问题的软件。

表 1-4　通用问题与求解问题的相应软件

问 题 描 述	软 件 名 称	问 题 描 述	软 件 名 称
文件下载	迅雷,Motrix	视频制作	爱剪辑
文档浏览	WPS、Office	压缩软件	WinRAR
图像浏览	ACDSee	计算机安全使用	腾讯电脑管家
音频播放	酷狗音乐播放器	硬盘检测工具	HD Tune Pro
视频播放	QQ影音	数学建模	Mathematica
图像制作	美图秀秀	电路设计	Protel
三维动画制作	3ds Max	机械制图	AutoCAD, Pro/E

2. 基于计算机程序的问题求解

科学研究和工程创新过程中的问题,大多无法利用已有的软件进行解决,因此需要通过计算机语言编写程序来进行解决。通过分析问题、设计算法,在此基础上编程实现。本章前面已经给出了一些通过编写程序来解决问题的例子,如二分法求解任意方程的解、希罗法求根等。当然,在实际中遇到的问题可能很复杂,所需编写的软件代码量规模会大很多。利用计算机编程的方法对下面两个问题进行求解。

例1:农夫过河问题。一名农夫带一只羊、一筐菜和一只狼过河。如果没有农夫看管,则狼要吃羊、羊要吃菜。但是船很小,只够农夫带一样东西过河。问农夫该如何解此难题?

例2:小白鼠检验毒水瓶。有1000瓶水,其中一瓶是有毒的,小白鼠只要尝一点带毒的水24h内就会死亡。问至少需要多少只小白鼠才能在24h内检验出哪瓶水有毒?怎样检验?

3. 基于计算机系统的问题求解

还有许多问题,既不是计算机软件能够解决的,也不是单纯的计算机程序能解决的。例如,梅森素数问题,是1996年利用当时最先进的网格计算技术,吸引了160多个国家和地区近16万人参加的项目,动用了30多万台计算机联网来进行网格计算,找到了12个梅森素数。在人工智能领域,近年来的大型语言模型(large language model,LLM)代表了人工智能技术的重大进步,特别是朝着类人通用人工智能的目标迈进了一大步。在大型语言模型规模呈指数级增长的趋势下,仅凭单个GPU已经很难满足需求,必须采用分布式训练。例如,GPT-3模型的参数量达到1750亿,即便拥有1024张80GB A100的GPU,完整训练GPT-3模型的时长也需要1个月。分布式训练涉及性能调优、软硬件资源调度、通信带宽等工程问题,这些复杂的问题纠结在一起,造成开展超大规模预训练语言模型方面的突破式算法研究难度极高。因此,大规模问题、复杂问题的求解需要多种系统平台支持(硬件、软件、网络等),是系统工程。

基于计算机系统的问题求解过程可以分为以下5个必需的步骤。

(1)清晰地描述问题。

(2)描述输入、输出和接口信息。

(3)对于多个简单的数据集抽象地解决问题。

(4)设计解决方案并将其转换成计算机程序。

(5)利用多种方案和数据测试该程序。

下面以天气预报系统为例,说明基于系统的工程问题求解方法。

问题描述：与更多依靠大气定性理论和预报人员的个人经验相结合的传统天气预测方式相比，当代天气预报主要是利用具有大规模数据处理能力的高性能计算机，处理数据并建立模型进行预测模拟。进行准确预报的前提是能够很好地处理海量天气原始数据，而单一的大型机、巨型机无法满足这个需求。

解决思路：当代天气预报系统采取了网格计算的方式设计。网格能够将大范围地理分布的异构计算机系统和资源整合成为一个大规模的计算平台，聚合各类高性能计算资源、存储资源、仪器资源，因此可被用户视为一个"超级计算机"，用来处理一台高性能计算机无法处理的极大规模计算和信息。

天气预报系统的求解方案分析：系统模块分为 5 个部分，分别为卫星接收系统、Windows NT/UNIX 服务器、资源网络、应用服务器和客户端，如图 1-30 所示。

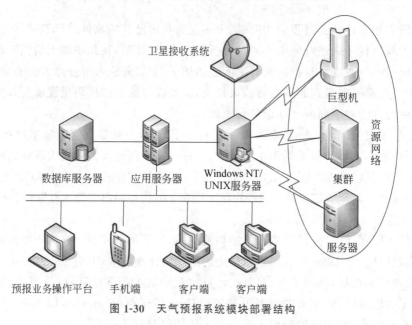

图 1-30　天气预报系统模块部署结构

（1）卫星接收系统。主要负责接收各种天气监测卫星所收集的气候相关数据，并传输到 Windows NT/UNIX 服务器上。

（2）Windows NT/UNIX 服务器。主要接收来自卫星接收系统的各种数据，对预报资料和预报产品进行管理，这些数据存放在服务器上共享，作为业务流程系统输入输出的枢纽，与各种计算资源和存储资源相交互，并处理、调度、计算这些资源上的作业。

（3）资源网络。主要包括各种高性能的巨型机、并行计算集群、服务器、工作站，通过网络技术整合为一个计算平台，实现超级计算机的海量数据计算处理功能。

（4）应用服务器。主要部署各种信息处理模块，并与数据库连接，能够展示出通过资源网络处理之后的精确、高效的天气信息，加以相应的渲染，并通过数学和大气科学模型进行准确的预测。

（5）客户端。为用户的浏览器端和预报业务操作平台，部署相应的天气预报信息发布平台模块，通过 B/S 模式的结构设计，能在任何系统平台之下良好运行，用户可以随时对天气信息进行查询。

◇ 1.6 本 章 小 结

如今计算机已无处不在,并被广泛应用于各个领域。除日常生活中熟练使用计算机之外,对于大学生来说,还需要学会利用计算机来解决不同学科领域的复杂问题。因此,要求大家能够深入地理解计算机系统,掌握计算技术的基本原理和方法,具备计算思维。

本章首先介绍计算及算法的概念,并对人的计算与自动计算进行了比较,深入理解自动计算对于后续内容的学习大有裨益。针对特定问题,有了算法后,必须用编程语言将其实现为程序后才能在计算机上运行,因此接着介绍了程序的概念、编程语言及利用 Python 语言编程解决问题的例子。当然,程序的运行离不开计算机系统,第 3 节简要介绍计算机的软硬件系统、操作系统及层次结构,让大家对计算机系统有个概要的了解。在此基础上,第 4 节介绍计算模型,通过对可计算、计算复杂性及图灵机模型等进行介绍,让大家可以从计算理论的角度,更深入地理解计算问题。然后,通过计算思维的概念,以及利用计算机进行问题求解的过程与方法的介绍,让大家了解利用计算机进行问题求解的概貌。最后,简要介绍了计算机的应用领域。本章是全书其他各章的概览,希望学习完本章后,可以对利用计算机求解问题有一定的认识,更好地学习后续章节。

◇ 1.7 习 题

1. 如何理解计算的概念? 人的计算与自动计算有何区别?

2. 巴贝奇提出的分析机有何特点,为什么在当时没有制造出来? 请查找相关资料进行解释。

3. 查找资料,了解从机械计算机到现代大规模集成电路计算机的发展史。

4. 如何理解算法的概念? 算法有何特点?

5. 如何用流程图进行算法描述? 试举例进行说明。

6. 同一个问题只有一种算法吗? 如何衡量算法的性能?

7. 程序是什么? 程序与算法之间有什么关系?

8. 程序设计语言有哪些类别? 程序设计语言有哪些组成部分? 试查找文献资料,了解程序设计语言的发展过程。

9. 计算机硬件系统包括哪些部件? 操作系统有哪些功能?

10. 计算机系统分哪些层,每层的主要功能是什么?

11. 如何理解可计算性? 什么是停机问题?

12. 如何理解计算复杂性? 什么是 P 类问题,什么是 NP 类问题?

13. 如何理解图灵机模型? 图灵机的工作原理是什么? 试通过例子解释图灵机的计算过程。

14. 理解计算思维的概念,试举例说明计算机系统设计实现中的一些计算思维。

15. 利用计算机进行问题求解一般需要经过哪些步骤? 理解抽象与建模的概念与方法。

16. 计算机有哪些应用领域?

第 2 章

计算机中的信息编码

计算机已经成为高效处理问题的一种强有力手段,其中如何对现实问题进行抽象并存储是解决问题的基础。现实问题通常可以抽象为数值信息(如整数)和非数值信息(如文字、声音和图像),本章将探讨这些信息如何在计算机中进行存储。

◆ 2.1 进 制

进制也称记数制,是使用一组固定数字表示数目的方法。日常生活中最常用到的进制位就是十进制。比如,"小明的爷爷今年 82 岁了""小方这次期末语文考了 97 分",这些描述采用的都是十进制。尽管大家对十进制如此熟悉,但在计算机当中,运行的指令和存储的数据采用的却都是二进制的形式。这是由现代计算机的硬件系统决定的。现代计算机的基础是数字电路,换句话说,计算机表示和处理的所有信息、利用计算机实现的任务,最终都会落实到物理硬件上,即各种各样的电路。而常用的物理部件恰好具有两种状态,比如,由晶体管构造的逻辑门电路,就具有高电平和低电平两个状态。因此可以将这些物理部件的两种状态表述为二进制中的两种数字符号"0"和"1"。如果在计算机当中采用十进制,就需要利用物理部件表示出十进制中的所有数字符号,即"0"至"9"。而这种具有十个稳定状态的物理部件,或者是能够表示十种状态的电路结构,非常复杂,并不适合实际生产。除此之外,逻辑代数中的"真"(True 或 T)和"假"(False 或 F)能够和二进制的"1"和"0"直接对应,从而在逻辑代数的基础上设计实现计算机。

2.1.1 进制的概念

十进制是大家最习惯使用的进制。十进制数字具有两个性质。

(1) 每一位数字都介于"0"至"9"之间。比如,在十进制中没有任何一个可以直接用来表示"12"这个数字的单个符号。

(2) 逢十向高位进一。比如,计算"87＋15"这个加法运算式时,先计算个位"7"和"5"相加,二者结果大于"10",因此向高位(即十位)进一。同理,计算"121－8"这个减法运算式时,依然需要先计算个位"1"和"8"的差,但"1"减"8"不够减,只能向高位(即十位)借"1",借来的"1"则在个位被当作"10"使用。

除十进制之外,日常生活中也会见到其他不同的进制。例如,时钟的计时涉及三个不同的单位:时、分、秒,这三者之间的换算则是采用的六十进制,即 1h＝

60min、1min＝60s。六十进制数字也具有上述十进制数字的两个性质：从时钟上来看，整个表盘被划分成了 60 个小格。超过 60s 的时间，我们一般描述为 1 分零多少秒。秒针顺时针走一圈（即 60s）、分针便会顺时针向前走一格（即 1min），相当于"逢六十进一"。

表 2-1 列举了四种计算机领域里常见的进制，即二进制（binary）、八进制（octonary）、十进制（decimal）、十六进制（hexadecimal）。这些进制在表示数字时采用的基本符号不同，但是仍然具备一些共同特征。

表 2-1 计算机领域几种常见的进制

进 制	表示方法	示 例
二进制	$(X)_2$ 或 XB	$(110)_2$，101B
八进制	$(X)_8$ 或 XO	$(75)_8$，67O
十进制	$(X)_{10}$ 或 XD	$(29)_{10}$，128D
十六进制	$(X)_{16}$ 或 XH	$(1CA)_{16}$，2DFH

（1）对于 R 进制数而言，每一位数字都介于"0"至"$R-1$"之间。每位上可以使用的基本数字的个数称为该进制的基数。例如，二进制中，每一位数字非"1"即"0"，只需要 2 个数字符号来表示，其基数为 2。同理，八进制中的数字符号有 8 个，即"0"至"7"，基数为 8。那么，在十六进制中，就需要 16 个数字符号表示每一位的数字，而阿拉伯数字符号仅有 10 个，就需要新的符号来表示"10"至"15"这六个数字。因此，用英文字母 A、B、C、D、E、F 依次代表"10""11""12""13""14""15"，基数为 16。

（2）在 R 进制中，其计数规则为逢 R 进一，借一当 R。对于每个 R 进制数，不同位置上的数字所代表的基本值也不同，并称该基本值为此位置的位权。例如，年龄 97 岁中的 9 处在十位上，因此代表 9 个 10；而 7 处在个位上，因此代表 7 个 1；其中 10^1 和 10^0 称为十位和个位的位权。例如，十进制的"2"这个数字，在二进制数里面表示为"10"；在八进制数中的"10"，代表十进制的"8"；十六进制数的"10"，代表十进制的数字"16"。

需要注意的是，许多数字符号在多个进制里都被使用。因此，当看到数字"110"的时候，很难区分这到底是一个二进制数，还是一个八进制数，或是一个十进制数。为了避免混淆，使用圆括号并在其右下角标注数字 R，指明该数属于 R 进制；或者在数字后面标注字母，该字母为 R 进制英文的首字母。具体例子可参考表 2-1。

接下来，将重点讨论这四种计算机领域里常见的进制，以及它们之间是如何进行进制转换的。

2.1.2 二进制与十进制

计算机中的最小数据单位，是一位二进制，又称比特（bit，单位符号为 b）。八位二进制位，也就是 8 比特，称为 1 字节（Byte，单位符号为 B），是计算机中最常用的基本单位。在字节的基础上，衍生出了更大的计量单位：KB（KiloByte，近似于"千"）、MB（MegaByte，近似于"百万"，简称兆）、GB（GigaByte，近似于"十亿"）。比如，"一台笔记本电脑的内存为16GB""一张图片的大小为 323KB""一篇 Word 文档的大小是 1.5MB"。四个计量单位 B、KB、MB 和 GB 之间的换算关系如下：

$$1KB=2^{10}B=1024B$$
$$1MB=2^{20}B=1024KB$$
$$1GB=2^{30}B=1024MB$$

计算机中的数据和程序均采用二进制数表示和处理,是计算机中广泛采用的一种进制。二进制的基数为 2,每一位的符号非"1"即"0",其计数规则为:逢二进一,借一当二。后续涉及的二进制加减法规则如图 2-1 所示。二进制位权的大小是以 2 为底的幂。以小数点为界,整数部分从右到左指数从 0 开始依次增加,小数部分从左到右指数从 -1 开始依次递减。例如,$(101.01)_2$ 从左到右的位权依次为 2^2,2^1,2^0,2^{-1} 和 2^{-2}。

0+0=0	0-0=0
0+1=1	1-1=0
1+0=1	1-0=1
1+1=10其中1位进位	10-1=1产生借位1
加法规则	减法规则

图 2-1 二进制的加减法规则

例 2.1 计算二进制数 1010 和 0011 的和与差。

计算过程如下:

$$\begin{array}{r} 1\,0\,1\,0 \\ +0\,0\,1\,1 \\ \hline 1\,1\,0\,1 \end{array} \qquad \begin{array}{r} 1\,0\,1\,0 \\ -0\,0\,1\,1 \\ \hline 0\,1\,1\,1 \end{array}$$

计算结果为 1010+0011=1101,1010-0011=0111。

计算机中常用的便于人们理解的输入输出常采用十进制表示。十进制的基数为 10,每一位的符号为"0""1""2"…"9",计数规则为:逢十进一,借一当十。类似于二进制的位权表示方法,十进制的位权是以 10 为底的幂。例如,$(738.6)_{10}$ 从左到右的位权依次为 10^2、10^1、10^0 和 10^{-1}。

因此,十进制数与二进制数之间需要进行进制转换。将二进制转换为十进制只需将二进制数按照位权进行展开相加,即可得到十进制数。例如:

$$(101.01)_2=1\times2^2+0\times2^1+1\times2^0+0\times2^{-1}+1\times2^{-2}=(5.25)_{10}$$

将十进制数转换为二进制数分为整数部分转换和小数部分转换,整数部分转换规则为除二取余,小数部分转换规则为乘二取整。除二取余是整数部分不断除以 2 直到商为 0,每一步得到的余数即为转换后的二进制整数,并且最后得到的余数为二进制数的最高位;乘二取整是小数部分不断乘以 2 直到乘积为 0 或达到有效精度,每一步得到的整数即为转换后的二进制小数,并且最先得到的整数为最高位。需要注意的是,十进制的小数不一定能够准确地转换为二进制小数,如十进制小数 0.1。

例 2.2 将十进制数 39.625 转换为二进制数。

对 39.625 的整数部分 39 和小数部分 0.625 分别进行转换,如图 2-2 所示。

转换结果为 $(39.625)_{10}=(100111.101)_2$。

同理可以得到 R 进制与十进制之间的转换规则。

(1) R 进制转十进制规则:按 R 进制位权进行展开相加。

(2) 十进制转 R 进制规则:整数部分除 R 取余,小数部分乘 R 取整。

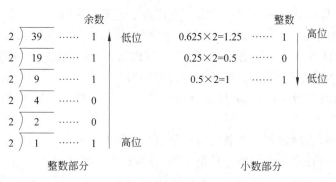

图 2-2　十进制数 39.625 转换为二进制数的转换过程

除 R 取余是整数部分不断除以 R 直到商为 0，每一步依次得到的余数即为转换后的 R 进制整数，其中最后得到的余数为转换后的最高位；乘 R 取整是小数部分不断乘以 R 直到乘积为 0 或达到有效精度，每一步依次得到的整数即为转换后的 R 进制小数，其中最先得到的整数为转换后的最高位。

例 2.3　将八进制数 745.1 转换为十进制数。

$$(745.1)_8 = 7 \times 8^2 + 4 \times 8^1 + 5 \times 8^0 + 1 \times 8^{-1} = (485.125)_{10}$$

转换结果为 $(745.1)_8 = (485.125)_{10}$。

例 2.4　将十进制数 3653.127 转换为十六进制数，转换结果保留 3 位小数。

对 3653.127 的整数部分 3653 和小数部分 0.127 分别进行转换，如图 2-3 所示。

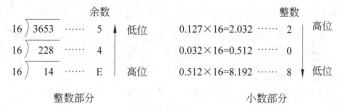

图 2-3　十进制数 3653.127 转换为十六进制数的转换过程

转换结果为 $(3653.127)_{10} = (E45.208)_{16}$。

2.1.3　八进制与十六进制

由于在二进制中，数字符号只有两个（"0"和"1"），那么，当表示一个较大的二进制数时，就需要很多位数，从而导致二进制数的长度变长、数字的可读性变差。而八进制和十六进制这两种进制，既和二进制有着非常紧密的关系，又能以较短的长度来表示较大的数值，因此，八进制和十六进制也是计算机中经常使用的两种进制。

在八进制中，采用"0"至"7"共 8 个数字符号来表示每一位数字，即最低位能够表示的最大数值是十进制中的"7"。在表示多位数或进行八进制数运算时，逢八进一，借一当八。例如，计算八进制数加法"25＋6"，先计算最低位数字"5"和"6"的和，结果等于十进制中的"11"，在八进制中则表示为"13"，即最低位为"3"，同时向高位进一。接下来，高位进的"1"和原本高位的"2"相加，最终计算结果为 $(33)_8$。

同理，在十六进制中，采用"0"至"9"共 10 个数字符号和"A"至"F"共 6 个字母符号来表示每一位的数字,即最低位能够表示的最大数值为十进制中的"15"。当需要表示多位数字,或者在进行运算时,逢十六进一,借一当十六。例如,计算十六进制减法"3A－1E"时,先计算最低位数字"A"(相当于十进制的"10")和"E"(相当于十进制的"14")的差值。由于"A"小于"E",需要向高位借一,借一后相当于十进制中"26－14",结果为C(相当于十进制中的"12")。之后计算高位数字之差,高位借一后成了"2－1",最终十六进制减法"3A－1E"结果为$(1C)_{16}$。

八进制数/十六进制数和二进制数的转换也是在计算机中常用的操作。为了方便快速地进行进制的转换,首先需要明确八进制/十六进制和二进制之间的关系。表2-2列出了一位八进制数和二进制数的对照表。从表2-2中可以看出,三位二进制数一共有$2^3＝8$个,和所有的一位八进制数(从"0"至"8")一一对应。

表 2-2　一位八进制数和二进制数的对照表

八进制	0	1	2	3	4	5	6	7
二进制	000	001	010	011	100	101	110	111

根据这一关系,便可以设计出快速的二进制数和八进制数的互换方法。给定一个二进制数,如果想将它转换成八进制数,则以三位为基础分为一组,将每组的三位二进制数按照表2-2转换成对应的一位八进制数,再按照顺序连接起来,这种方法称为"三位并一位法"。比如:

$$(101110010)_2 = (101\ 110\ 010)_2 = (562)_8$$

在转换过程中,如果给定的二进制数位数不足,则需要对二进制数进行补零。补零的目的在于完成进制之间的转换,不改变原有数值的大小。因此,对于二进制数的整数部分,在高位进行补零,使得整数部分的位数为3的倍数;而对于小数部分,则在低位进行补零,同样使小数部分的位数为3的倍数。比如:

$$(10110001100.10)_2 = (\mathbf{0}10\ 110\ 001\ 100.10\mathbf{0})_2 = (2614.4)_8$$

将上述操作逆向执行,就可以完成八进制数转换成二进制数,这种方法称为"一位拆三位法"。给定一个八进制数,将每一位八进制数写成表2-2中对应的二进制数;之后按照原本的顺序连接起来;最后,将整数部分高位的零和小数部分低位的零去掉即可。比如:

$$(2567.14)_8 = (010\ 101\ 110\ 111.001\ 100)_2 = (10\ 101\ 110\ 111.001\ 1)_2$$

表2-3列出了一位十六进制数和二进制数的对照表。同理,四位的二进制数一共有$2^4＝16$个,和所有的一位十六进制数(从"0"至"F")一一对应。

表 2-3　一位十六进制数和二进制数的对照表

十六进制	0	1	2	3	4	5	6	7
二进制	0000	0001	0010	0011	0100	0101	0110	0111
十六进制	8	9	A	B	C	D	E	F
二进制	1000	1001	1010	1011	1100	1101	1110	1111

和二进制数与八进制数互换的方法一致,二进制数转换成十六进制数采用四位并一位法;十六进制数转换成二进制数采用一位拆四位法。

四位并一位法：对于给定的二进制数，首先将该二进制数的整数部分和小数部分各自的位数补足为 4 的倍数。整数部分高位补零，小数部分低位补零。之后，以四位为基础分为一组，将每组的四位二进制数按照表 2-3 转换成对应的一位十六进制数，最后按照顺序连接起来。比如：

$$(10110001100.10)_2 = (\mathbf{0}101\ 1000\ 1100.10\mathbf{00})_2 = (58C.8)_{16}$$

一位拆四位法：对于给定的十六进制数，将每一位十六进制数写成表 2-3 中对应的二进制数；之后按照原本的顺序连接起来；最后，将整数部分高位的零和小数部分低位的零去掉即可。比如：

$$(5A6D.2)_{16} = (0101\ 1010\ 0110\ 1101.0010)_2 = (101\ 1010\ 0110\ 1101.001)_2$$

◆ 2.2　计算机的数值表示

数值包括无符号数和有符号数，采用二进制表示无符号数只需表示其数值部分，而表示有符号数则需要划分一位二进制来表示正负号。因此，存储有符号数的基本格式包括符号位和数值位两部分，其中符号位分别用“0”和“1”表示该数为正数和负数，其存储的基本格式如图 2-4 所示，每个方格表示一个二进制位。

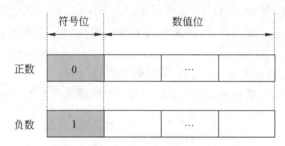

图 2-4　存储数值信息的基本格式

在计算机中，采用符号位和数值位可以明确表示具体的整数。但是对于小数而言，除了符号位和数值位以外，还需要明确“如何表示小数点”这个问题。如果按照符号位的数字化方式，采用“0”或“1”来表示小数点是否存在，则从形式上来看，无法将其与数字区分开。因此，根据小数点的位置是否固定，有两种不同的格式表示计算机中的数值，即定点数和浮点数。

定点数是指小数点位置固定不变的数值。整数可以看作是小数点在所有数字的后面的数值；纯小数，即整数部分为零的小数，可以看作是小数点在所有数字的前面的数值，因此整数和纯小数都可以用定点数表示，如图 2-5 所示。

图 2-5　定点小数和定点整数的格式

　　浮点数是指小数点位置不固定、根据实际需要变化的数值。浮点数可以用于整数(如超过 20 位的十进制整数)、纯小数和混合数(即整数部分和小数部分均不为零的小数)的表示。

　　下面详细介绍计算机中不同码制的表示方法及小数在计算机中的表示方式。

2.2.1　计算机码制

　　有符号数在计算机中可用不同的码制来表示,如原码、反码和补码。需要注意的是不同的码制对数值的表示方法不同,但是数值本身的真值并不发生变化。在现代计算机中,定点数通常用补码表示。下面以 8 位二进制为例分别介绍三种码制对于符号数的表示方法。

　　原码对数值的表示方法为:最高位为 0 表示正数,为 1 表示负数,数值位保持不变。

　　例 2.5　以 8 位二进制为例,写出 67 和−67 的原码表示。

　　67 的二进制表示为 1000011;

　　原码表示+67 的结果为 01000011,即最高位为 0 表示正数;

　　原码表示−67 的结果为 11000011,即最高位为 1 表示负数;

　　表示结果为:$[+67]_原 = 01000011$,$[-67]_原 = 11000011$。

　　在计算机中,一切运算最终要靠硬件电路实现。加法器解决加法运算问题,那减法运算如何实现呢?与加法器相比,减法器的硬件设计更为复杂,增加了运算时间。那么能否用加法器实现减法运算呢?例如,计算 5−3 等价于计算 5+(−3)。因此,如果能将表示−3 的符号位一起参与运算,就可以利用加法器实现减法运算。但是用原码表示加减运算时,符号位不能参与运算。

　　例 2.6　以 8 位二进制为例,利用原码表示计算 39−67。

　　因为 39<67,所以结果符号与−67 符号相同,结果为负。其次计算较大数与较小数之差:

$$[67]_原 = 01000011$$
$$[39]_原 = 00100111$$
$$[67]_原 - [39]_原 = 00011100$$

　　因此,计算结果为 $[39-67]_原 = 10011100 = [-28]_原$。

　　在上述例题中,如果将原码的符号位一起进行运算,那么运算结果为:$[39]_原 + [-67]_原 = 00100111 + 11000011 = 11101010 = [-106]_原$,显然是错误的。说明用原码进行加减运算时,符号位不能参与运算,否则会出错。为了解决将符号位和数值位一起运算问题,从而引入了反码。反码对数值的表示方法为:正数的反码与原码相同,负数的反码是在原码的基础上符号位保持不变,数值位按位取反。

　　例 2.7　以 8 位二进制为例,写出 67 和−67 的反码表示。

　　67 的二进制表示为 1000011;

　　反码表示+67 的结果为 01000011,即最高位为 0 表示正数,数值位不变;

　　反码表示−67 的结果为 10111100,即最高位为 1 表示负数,数值位按位取反;

　　表示结果为 $[+67]_反 = 01000011$,$[-67]_反 = 10111100$。

　　与原码不同,反码的加减法运算规则较为简单,可以将符号位一起进行运算。假设两个运算数 S1 和 S2,利用反码进行加减法运算的规则为:

$$[S1+S2]_反 = [S1]_反 + [S2]_反$$

$$[S1-S2]_反=[S1]_反+[-S2]_反$$

运算时,符号位如果产生进位,则需要进行循环进位,即将此进位加到和的最低位上。当运算结果的符号位为 0,说明结果为正数;运算结果的符号位为 1,说明结果为负数,对运算结果再取反码可以得到其原码。

例 2.8　以 8 位二进制为例,利用反码表示计算 39−67。

$$[39]_反=00100111$$

$$[-67]_反=10111100$$

$$[39-67]_反=[39]_反+[-67]_反=11100011=[-28]_反$$

值得注意的是,运算结果的最高位为 1,说明运算结果为负数,要想得到结果的真值,需要对结果再取反码得到其原码,进而得到真值。

虽然反码解决了利用加法器进行减法运算的问题,但是还存在两个问题,一是 0 存在两个反码编码,以 8 位二进制为例,$[+0]_反=00000000$,$[-0]_反=11111111$,但是实际上 +0 和 −0 都代表 0。二是反码运算如果符号位产生进位,仍需要进行调整。为了解决这两个问题,人们引入了补码。补码对数值的表示方法为:正数的补码与原码(或反码)相同,负数的补码为其反码加 1。

例 2.9　以 8 位二进制为例,写出 67 和 −67 的补码表示。

由例题 2.7 可知,$[+67]_反=01000011$,$[-67]_反=10111100$;

因此,$[+67]_补=[+67]_反=01000011$,$[-67]_补=[-67]_反+1=10111101$。

在补码中,对于 0 只存在一种编码,即 $[0]_补=00000000$。因此,相比于反码,补码可以多表示一个数值。以 8 位二进制为例,原码、反码和补码对整数的表示范围如表 2-4 所示。

表 2-4　三种码制的整数表示范围

	最小值		0	最大值		表示范围
	二进制	真值	二进制	二进制	真值	真值
原码	11111111	−127	00000000	01111111	127	−127~127
反码	10000000	−127	00000000(+0) 11111111(−0)	01111111	127	−127~127
补码	10000000	−128	00000000	01111111	127	−128~127

与反码的加减法规则类似,补码运算符号位可与数值位一起进行运算,并且如果符号位产生进位,进位可略去不计。补码加减法规则为:

$$[S1+S2]_补=[S1]_补+[S2]_补$$

$$[S1-S2]_补=[S1]_补+[-S2]_补$$

例 2.10　以 8 位二进制为例,利用补码表示计算 39−67。

$$[39]_补=[39]_反=00100111$$

$$[-67]_补=[-67]_反+1=10111101$$

$$[39-67]_补=[39]_补+[-67]_补=11100100=[-28]_补$$

值得注意的是,通过补码 11100100 求其真值时,可通过补码的补码等于原码这种规则求其原码。也就是 $[11100100]_补=10011100=[-28]_补$。

通过上述例题可知,补码解决了负数在计算机中的表示问题,通过将减法运算转换为加法运算,使得硬件设计简单。而且解决了 0 具有两种不同的反码编码问题。此外,在进行补码运算后,不需要对符号位进位进行调整,计算简单。

2.2.2　计算机中的小数表示

计算机中的小数分为定点小数和浮点小数两种。纯小数既可以用定点小数表示,也可以用浮点小数表示。而对于整数部分和小数部分都不为零的小数,如 5.23 和 52.3,小数点的位置不同,数值也不相同,这一类的小数也就是混合数,用浮点数进行表示。

在数学当中,小数根据其位数分为有限小数和无限小数。有限小数很容易表示;对于无限小数,比如,0.111…1 是一个无限循环小数,如果给予无限的时间、足够的纸张,就可以把该小数的每一位的数值依次写在纸上,写出小数点后十位、百位,甚至上千位。不过,对于计算机而言,尽管现代计算机的计算存储能力已经得到了极大的提升,但是它所能够保存的小数位数依然是有限的。关于计算机所能保存的浮点数位数,电气电子工程师学会(Institute of Electrical and Electronics Engineers,IEEE)制定了二进制浮点数算术标准(IEEE 754),规定了一个浮点数最多可以用 64 位来存放。

既然浮点数的总位数是固定的,那么,"如何用有限的位数表示出尽可能多的浮点数数值"就成为人们最关注的一个问题,而科学记数法提供了一种自然、经济且有效的解决方法。

以十进制为例,任何一个有穷数都可以表示成 m 与 10 的 e 次幂相乘的形式,其中,$1 \leqslant |m| < 10$ 且 m 不是分数、e 是整数。例如,一个绝对值较大的数"$-1\ 567\ 000$"可以表示成 -1.567×10^6;而一个绝对值较小的数"$0.000\ 000\ 001\ 358$"可以表示成 1.358×10^{-9}。想象一下,如果直接保存"$0.000\ 000\ 001\ 358$"这个小数,仅考虑小数部分,也需要 12 位。但是如果采用科学记数法的方式保存这一小数,因为已知进制固定不变,所以只需要记录下"1.358"和"-9"这两部分数字,即只保留有效的非零数字。

在浮点数位数固定的情况下,可以通过科学记数法对浮点数进行规格化处理,从而保留原数值中更多有效的非零数字,尤其是对于一些无法用二进制准确表示的十进制小数。例如,十进制小数 0.1,转换成二进制小数 0.0001100110011…,小数点后的位数是无穷的。而计算机的存储能力是有限的,这样就不得不将原数值截断,设置保留的小数位数,使得原数值和保存的数值之间存在误差,也就是精度丢失的问题。因此,保留的原数值中的有效非零数字越多,运算精度也就越高。

对于 R 进制而言,任何一个有穷数都可以表示成 m 与 R 的 e 次幂相乘的形式,即 $m \times R^e$,其中 m 称为尾数,e 称为阶码。下面列举两个二进制数科学记数法的例子(不考虑某一种具体的编码方式,仅考虑二进制表示):

$$-1.1101 = -1.1101 \times 2^1 = -0.111\ 01 \times 2^{10}$$
$$0.000\ 101 = 0.001\ 01 \times 2^{-1} = 0.101 \times 2^{-11}$$

对于这两个例子来说,尽管中间形式"-1.1101×2^1"和"$0.001\ 01 \times 2^{-1}$"都符合科学记数法的表示形式,但由于尾数的位数决定了浮点数的精度,因此在浮点数的表示中,尾数采用规格化的形式表示,比如,"$-0.111\ 01 \times 2^{10}$"和"0.101×2^{-11}"。规格化后的尾数 m,从二进制数表示的形式上来看,m 是形如 $0.1d_1d_2 \cdots d_i \cdots$(每一位 d_i 为"0"或"1");从数值上来看,m 转换成十进制数满足 $1/2 \leqslant |m| < 1$。

所以,一个浮点数由尾数和阶码两部分组成。图 2-6 展示了浮点数的格式,习惯上将阶码部分放在尾数部分之前。阶码和尾数都是带有符号的二进制数。阶码是整数,其格式同于定点整数,小数点位于最低数字位之后。阶码的符号代表了原数值的绝对值的相对大小,阶码的位数决定了浮点数的范围。尾数是纯小数,其格式同于定点小数,小数点位于尾数符号位之后、最高数字位之前。尾数的符号即浮点数的符号,代表了原数值是正数还是负数。

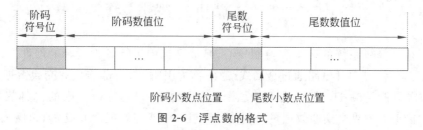

图 2-6　浮点数的格式

在计算机中,浮点数的尾数和阶码同样需要码制表示,尾数一般用原码或补码表示,阶码一般用补码表示。

例 2.11　假设阶码由 8 位补码表示,尾数由 16 位原码表示,写出二进制数 -11.101 和 0.000101 的浮点规格化表示。

以二进制数 -11.101 为例,其浮点规格化表示可分为两步。

第一步,将二进制数写成规格化形式:

$$-11.101 = -0.11101 \times 2^{10}$$

第二步,确定阶码和尾数的数值,写出对应的计算机码制:阶码为 $+10$,补码表示为 00000010;尾数为 -0.11101,原码表示为 1111010000000000。

所以,二进制数 -11.101 的浮点规格化表示为:00000010111101000000000。

同理,二进制数 $0.000101 = 0.101 \times 2^{-11}$,其中,阶码为 -11,补码表示为 11111101(原码 10000011);尾数为 $+0.101$,原码表示为 0101000000000000。

因此,二进制数 0.000101 的浮点规格化表示为:111111010101000000000000。

现代计算机中常用的两类浮点数,也是 IEEE 754 规定的两类浮点数,一类叫做单精度浮点数,共 32 位;另一类叫做双精度浮点数,共 64 位。图 2-7 和图 2-8 分别展示了单精度浮点数和双精度浮点数的标准格式。

阶码 符号位	阶码数值位	尾数部分 (包含符号位和数值位)
1	8	23
	…	…

图 2-7　IEEE 754 32 位浮点数的标准格式

阶码 符号位	阶码数值位	尾数部分 (包含符号位和数值位)
1	11	52
	…	…

图 2-8　IEEE 754 64 位浮点数的标准格式

单精度浮点数共 32 位,其中 1 位阶码符号位,也就是浮点数符号位;8 位阶码数值位;23 位表示尾数,包括 1 位尾数符号位和 22 位尾数数值位。双精度浮点数共 64 位,其中 1 位阶码符号位、11 位阶码数值位和 52 位尾数部分。同样,52 位尾数部分包括 1 位的尾数符号位和 51 位的尾数数值位。

◆ 2.3　计算机的逻辑运算

CPU 是计算机系统的运算和控制核心,是计算机中进行各种运算的硬件。CPU 是一种集成电路芯片,其内部电路通过金属线(通常称为引脚)与外部连接并交换数据。每根数据引脚一次只能传输 1b,即 0 或 1。受限于芯片的面积,芯片上有限的引脚数量决定了 CPU 一次能够和外界交换的数据量。现代计算机一般能够处理 32b 或 64b 的数据。

2.3.1　二进制的四则运算

加法是二进制中最基本的运算,其他运算可以从加法中推导出来。例如,减法是对负数的加法,乘法可通过多次加法实现。在 2.2 节中已经知道,计算机中的整数分为无符号整数和带符号整数。对于无符号整数,n 位计算机能表示的范围是 $[0, 2^n - 1]$;在用补码方式表示 n 位带符号整数时,其表示范围是 $[-2^{n-1}, 2^{n-1} - 1]$。

对于无符号整数加法,遵循逢二进一的规则进行运算。但要注意溢出的发生,假设计算机能处理 8 位二进制整数,观察下面计算:

$$
\begin{array}{r}
1\,0\,1\,0\,0\,0\,0\,0 \\
+\,1\,0\,1\,1\,0\,0\,0\,0 \\
\hline
0\,1\,0\,1\,0\,0\,0\,0
\end{array}
$$

将上述运算转换为十进制加法:160+176=80,结果显然是错误。此时出现了一种异常情况——溢出(overflow),是由于 160 与 176 的和 336 超出了 CPU 能处理的最大无符号整数 $2^8 - 1$,即 255 所造成的。

对于带符号整数,由于减法可以看作负数的加法。因此,带符号整数加减法的关键问题在于如何表示负数。在 2.2.1 节中已经介绍过,可以使用补码表示负数,从而将减法运算转换为加法运算。同样,带符号数在进行加法运算时也可能发生溢出,假设在 8 位补码的计算机中,观察下面带符号整数的计算:

$$
\begin{array}{r}
0\,1\,1\,0\,0\,0\,0\,0 \\
+\,0\,1\,1\,1\,0\,0\,0\,0 \\
\hline
1\,1\,0\,1\,0\,0\,0\,0
\end{array}
\qquad\qquad
\begin{array}{r}
1\,0\,0\,0\,0\,0\,1\,1 \\
+\,1\,1\,1\,0\,0\,0\,1\,0 \\
\hline
1\,0\,1\,1\,0\,0\,1\,0\,1
\end{array}
$$

两个正数相加　　　　　　　　　两个负数相加

上例中,两个正数相加得到了负数 $(11010000)_2 = (-48)_{10}$,结果显然是错误的。当两个正数相加,如果结果的最高位是 1,就代表发生了溢出,称这种溢出为正溢出。类似地,上例中两个负数相加,由于最高位的进位 1 丢失,使得最终结果为正数 $(01100101)_2 = (101)_{10}$,这个结果显然也是错误的。当两个负数相加,如果结果的最高位是 0,则称这种溢出为负溢出。

二进制的乘除法比加减法运算复杂,本节以无符号整数的乘除法为例,介绍乘除法的基本方法。但是真正适用于计算机的乘除法是以此方法为基础,并设计了更有效的算法使得其适用于计算机的工作方式,在本书中将不做过多介绍。下面以 5×5 为例,说明无符号整数乘法在二进制中的运算过程:

$$
\begin{array}{r}
\text{被乘数}\quad 0\,1\,0\,1_2\,(5_{10}) \\
\text{乘数}\quad \times 0\,1\,0\,1_2\,(5_{10}) \\
\hline
0\,1\,0\,1 \\
0\,0\,0\,0\quad\leftarrow\text{移 1 位} \\
0\,1\,0\,1\quad\leftarrow\text{移 2 位} \\
+\,0\,0\,0\,0\quad\leftarrow\text{移 3 位} \\
\hline
0\,0\,1\,1\,0\,0\,1\,(25_{10})
\end{array}
$$

类似于十进制的乘法,二进制乘法是由基本的二进制加法和移位操作完成的。当乘数计算的当前数值为 1 时,则加上被乘数左移后的值;为 0 时,不改变计算结果。而二进制除法可用二进制减法和移位操作完成。下面以 $36 \div 6$ 为例,说明无符号整数除法在二进制中的运算过程:

$$
\begin{array}{r}
0\,1\,1\,0 \qquad\qquad \text{商} \\
\text{除数}(6_{10})\ 1\,1\,0\,\overline{)\,1\,0\,0\,1\,0\,0\,(36_{10})} \quad \text{被除数} \\
-\,0\,0\,0 \\
\hline
\text{补 1 位}\rightarrow\quad 1\,0\,0\,1 \\
-\quad 1\,1\,0 \\
\hline
\text{补 2 位}\rightarrow\quad 1\,1\,0 \\
-\quad 1\,1\,0 \\
\hline
\text{补 3 位}\rightarrow\quad 0\,0\,(0_{10}) \quad \text{余数}
\end{array}
$$

可以看出,二进制除法是从最高位开始,从被除数中取和除数相同多的位数,所得数值减去除数;并将减法结果与被除数剩余位数拼接为新的数,重复上述过程直至被除数的最后一位。

2.3.2　二进制的数字电路

从 2.3.1 节中可以看到,一切运算都可以转换为加法运算。在计算机中,最终实现运算的硬件是电子元件。而电子元件只能表示两种状态,可以代表"0"和"1"两种不同的值,但是电子元件不能"计算"。事实上,计算机中的基本运算是由"0"和"1"的逻辑运算衍生而来的,这也是计算机的电子电路能够实现二进制计算的原因。

逻辑运算是对逻辑变量和逻辑运算符的组合序列所做的逻辑推理。逻辑变量只有两个,代表两种对立的逻辑状态,如真与假、是与否,通常用"0"与"1"表示。逻辑运算的结果表示逻辑推理的真与假,通常使用"1"与"0"表示。逻辑运算的基本运算包括与(AND)、或(OR)、非(NOT)。在逻辑运算中,通常用符号"∧""∨""¬"分别表示"与"运算、"或"运算和"非"运算。一个逻辑变量的"非"运算也可以在逻辑变量上面加一个短横表示,如变量 A 的"非"运算是 $\overline{A}$(读作"A bar")。而在逻辑运算式中,通常使用符号"¬"表示"非"操作。为了更清晰展示逻辑运算的基本规则,常常把逻辑变量和逻辑结果列在一张表里,并称之为真值表。表 2-5 展示了三种基本逻辑运算的真值表。

表 2-5　三种基本逻辑运算真值表

A	B	$\overline{A}$	AND	OR
0	0	1	0	0
0	1	1	0	1
1	0	0	0	1
1	1	0	1	1

在表 2-5 中，A 和 B 是两个逻辑变量。其中"非"运算是对逻辑变量的值取反，$\overline{A}$ 代表 A 的"非"。如果 $A=1$，则 $\overline{A}=0$；如果 $A=0$，则 $\overline{A}=1$。表中"AND"列代表了 A 与 B 在各种情况下的"与"运算结果，逻辑上代表"A 且 B"。仅当 $A=1$，$B=1$ 时，$A \wedge B=1$；其他情况下 $A \wedge B=0$。"OR"列代表了 A 与 B 在各种情况下"或"运算结果，逻辑上代表"A 或者 B"。仅当 $A=0$，$B=0$ 时，$A \vee B=0$；其余情况下 $A \vee B=1$。

在进行逻辑运算时，"非"运算的优先级最高，"与""或"优先级相同。例如，计算逻辑式 $\neg B \wedge A$ 时，相当于计算 $(\neg B) \wedge A$：首先计算 $\neg B$，然后再进行"与"运算。

计算机中的一切计算都可以归结为逻辑运算，而晶体管能够代表逻辑中"0"与"1"两种不同的值。晶体管是由 John Bardeen、William Shockley 和 Walter Brattain 在 1947 年发明的，并因此获得了 1956 年的诺贝尔物理学奖。晶体管能够根据外部电源的变化而展现不同的状态，因此可以通过控制晶体管的电源来控制它们开或关的状态，即"1"和"0"两种状态。

图 2-9 是一个常用的 NMOS 三极管的电路示意图。其中 D 端代表高电压，通常都是 5V；S 端接地，即 0V；G 端代表输入信号。当 G 输入高电压时，代表输入逻辑 G=1，晶体管导通；当 G 输入低电压时，代表输入逻辑 G=0，晶体管断开。

下面介绍利用三极管实现基本的"与""或""非"运算。图 2-10～图 2-12 中三个电路分别称"非门""与门""或门"。

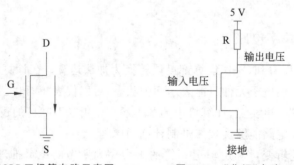

图 2-9　NMOS 三极管电路示意图　　图 2-10　"非门"电路

如图 2-10 所示，输入电压经过"非门"后，输出的结果与输入相反。当输入为高电压，晶体管导通，输出电压线路接地，电压为 0V；当输入低电压时，晶体管断开，输出电压变为高电压。

如图 2-11 所示，仅当输入电压 A 和 B 都是高电压时，原始输出才为 0，经过"非门"后最终的输出结果为 1；其余输入情况，原始输出均为 1，经过非门后最终的结果为 0。

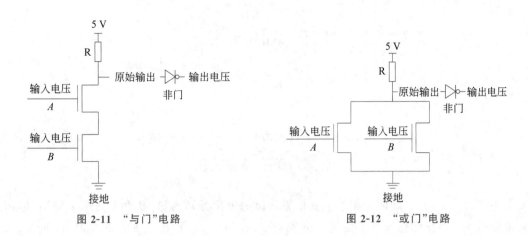

图 2-11　"与门"电路　　　　　　　图 2-12　"或门"电路

如图 2-12 所示,仅当输入电压 A 和 B 都是低电压时,原始输出为 1,经过"非门"后最终输出结果为 0;其余输入情况,至少一个三极管导通,原始输出为 0,经过非门后最终输出结果为 1。

2.3.3　半加器与全加器

在 2.3.1 节中已经提到过,一切运算都可以转换为加法,而一切计算又可以逻辑运算。本小节将介绍,在计算机中是如何基于逻辑运算实现加法器的。二进制中的加法可以看作每一位进行加法运算,具有三个输入,两个输出。三个输入包括两个相加位和相邻低位产生的进位,两个输出则是相加得到的二进制位和一个进位。

当不考虑进位时,即考虑两个相加位及两个输出,实现这种加法的硬件称为半加器。假设半加器的两个输入分别为 A 和 B,经过加法运算后的得到的低位值称为"和"(Sum),产生的进位设为 C,两个输入和两个输出的取值均为"0"或"1"。那么半加器的真值表如表 2-6 所示。

表 2-6　半加器的真值表

A	B	Sum	C
0	0	0	0
0	1	1	0
1	0	1	0
1	1	0	1

观察表 2-6 可知,Sum 和 C 的值由 A 和 B 决定,其逻辑表达式为:$\text{Sum}=(A \wedge \neg B) \vee (\neg A \wedge B)$,$C = A \wedge B$。通常情况下,逻辑表达式中的"与"符号可以省略,并使用"+"和 bar 分别代替逻辑"或"和"非"运算。因此,上述逻辑表达式可简写为 $\text{Sum}=A\overline{B}+\overline{A}B$,$C = AB$。可根据该逻辑表达式得到半加器的电路设计图,如图 2-13 所示。

而要想实现多位加法,除了最低位相加,其余位相加都需要考虑相邻低位的进位。因此,在半加器的基础上,考虑相邻低位的进位这一输入,实现该加法功能的硬件称为全加器。

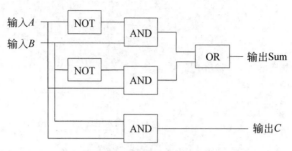

图 2-13　半加器电路实现

设全加器的三个输入,即两个相加位及相邻低位的进位分别为 A、B 和 C_{in};两个输出,即两数相加的和在该位的值及产生的进位分别为 Sum 和 C_{out}。可得全加器的真值表,如表 2-7 所示。

表 2-7　全加器的真值表

A	B	C_{in}	Sum	C_{out}
0	0	0	0	0
0	0	1	1	0
0	1	0	1	0
0	1	1	0	1
1	0	0	1	0
1	0	1	0	1
1	1	0	0	1
1	1	1	1	1

由表 2-7 可得,两个输出的逻辑表达式分别为:$C_{out}=AB+AC_{in}+BC_{in}$,$Sum=ABC_{in}+A\overline{B}\,\overline{C}_{in}+\overline{A}B\,\overline{C}_{in}+\overline{A}\,\overline{B}C_{in}$。事实上,全加器可由两个半加器和一个"或门"组成,这里省略推导过程,其框架图如图 2-14 所示。

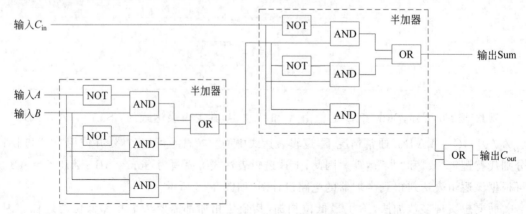

图 2-14　由半加器实现全加器的框架图

基于全加器可以计算有进位的 1 位的加法,如何实现多位加法读者可以在其他课程中继续学习。

◇ 2.4　非数值信息的数字化

人们生活中用各种各样的形式记录着信息,包括数字、文字、图片、声音等。这些不同表现形式的信息主要分为数值型和非数值型。当用计算机存储和处理这些信息时,需要将其转换为计算机能够识别的二进制形式进行表示。在 2.2 节中已经介绍了数值型信息与二进制之间如何进行转换的,接下来为大家介绍字符、声音和图片这些非数值信息在计算机是如何表示的。

2.4.1　字符的数字化

计算机中的字符由各种单独的符号组成,这类符号可以分为两大类。一类是有实际表达意义的符号,比如大小写形式的英文字母、汉字、数字、标点符号等。这一类字符可以通过显示器展示出来,其形态与日常写出来的符号一样,称为可视字符。另一类则是控制计算机运行、通信的符号,如"数据链路转义""同步空闲""结束传输块"等。控制字符和通信专用字符是无法从显示器上直观看到的,仅用于指明计算机需要执行哪种操作。

同数值信息一样,计算机利用二进制对上述字符对象进行编码。给定一个字符集合,人们可以设计出多种不同的编码体系。为了规范编码方式以方便信息传输,对于西文字符,统一采用美国信息交换标准码(American Standard Code for Information Interchange,ASCII)。

表 2-8 展示了 ASCII 码的编码表,包含了 128 个字符,其中 95 个可视字符和 33 个控制字符。在这 95 个可视字符中,除了"0"至"9"10 个阿拉伯数字、26 个大写字母和 26 个小写字母以外,还包含其他的专用字符,如一些标点符号。128(128＝2^7)个字符可以由 7 位二进制数表示,但由于在计算机中,CPU 可以读取数据的最小单位是字节(即 8 个二进制位),因此一个 ASCII 码由 1 字节组成,最高位通常为零,实际仅使用剩余 7 位来进行编码。如大写英文字母"A"的编码值是 0100 0001,换算成十进制数是 65。

观察表 2-8,会发现一些明显的编码规律:数字的编码值＜大写英文字母的编码值＜小写英文字母的编码值;10 个数字的编码值按照从小到大的顺序依次递增;26 个英文字母的编码值分别按照 a～z 和 A～Z 的顺序递增。需要注意的是,数字的编码值和数字的数值是不同的,例如,数字"0"的 ASCII 编码值为 0011 0000,换算成十进制数是 48,而不是 0。

很多编程语言提供了字符和 ASCII 码值之间的换算功能。在 Python 语言中,函数 chr()可将给定的 ASCII 码值转换成对应的字符,如打印 chr(99),显示字符"c"。函数 ord()可将给定的字符转换成其 ASCII 码值,如打印 ord('d'),显示字符"d"的 ASCII 码值是 100。

汉字的编码涉及输入、存储、输出三个阶段的转换。利用计算机存储处理汉字,第一阶段就需要实现汉字的输入。现代计算机中,汉字的输入可以通过自然输入和键盘编码两种方式来实现。自然输入包括常见的手写输入和语音输入,键盘编码输入则需通过汉字输入码来完成。如经常使用的全拼输入,就是一种比较常见的汉字输入码,利用汉语拼音实现汉字的输入。

表 2-8　ASCII 码的编码表

ASCII 码值	字符	ASCII 码值	字符	ASCII 码值	字符	ASCII 码值	字符
0000 0000	NUL	0010 0000	SP	0100 0000	@	0110 0000	`
0000 0001	SOH	0010 0001	!	0100 0001	A	0110 0001	a
0000 0010	STX	0010 0010	"	0100 0010	B	0110 0010	b
0000 0011	ETX	0010 0011	#	0100 0011	C	0110 0011	c
0000 0100	EOT	0010 0100	$	0100 0100	D	0110 0100	d
0000 0101	ENQ	0010 0101	%	0100 0101	E	0110 0101	e
0000 0110	ACK	0010 0110	&	0100 0110	F	0110 0110	f
0000 0111	BEL	0010 0111	'	0100 0111	G	0110 0111	g
0000 1000	BS	0010 1000	)	0100 1000	H	0110 1000	h
0000 1001	HT	0010 1001	(	0100 1001	I	0110 1001	i
0000 1010	LF	0010 1010	*	0100 1010	J	0110 1010	j
0000 1011	VT	0010 1011	+	0100 1011	K	0110 1011	k
0000 1100	FF	0010 1100	,	0100 1100	L	0110 1100	l
0000 1101	CR	0010 1101	—	0100 1101	M	0110 1101	m
0000 1110	SO	0010 1110	.	0100 1110	N	0110 1110	n
0000 1111	SI	0010 1111	/	0100 1111	O	0110 1111	o
0001 0000	DLE	0011 0000	0	0101 0000	P	0111 0000	p
0001 0001	DC1	0011 0001	1	0101 0001	Q	0111 0001	q
0001 0010	DC2	0011 0010	2	0101 0010	R	0111 0010	r
0001 0011	DC3	0011 0011	3	0101 0011	S	0111 0011	s
0001 0100	DC4	0011 0100	4	0101 0100	T	0111 0100	t
0001 0101	NAK	0011 0101	5	0101 0101	U	0111 0101	u
0001 0110	SYN	0011 0110	6	0101 0110	V	0111 0110	v
0001 0111	ETB	0011 0111	7	0101 0111	W	0111 0111	w
0001 1000	CAN	0011 1000	8	0101 1000	X	0111 1000	x
0001 1001	EM	0011 1001	9	0101 1001	Y	0111 1001	y
0001 1010	SUB	0011 1010	:	0101 1010	Z	0111 1010	z
0001 1011	EAC	0011 1011	;	0101 1011	[	0111 1011	{
0001 1100	ES	0011 1100	<	0101 1100	\	0111 1100		
0001 1101	GS	0011 1101	=	0101 1101	]	0111 1101	}
0001 1110	RS	0011 1110	>	0101 1110	^	0111 1110	~
0001 1111	US	0011 1111	?	0101 1111	_	0111 1111	DEL

　　将汉字成功输入之后,进入第二阶段:将汉字作为信息存储在计算机内。计算机中的汉字也是单独的字符,同样需要采用二进制对其编码。汉字编码标准是 GB 2312—80,称为《国家标准信息交换用汉字编码　基本集》,也简称为"国标码"。国标码的编码方式是在区位码的基础上变换而来的。在区位码中,所有的汉字构成的编码表被划分成 94 个区,每个区又划分成 94 个位。每个区有其对应的区码,每个位也有其对应的位码。这样,被编码的汉字字符将会被分配到某个区的某个位中,根据汉字的区码和位码,就可以确定汉字所在的位置。区位码一般以十进制的形式表示,将十进制的区码和位码转换成二进制形式,再分别加上 20H,即得到了汉字的国标码。因此,国标码的编码占两个字节,第一个字节描述了区码相关的信息,第二个字节描述了位码相关的信息。在现代计算机中,为了和 ASCII 码区分,在国标码的基础上,分别将两部分都加上 80H,以保证得到的新编码中,两个字节的最高位都为 1,这种编码形式,称为汉字的机内码。

　　例 2.12　已知"深"字的区位码是 4178,求其机内码。

　　区位码由区码和位码组成,转换进制的时候需要分开转换。4178(深)为十进制,区码 41 转换为十六进制为 29H,位码 78 转换为十六进制为 4EH,所以深的区位码十六进制表示为 294EH。将区位码转换成国标码,分别将区码和位码加上 20H,即深的国标码十六进制表示为 496EH。最后,将国标码转换成机内码,加上 8080H,所以深的机内码十六进制表示为 C9EEH。

　　GB 2312—80 仅收录了 6763 个汉字,远远少于现行通用的汉字个数。由此,"汉字内码扩展规范"将其扩展为 GBK。GBK 包含 20 902 个汉字,并且兼容原有的 GB 2312—80。

　　汉字字符的输出和显示,需要通过第三个阶段汉字字形码完成。汉字点阵,是一种常用的汉字字形码的表示方式。图 2-15 是一个点阵字形的示例,汉字字符"中"被划分成了 16×16 个小方格,每个方格的值或为"0"(代表没有点)、或为"1"(代表有点),最终通过点的位置来描绘出字符的轮廓。记录该字符的点阵字形,需要将 16×16 个二进制数全部保存下来,因此占用字节数是 32B。

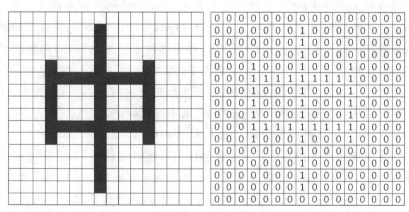

图 2-15　16×16 点阵字形示例

　　方格数目越多,需要保存的二进制数越多,所占用的字节数越大,但是描绘的字符轮廓也越清晰,由此汉字点阵类型被划分为四类:简易型、普及型、提高型和精密型。各点阵类型的大小和占用字节数如表 2-9 所示。

表 2-9　汉字点阵类型

汉字点阵类型	点阵大小	占用字节数
简易型	16×16	32B
普及型	24×24	72B
提高型	32×32	128B
精密型	48×48	288B

　　为了能够将世界上所有的语言文字进行统一编码,诞生了通用字符集(universal character set,UCS)。采用二进制对 UCS 中的所有字符进行编码,能够实现计算机跨语言、跨平台对信息转换、处理的要求,这一编码体系称为 Unicode 码,又称统一码、万国码。

　　在 Unicode 编码体系中,共包含 128 个组(group),每组分为 256 个平面(plane),每个平面被分为 256 行(row),每行包含 256 个单元格(cell)。UCS 中的每一个字符都会被分配到平面内的一个单元格中,单元格的数值是该字符的编码。字符的 Unicode 编码采用 4 个字节(即 4×8 位二进制数),每个字符的最高字节的最高位为 0,最高字节的剩下 7 位二进制数代表其组号;次最高字节的 8 位二进制数代表字符的平面号;剩下两个字节依次代表字符的行号和单元格号。为了兼容 ASCII 码,Unicode 编码中的前 0~127 个字符和 ASCII 码的字符一致。UCS 中共包含 71 226 个汉字字符,其中 43 253 个汉字字符位于 plane2 中,剩下的汉字字符位于 plane0。

2.4.2　声音的数字化

　　声音是通过物体振动产生的声波,频率和振幅是声波的重要属性。频率对应声音的高低,即音调;振幅决定声音的大小,即响度。声音是一种模拟信号,在一段连续的时间内信号值是随着时间连续变化的,如图 2-16(a)所示。将声音的模拟信号转换为二进制存储的数字音频的这个过程称为声音的数字化,其中涉及采样、量化和编码等多种技术。

　　一段声音信号在时间上是连续的,要使计算机能够处理声音信号,首先需要将时间连续的声音信号转换成时间离散、振幅连续的信号,即采样技术。图 2-16(b)中展示了一段连续的声音信号通过采样技术共得到了 9 组数据用于还原真实的波形。采样之后的每组数据中振幅的取值仍然是连续的,故需将连续取值的振幅值进行离散化,即量化技术。图 2-16(c)展示了将每组采样中的振幅值进行量化的结果,其中红色标记点为量化后的结果。最后,为方便计算机的存储,要用二进制表示每个量化值,即编码,如图 2-16(d)所示。

　　声音数字化形成的数字音频的评价指标和以上所述过程相关,其中主要的评价指标包括采样频率、量化位数和声道数。每秒采样的次数称为采样频率。采样频率越高,数字音频越接近真实的波形,数字音频质量越高。如图 2-17 所示,采样频率提高 1 倍后,样本更接近真实的波形。但相应的,当提高采样频率后,所需要的存储空间也会增加。根据奈奎斯特采样定理,当采样频率大于信号中最高频率 2 倍时,采样之后的数字信号可以保留真实信号中的信息。不同应用中音频的频率范围是不一样的。在多媒体系统中,常用的标准采样频率包括 11.025kHz、22.05kHz 和 44.1kHz 三种。

　　量化位数也称采样精度,指用来表示量化的采样数据的二进制位数。量化位数越多,还

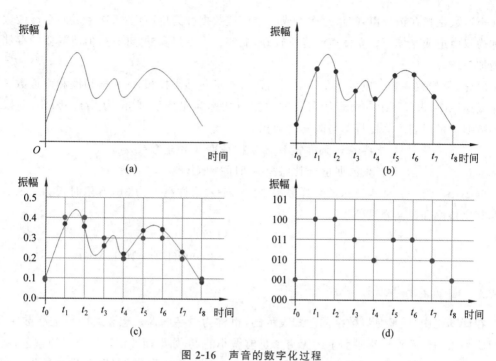

图 2-16 声音的数字化过程

（a）声波示意图；（b）采样示意图；（c）量化示意图；（d）编码示意图

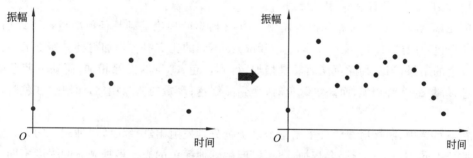

图 2-17 不同采样频率的声音数字化

原的声波越细腻，声音就越真实。如图 2-18 所示，当量化位数由 3 位变为 4 位时，每个采样点的量化值（红色标记点）与真实值（蓝色标记点）的差距变小，因此声音就越真实，但是所需要的存储空间也越大。

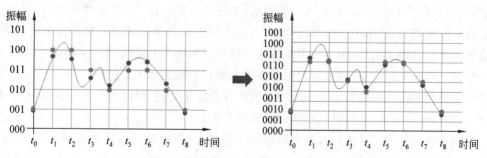

图 2-18 不同量化位数的声音数字化

声道数是指在记录声音时,每次生成一个声波数据称为单声道;每次生成两个声波数据就称为双声道或立体声。立体声的音质较好,能够产生更逼真的空间感,但所需要的存储空间增加一倍。

因此,影响数字音频质量和存储空间的评价指标包括采样频率、采样精度和声道数。数字化或还原1s未经压缩的声音所需要的数据位数称为比特率,单位为 b/s。因此,一段音频的数据量可以表示为比特率与时间的乘积。

$$比特率 = 采样频率 \times 采样精度 \times 声道数(b/s)$$
$$音频数据量 = 比特率 \times 时间 /8(B)$$

例 2.13　有一立体声音乐的采样频率 22.05kHz,采样精度为 8b,音乐时长为 4min,试计算其比特率和存储容量(MB)。

$$比特率 = 22.05 \times 10^3 \times 8 \times 2 = 352\,800(b/s)$$
$$存储容量 = 352\,800 \times 240/8 = 10\,584\,000(B) \approx 10.1(MB)$$

2.4.3　图像的数字化

在计算机中,图像是以数字的形式表示的,也称为数字图像。想要对图像进行数字化,可以将一张图像看作二维平面上的无穷个足够微小的点,如果能够记录每个点的颜色,就可以描绘出整个图像。因此,在进行图像数字化之前,就需要对图像中的颜色进行量化。颜色模型,是描述颜色的量化方法。在不同的场合,采用的颜色模型也不相同。比如,显示器一般采用 RGB 模型,打印机采用 CMYK 模型。

RGB 模型,又称 RGB 相加混色模型。RGB 模型的理论基础是任何颜色都可以由光学中的三原色——红(red)、绿(green)、蓝(blue)按不同的比例混合相加得到。图 2-19 展示了相加混色的结果,当三种颜色同时等量相加,得到白色;等量的红绿相加,而缺少蓝色时,得到黄色;等量的红蓝相加,而缺少绿色时,得到品红色;等量的蓝绿相加,而缺少红色时,得到青色。

在显示器中,阴极射线管会采用三个电子枪分别发射出红、绿、蓝三种波长的光,将三种光波按照不同的强度进行混合相加,便可以产生其他颜色的光。根据光波的强度不同,分为256 个等级,依次编号为 0 至 255。这样每种光波强度都可以用一个字节(8 位二进制数)进行编码,最终三种颜色的不同强度组合可以表示 $2^8 \times 2^8 \times 2^8 = 16\,777\,216$ 种颜色。

CMYK 模型,又称 CMYK 相减混色模型。该模型通常用于打印机等印刷设备,它以色料三原色——青(cyan)、品红(magenta)和黄(yellow)为基础,利用油墨对不同成分光线的吸收,反射出剩余的混合光线,进入人的眼睛,形成相应的颜色。尽管在理论上,等量的三原色混合后产生黑色,但由于油墨的化学特性,在实际中混合出的颜色一般是深灰色,需要加入真正的黑色(black,用 K 表示),因此将这一颜色模型称为 CMYK 颜色模型。

色料三原色是减色三原色,因为它减少了人眼识别颜色所需要的反射光。图 2-20 展示了色料三原色相减混色的结果,比如,当在纸上等量涂上青色、品红和黄色三种颜色,并将其混合后,红、绿、蓝三色都会被吸收,从而呈现出黑色。

将一张连续图像转换成计算机中储存的二进制数字,也就是图像的数字化,包含采样、量化和编码三个步骤。

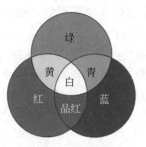

图 2-19　相加混色

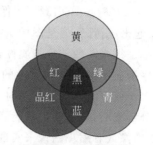

图 2-20　相减混色

（1）采样：给定一张连续图像，按照一定的间隔沿着水平方向和垂直方向，将图像划分成多个面积相等的微小方格。每个方格称为一个像素点，通过采样之后，整张图像就成了 $m \times n$（m 行 n 列）个像素点构成的集合。图 2-21 展示了图像数字化的示例，（a）是原图像，（b）是采样后的图像。

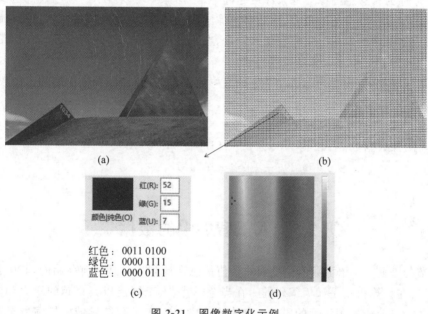

图 2-21　图像数字化示例

（2）量化：采样后的每个像素的取值仍然是连续的，需要将呈现出的颜色取值限定在有限的范围之内。比如，在 RGB 模型中，共有红、绿、蓝三种颜色通道，这三种颜色深浅强弱均有不同的变化，被分为 256 个等级，因此每种颜色通道就有 256 个取值。

（3）编码：对于量化后的每个像素的颜色，采用二进制编码进行表示，得到二进制数值构成的矩阵。如图 2-21（c）列出了所选中的方格，采用 RGB 模型得到的对应像素的颜色编码（上方为十进制数值表示，下方为二进制数值表示）。将所有像素数值按照从左向右、从上向下的顺序保存下来，便得到了数字图像的数据信息。

数字图像的质量与图像的数字化过程息息相关。影响数字图像质量的主要因素是图像分辨率和像素深度。图像分辨率代表数字图像的像素数量，等于数字图像的行像素和列像素的乘积。如分辨率为 1024×768 的图像，该图像的行像素为 1024、列像素为 768，因此总像素数量为 1024×768＝786 432。图像分辨率越高,包含的像素数量越多,数字图像的质量越高,图片看起来越清晰,但是图像所需的存储容量越大。

图像分辨率是每张图像的自带属性,数字图像最终要显示在显示器上,就涉及屏幕分辨率。屏幕分辨率指显示器上能够显示的最大像素数量,和显示器的硬件参数及显卡有关。当屏幕分辨率大于或等于图像分辨率时,图像就可以完整地显示在屏幕上;反之,当屏幕分辨率小于图像分辨率时,显示器上只能展示出部分图片内容。如果想要看到图片的完整内容,就需要滚动图像或者缩小图像来实现。

像素深度描述了对像素颜色进行编码所需要的二进制位数。如在单色图像中,每个像素只有两种颜色——黑和白,由此,只需一位二进制数即可描述这两种颜色,即像素深度是1 位。在 RGB 模型中,描述像素的颜色需要用到红、绿、蓝三个颜色分量,每个颜色分量用一个字节(8 位二进制数)进行编码。那么,一个像素就需要 24 位二进制数来编码。这种编码方式下能够描述的颜色数目已经超出了人眼可以识别的颜色数目,因此将像素深度 24 位的数字图像称为真彩色图像。像素深度越高,数字图像中可以表示的颜色数目越多,就可以更精确地表示原有图像的颜色,从而数字图像的质量越高,但是所需的存储容量也越大。

已知数字图像的图像分辨率和像素深度,在不考虑压缩图像的情况下,该图像的数据量(B)＝图像的像素分辨率×像素深度/8。

例 2.14　一幅分辨率为 1024×768 的真彩色图像,计算该图像未压缩的图像数据量(单位为 MB)。

解析:真彩色图像的像素深度为 24 位。

因此,图像数据量 $= 1024 \times 768 \times 24 \div 8B = 2\ 359\ 296B$
$$= 2\ 359\ 296 \div 1024 \div 1024MB$$
$$= 2.25MB$$

◆ 2.5　人工智能中的数据表示

2.2 节与 2.4 节介绍了数值信息和非数值信息在计算机中是如何存储的,其中包括人类的自然语言在计算机中是如何编码的。在当今时代,人工智能以其卓越的潜力和多样化的应用,对各行各业产生了深远的影响。其中深度学习在人工智能领域中扮演着至关重要的角色,是许多领域取得重大突破的核心技术之一。例如,在图像识别和计算机视觉领域,深度学习通过深度卷积神经网络等模型,使计算机可以准确地识别和分析图像中的内容,被广泛应用在安防、医疗影像等行业;在自然语言处理领域,深度学习在机器翻译、情感分析、语义理解等任务中也取得了显著进展;在自动驾驶领域,深度学习也被用于感知周围环境、识别车辆、实现自动驾驶决策等任务中。总之,深度学习在人工智能领域的作用非常广泛,它能够自动从大量数据中学习和提取特征,进而实现复杂的模式识别和决策,为许多领域带来革命性的改变和进步。

将输入的数据向量化是基于深度学习任务中的一个核心技术。本节以自然语言处理(natural language processing, NLP)领域中的中文为例,为读者简单介绍人工智能中的数据表示方法。自然语言的数据表示又称自然语言的向量化,即将文本数据转化为数值向量的过程,如图 2-22 所示。虽然计算机无法直接理解人类语言,但是它们适合处理数值类数据。因此,自然语言的向量化目的是将语言变成数值,能够被计算机进行处理和分析。常见的方法包括词袋模型、词嵌入模型和预训练模型。

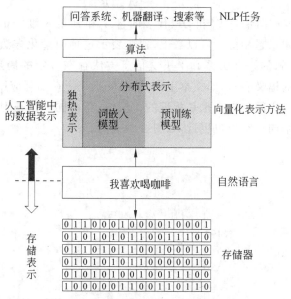

图 2-22 自然语言的存储表示与人工智能中的数据表示

在介绍不同向量方法之前,读者应了解中文分词的概念。在处理中文时,因为词与词之间没有分隔符号,所以分词是处理中文的基本步骤之一。分词是指将连续的文本数据划分成词语或子词单元的过程,即将文本分成有意义的语义单位。例如,"我喜欢喝咖啡"这句话分词的结果为:我(代词)喜欢(动词)喝(动词)咖啡(名词)。在 NLP 领域,现有多种开源的分词工具供研究者使用,如 jieba、NLTK 等。但是需要注意的是,有些语言本身具有明显的分隔符,如英语,那么这类语言对于分词的需求就相对较低。以分词为基础,最简单的向量化方法是词袋模型。

词袋模型(bag of words,BoW)将文本看作是一组词语的无序集合,只关注词语是否出现,而不在意词语的顺序和语法结构。独热表示(one-hot representation)属于词袋模型的一种,每个词语被表示为唯一的二进制向量。该向量只有一个位置是 1,代表该词语存在,其他位置都是 0,表示其他词语不存在。假设现有一个包含 10 000 个词的字典,"我""喜欢""喝"和"咖啡"分别位于字典的第 3169、2578、4192 和 2988 个位置,那么"我喜欢喝咖啡"这句话的向量化表示如图 2-23 所示。

通过上述方法也可以得到"我喜欢喝茶"这句话的向量化表示。假设"茶"位于字典的第 7199 个位置上,那么"茶"的向量化表示依然是长度为 10 000 的向量,其中第 7199 位置为 1,其他位置为 0。如果从语义层面理解,咖啡和茶具有相似性。但是从独热表示来看,如果采用下述余弦相似性计算词语之间的相似

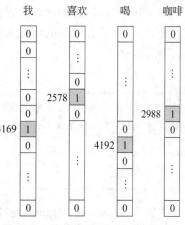

图 2-23 独热表示"我喜欢喝咖啡"

性,二者相似度为 0。

$$\cos(\theta) = \frac{\boldsymbol{A} \cdot \boldsymbol{B}}{\|\boldsymbol{A}\|\|\boldsymbol{B}\|}$$

其中 $\boldsymbol{A}$ 和 $\boldsymbol{B}$ 代表词向量,$\|\boldsymbol{A}\|$ 和 $\|\boldsymbol{B}\|$ 代表向量 $\boldsymbol{A}$ 和 $\boldsymbol{B}$ 的长度。相似性的范围从 $-1\sim$ 1,值越大,代表两个向量越相似。可以看出,独热表示这种向量化方法简单并且易于理解,但是它在捕捉词语之间的语义关系和上下文信息方法存在一定的局限性。而在一些任务中,往往需要更准确的语义表示,如文本生成、情感分析等。在实际应用中,对于语义比较接近的词语,希望在向量空间分布上也是相近的。假设,将不同词语映射到三维空间,希望语义相近的词语,其三维向量距离也更近,如图 2-24 所示。

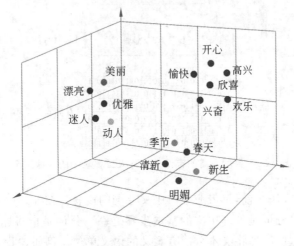

图 2-24　不同词语在三维空间的映射示例

那么,如何解决词语之间相似性问题呢?能否将高维度的独热表示,表示为维度较低的特征序列呢?如表 2-10 所示,人为地设计一些特征,并为每个词分配不同的值,由此得到"咖啡"和"茶"两个词语的特征表示,并且发现两个词语之间的相似度大于 0。说明这种表示方法能够更好地表示词语之间的语义关系。那能否让算法自动地学习不同维度的特征,而不是人为地选取一些特征呢?因此,为了克服独热表示方法的缺点,产生了更复杂的向量化方法,如词嵌入模型和预训练模型表示方法。词嵌入模型和预训练模型均属于分布式表示方法,即将独热表示中的唯一为 1 的特征,分布在更多维度进行表示,这样模型可以捕捉词的语义信息。

表 2-10　"咖啡"与"茶"的特征表示

	特　　　征							
	可食用性	可饮用性	提神作用	…	原料是咖啡豆	原料是茶叶	原料是大米	原料是小麦
咖啡	1	1	1	…	1	0	0	0
茶	1	1	1	…	0	1	0	0

词嵌入(word embedding)是比独热表示更高级的向量化方法,通过将每个词语映射到一个连续的向量空间,捕捉词语之间的语义关系。常见的词嵌入模型有 Word2Vec、GloVe

和 FastText 等。预训练模型方式使用大规模无监督的语料库进行预训练,学习出语言模型的参数。这些模型能够生成高维的分布式表示,可以用于各种下游 NLP 任务中,如机器翻译、问答系统、搜索任务等。一些常用的预训练模型包括 BERT、GPT、XLNet 等。

词嵌入模型学习的向量通常被称为静态向量,意味着一个词语的嵌入向量在不同的句子中都是固定的,不会随着上下文的变化而变化。如"巨人"在描述体育比赛中可能是一个球队的名称,而在常规上下文中可能表示高个子的人。"挑战"一词,在句子"这个项目将是我们公司的一个巨大挑战,但我相信我们能够克服困难,取得成功"中指一个机会,一个能够带来成长的任务,而在句子"面对市场竞争的激烈挑战,该公司不得不采取一些艰难的决策"中指不利的情况,需要克服的困难。如果使用静态词嵌入模型则无法区分这种上下文相关的含义。相比之下,预训练模型学习的是上下文相关的表示,是一种动态的词嵌入方法,因为学习到的向量可以随着不同上下文的变化而变化。因此,预训练模型在很多 NLP 任务中取得了显著的成就。如 OpenAI 开发的语言生成模型 ChatGPT,它是基于 GPT-4 预训练模型开发的。它在 GPT-4 的基础上进行微调和优化,使其具备理解和生成自然语言文本的能力。有关词嵌入模型和预训练模型的训练方法超出了本书的介绍范围,感兴趣的读者可以通过深入研究相关的文献或课程,以便更全面地了解这些复杂的技术。

◆ 2.6 本 章 小 结

本章详细介绍了计算机中的信息编码方式。首先,本章解释了进制的概念,为读者提供了解计算机存储的基本数学背景。其次,本章探讨了数值信息的各种码制表示方法,包括整数和小数的编码方式,以及小数在计算机中的两种表示方法。然后,本章进一步探讨了计算机中计算与逻辑运算的关系,为读者提供了深入了解计算机内部运作原理的视角。在介绍数值信息后,本章转向非数值信息,如文字、声音和图像等的数字化过程。读者将了解这些非数值信息是如何在计算机中被转化为数字形式进行处理的。最后,通过以自然语言处理为例,本章引领读者探索了人工智能中的数据表示方式,为读者提供了关于人工智能领域的实际应用示例。

通过本章的学习,读者将获得实际问题中的信息是如何在计算机中进行存储和处理的知识。同时,这些内容为后续学习计算机系统工作原理奠定了坚实的基础。

◆ 2.7 习   题

1. R 进制具有什么特点? 计算机中常用的进制有哪些,它们之间是如何进行转换的?

2. 假设小数精度为 8 位,将下列十进制数转换为二进制数。

47   19.95   25.625   89   11.25

3. 将下面二进制数转换为八进制和十六进制形式,或将八进制和十六进制数转换为二进制形式。

$(10110.011)_2$ $(1100001.111)_2$ $(327.5)_8$ $(37.416)_8$ $(61.E)_{16}$ $(5DF.9)_{16}$

4. 请简述符号数的原码、反码与补码之间的转换规则。

5. 设机器数字长为 8 位(含 1 位符号位在内),写出对应下列各真值的原码、补码和反码。

  -13 64 29 128

  6. 假设某字长为 8 位的计算机中,$x=119$,$y=6$。请采用补码计算 $x+y$ 与 $x-y$。

  7. 用补码做加法和减法运算时,如何判断溢出?

  8. 已知汉字"家"的区位码是 2859,请计算其机内码。

  9. 请简述声音的数字化过程,并列举影响数字音频质量的几个主要因素。

  10. 采样频率为 11.025kHz,量化位数为 8 的立体声的未压缩音频文件,每秒的数据量为多少(单位为 KB/s)? 如果该音频时长为 4min,其需要的存储空间为多大(单位为 MB,保留两位有效数字)?

  11. 请简述图像的数字化过程,并列举影响数字图像质量的几个主要因素。

  12. 一幅分辨率为 1024×768 的真彩色图像,未压缩的图形数据量为多少(单位为 MB,保留两位有效数字)?

Python 编程基础

本章先向读者介绍 Python 语言的发展史和安装方法,然后介绍 Python 语言的基本语法、结构控制语句和常用数据结构,最后介绍函数定义、类的使用和模块调用的方法。

◈ 3.1 引　　言

Python 的第一个版本发行于 1991 年,经过 30 多年的发展,它已经渗透到计算机科学与技术、统计分析、逆向工程与软件分析、电子取证、图形图像处理、人工智能等专业和领域。目前,Python 已成为国内外很多大学的计算机专业或非计算机专业的程序设计入门教学语言。自 2020 年以来,Python 一直稳居 TIOBE 编程语言排行榜前三位。Python 语言发展势头如此迅猛,原因在于 Python 是一门免费、开源的跨平台高级动态编程语言,支持命令式编程、函数式编程,完全支持面向对象程序设计,语法简洁清晰,并且拥有大量功能强大的标准库和扩展库,以及众多狂热的支持者,可以帮助各领域的科研人员、策划师,甚至管理人员快速实现和验证自己的思路与创意。Python 用户可以把主要精力放在业务逻辑的设计与实现上,而不用过多考虑语言本身的细节,开发效率非常高,其精妙之处令人击节叹赏。Python 编程模式非常符合人类的思维方式和习惯。与 C 语言系列和 Java 语言等相比,Python 更加容易入门,对于没有任何编程经验的初学者来说,简洁而强大的 Python 就是最理想的选择。

◈ 3.2 Python 安装与运行

Python 目前有两个版本,Python 2 和 Python 3。其中 Python 2.7 为 Python 2 的最后一个版本。Python 3 与 Python 2 不完全兼容。Python 3.x 的设计理念更加合理、高效和人性化,全面普及和应用是必然的。越来越多的扩展库也以非常快的速度推出了与最新 Python 版本相适应的版本。对于初学者来说,建议大家选择 Python 3 系列的最新版本。

选定 Python 版本后,即可安装 Python 开发环境。Python 的开发环境非常丰富,可以根据自己的使用习惯进行选择。除了 Python 官方网站提供的 IDLE 开发环境,还有如 PyCharm、wingIDE、PythonWin、Eclipse+PyDev、Eric 等。另外,为了方便使用 Python,Anaconda、Python(x,y)、zwPython 等安装包集成了大量常用的 Python 扩展库,大幅节约了用户配置 Python 开发环境的时间。以原生 Python 为例,有两种基本模式:脚本模式和交互模式。其中交互模式有利于快速方便地运行单行代码或代码块,因为它总是能立即给出结果。图 3-1 为 Python 原生 IDLE 启动后的界面,启动后默认进入交互模式。交互模式下用户需在">>>"符号后面输入代码,当一段代码编写完毕之后按 Enter 键即时获取该段代码的运行结果。如果用户想要在完成整体的代码编写工作之后再进行程序的运行,可以选择脚本模式,如图 3-2 所示。脚本模式将 Python 程序代码以文件形式(.py 为扩展名)保存,保存之后使用命令行"Python 脚本文件名.py"来运行该代码。

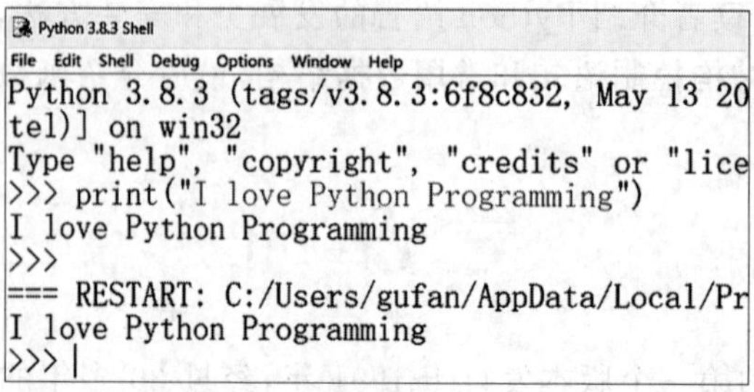

图 3-1　Python IDLE 交互模式界面

图 3-2　Python IDLE 脚本模式界面

以下例子是利用 Python 实现一个猜数字游戏的代码。游戏规则如下:系统随机产生一个 1～10 的整数,玩家可以进行最多 5 次猜测;每次猜测完成后,系统会返回正确、偏大和偏小三种结果之一,玩家可以根据系统的提示,对下一次的猜测进行适当调整;若结果正确,则游戏结束,否则进入下一轮猜测。具体代码及相关注释(注释指向阅读代码的人而非计算机解释代码含义的注解,在 Python 中以字符"#"开头到行末的文字就是注释)如下。

```python
from random import randint
def guess(start=1, end=10, maxTimes=5): #变量 maxTimes 指定最大猜测次数,默认值为 5
    #随机生成一个 start 到 end 范围内的整数
    value = randint(start, end)
    for i in range(maxTimes):
        prompt = '开始猜:' if i==0 else '再猜一次:'
        #使用异常处理结构 try-except,防止输入不是数字的情况
        try:
            x = int(input(prompt))
            assert start<=x<=end
        except:
            print('不要浪费机会啊,必须输入{0}到{1}之间的数字'.format(start, end))
        else:
            #猜对了
```

```
            if x == value:
                print('太牛了,居然猜对了! ')
                break
            elif x > value:
                print('真遗憾,猜的太大啦。')
            else:
                print('有点小哦,加油。')
    else:
        #次数用完还没猜对,游戏结束,提示正确答案
        print('失败,游戏结束!!! ')
        print('本次游戏正确的数是: ', value)

if __name__ == '__main__':
    guess(10, 100) #在主函数中调用 guess()函数开始游戏
```

以上猜数游戏代码涉及的知识点包括 Python 模块的引用、for 循环语句、分支 if...else 结构、异常处理结构 try...except 等,后续将对这些知识点进行详细介绍。

近些年,随着人工智能技术的迅猛发展,出现了一系列自动或半自动的编程工具。例如,OpenAI 公司开发的 ChatGPT 模型及由微软、OpenAI、GitHub 三家联合打造的 AI 编程辅助工具 Copilot。只要用自然语言向 ChatGPT 描述想要实现的功能,它就能写出所有的代码。Copilot 是一款基于人工智能的代码辅助工具,能够根据用户输入的上下文和语言,提供代码片段和建议。使用 Copilot 可以大幅提高编程效率。

以下是利用清华大学开发的 ChatGLM2-6B,根据用户输入生成的一段代码。

用户输入:"帮我用 Python 写一个冒泡排序的代码。"

以下是 ChatGLM2-6B 模型输出的文本。

当然可以,以下是一个使用 Python 实现的冒泡排序算法。

```python
def bubble_sort(arr):
    n = len(arr)
    #遍历所有数组元素
    for i in range(n):
        #最后 i 个元素已经排好序,不需要再比较
        for j in range(n - i - 1):
            #如果当前元素比下一个元素大,则交换它们的位置
            if arr[j] > arr[j+1]:
                arr[j], arr[j+1] = arr[j+1], arr[j]
    return arr
```

此刻我们还没有介绍 Python 的具体语法,仅对上述 ChatGLM2-6B 生成代码的大致意思进行粗略介绍。在该代码中,我们首先获取数组的长度 n,然后使用两层循环来遍历所有的数组元素。在内部循环中,我们跳过已经排好序的 i 个元素,这样可以确保我们只在未排序的元素之间进行比较和交换。

对于每一行中的元素,我们比较当前元素和下一个元素的大小,如果当前元素比下一个元素大,则交换它们的位置。这样就可以让最大的元素逐渐"冒泡"到数组的末尾,从而实现冒泡排序。

最后，我们将排好序的数组元素返回给调用者。

下面是一段使用 ChatGLM2-6B 生成的代码进行冒泡排序操作的示例（同样由 ChatGLM2-6B 工具生成）。

```python
my_list = [5, 2, 9, 1, 5, 6]              #待排序数值列表
sorted_list = bubble_sort(my_list)
print(sorted_list)                        #打印排序结果为[1, 2, 5, 5, 6, 9]
```

在这个示例中，我们使用一个名为 my_list 的列表，其中包含一些数字。然后我们使用 bubble_sort()函数来将这些数字排序并返回一个排好序的新列表。我们将排好序的新列表打印出来，这样我们就可以看到原始列表是如何被排序的。

可以看到，该工具自动生成的冒泡排序函数代码可以正常使用。同时，为了帮助使用者理解，生成代码中还包含了对冒泡排序原理的阐述、代码的注释和解释，以及调用示例。其中代码部分以"`python"开始，以"`"结束。

◆ 3.3 Python 基本元素

对象是 Python 中最基本的概念之一，在 Python 中一切都是对象，除了整数、实数、复数、字符串、列表、元组、字典、集合外，还有 zip、map、enumerate、filter 等对象，函数和类也是对象。每个对象都有一个类型，它规定了程序可以对该类型对象进行哪些操作。类型分为标量和非标量。标量对象为不可分割的单个元素，非标量对象如字符串，通常包含多个可分解的元素。

以下例子利用 Python 实现求解一元二次方程的根。分两种情况处理，delta＞=0 和 delta＜0。当 delta＜0 时，输出两个共轭的复数根。代码中包含了部分算数运算符的使用和函数的调用。

```python
import math
a = float(input("请输入 a 的值: "))          #用户输入方程系数 a
b = float(input("请输入 b 的值: "))          #用户输入方程系数 b
c = float(input("请输入 c 的值: "))          #用户输入方程系数 c
delta = b**2-4 * a * c                      #利用参数 a、b、c 计算 delta
if delta>=0:
    root = math.sqrt(delta)                 #调用求根函数
    x1 = (-b+root)/(2 * a)
    x2 = (-b-root)/(2 * a)
else:
    root = math.sqrt(-delta)
    x1 = complex(-b/(2 * a),root/(2 * a))   #complex 表示复数,2 个参数分别为实部
                                            #和虚部
    x2 = complex(-b/(2 * a),-root/(2 * a))
print("x1=",x1,"\t","x2=",x2)               #打印结果
```

3.3.1 数值类型

在 Python 中,内置的数值类型有整型、浮点型、布尔型、复数。

(1) 整型(int):用来表示整数,如 100、−10 或 27 等。

(2) 浮点型(float):即小数,如 3.7、−19.19 或 20.0。也可以用科学记数法表示,如 3.9e3 即 $3.9×10^3$,等同于 3900.0。

(3) 布尔型(bool):用来表示布尔值,即“真”或“假”,在 Python 中分别用 True 和 False 来表示。

(4) 复数(complex):用来表示复数,如 3+4j,3 为实部,4 为虚部。

Python 支持任意大的数字,具体可以大到什么程度受内存大小的限制。由于精度的问题,对于浮点数运算可能会有一定的误差,应尽量避免在浮点数之间直接进行相等性测试,而是应该以两者之差的绝对值是否足够小作为两个浮点数是否相等的依据。在数字的算术运算表达式求值时会进行隐式的类型转换,如果存在复数则都变成复数,如果没有复数但是有浮点数就都变成浮点数,如果都是整数则不进行类型转换。

3.3.2 运算符与表达式

对象和运算符可以构成表达式,表达式运算后会得到一个值,称为表达式的值。运算符包括算术运算符和逻辑运算符,具体说明如下。

(1) 加法 a+b:如果 a 和 b 都是 int 型,结果为 int 型;只要其中有一个类型为 float 型,结果即为 float 型。

(2) 减法 a−b:同加法类似,如果 a 和 b 都是 int 型,结果为 int 型;只要其中有一个类型为 float 型,结果即为 float 型。

(3) 乘法 a*b:表示 a 与 b 的乘积,类型转换规则同加减法。

(4) 取整除,a//b:如 8//2 的值为 4,2.1//2 值为 1.0,即取整除只取整数商,去掉小数部分,类型转换规则同加减法。

(5) 除法 a/b:结果为 float 型,如 10/4 结果为 2.5,10/2 结果为 5.0。

(6) 取模 a%b:表示 a 除以 b 的余数,即数学的模运算。如 10%2 结果为 0,11%2.0 结果为 1.0。

(7) 幂 a**b:表示 a 的 b 次方。

(8) 比较运算符:包含小于<、大于>、小于或等于<=、大于或等于>=、等于==、不等于!=,结果为布尔型。

(9) 逻辑运算符 and、or、not:分别表示与、或、非三种逻辑运算,在功能上可以与电路的连接方式做个简单类比:or 运算符类似于并联电路,只要有一个开关是通的那么灯就是亮的;and 运算符类似于串联电路,必须所有开关都是通的灯才会亮;not 运算符类似于短路电路,如果开关通了那么灯就灭了。就“表达式 1 and 表达式 2”而言,如果“表达式 1”的值为 False 或其他等价值时,不论“表达式 2”的值是什么,整个表达式的值都是 False,丝毫不受“表达式 2”的影响,因此“表达式 2”不会被计算。在设计包含多个条件的条件表达式时,如果能够大概预测不同条件失败的概率,并将多个条件根据 and 和 or 运算符的短路求值特性来组织顺序,可以提高程序运行效率。

3.3.3　常量与变量

所谓常量,一般是指不需要改变也不能改变的字面值,如一个数字 3,又如一个列表[1, 2,3],都是常量。与常量相反,变量的值是可以变化的,这一点在 Python 中更是体现得淋漓尽致。在 Python 中,不需要事先声明变量名及其类型,直接赋值即可创建任意类型的对象变量。不仅变量的值是可以变化的,变量的类型也是随时可以发生改变的。例如,下面第一条语句创建了整型变量 x,并赋值为 3。

```
>>> x=3
>>> type(x)          #内置函数 type()用来查看变量类型,返回结果为 <class 'int'>
>>> x='hello python'  #该语句将字符串'hello python'赋值给变量 x,x 的类型变为字符串
```

注意:此处(以及本书后续内容)每行代码开头的"$>>>$"并不属于代码,而是 Python 原生编辑器 IDLE 交互模式界面的一部分,如图 3-1 所示。

Python 采用基于值的内存管理模式。赋值语句的执行过程是:首先把等号右侧表达式的值计算出来,然后在内存中寻找一个位置把值存放进去,最后创建变量并指向这个内存地址。Python 中的变量并不直接存储值,而是存储值的内存地址或引用,这也是变量类型随时可以改变的原因。

```
>>> a='Hello Python'
>>> b=a
>>> a=123
>>> print(b)
```

变量 a 一开始指向字符串'Hello Python',b=a 创建了变量 b,变量 b 也指向了 a 指向的字符串'Hello Python',最后 a=123,使变量 a 重新指向了整数 123,所以最后输出的变量 b 是'Hello Python'。

此外,Python 还允许多重赋值。

```
>>> a,b,c=1,2,3          #将 1,2,3 分别赋值给 a,b,c 三个变量
```

在 Python 中定义变量名时,需要注意以下问题:变量名必须以字母或下画线开头,但以下画线开头的变量在 Python 中有特殊含义;变量名中不能有空格或标点符号;变量命名要避开 Python 关键字,不建议使用内置模块名或函数名命名;变量大小写敏感。

3.3.4　字符串与输入输出

在 Python 中,只有字符串类型的常量和变量,单个字符也是字符串,通常使用单引号、双引号、三引号来定义字符串,其中三引号可以将复杂的字符串进行赋值。Python 中三引号允许一个字符串跨多行,字符串中可以包含换行符、制表符及其他特殊字符。Python 3.x 全面支持中文,中文和英文字母都作为一个字符对待,甚至可以使用中文作为变量名。除了支持使用加号运算符连接字符串以外,Python 字符串还提供了大量的方法支持查找、替换、排版等操作。很多内置函数和标准库对象也都支持对字符串的操作,这里仅简单介绍一下字符串对象的创建和连接。

```
>>> x='hello'
>>> type(x)          #查看 x 的类型,返回值为 <class 'str'>
>>> x * 3            #将字符串复制操作,结果为 'hellohellohello'
>>> x+'5'            #字符串拼接操作,结果为 'hello5'
```

Python 中字符串类型用 str 表示。上面代码中,运算符＋和 * 被重载了,运算符重载是指根据所关联的操作数的不同,表现出不同的运算功能。很显然,针对字符串,运算符＋为拼接操作,运算符 * 为复制式拼接。

字符串变量一旦创建,不可修改,但字符串仍有一些常见操作。例如,len() 函数,可用来获取字符串的长度,如 len('abcd') 结果为 4;也可以对字符串做索引操作,从左到右,索引起始值从 0 开始,当索引值为负数时,表示从右往左进行索引,－1 表示最后一个元素,示例如下。

```
>>> x='abcd'
>>> x[-1]            #结果为 'd'
>>> x[1]             #结果为 'b'
```

此外,字符串截取也是一个字符串的常用操作。假设一个字符串为 s,s[start:end],得到一个从索引 start 开始,到 end－1 处字符构成的字符串。其中 start 若省略,表示从索引 0 开始;end 若省略,表示 end 值为 len(s),即字符串 s 的长度。

```
>>> x='abcde'
>>> x[0:2]           #结果为 'ab'
>>> x[1:]            #结果为 'bcde'
>>> x[:5]            #结果为 'abcde'
```

Python 转义字符,当需要在字符中使用特殊字符时,Python 用反斜杠"\"转义字符,如表 3-1 所示。

表 3-1　转义字符表

转义字符	描　　述	转义字符	描　　述
\（在行尾时）	续行符	\n	换行
\\	反斜杠符号	\v	纵向制表符
\'	单引号	\t	横向制表符
\"	双引号	\r	回车
\a	响铃	\f	换页
\b	退格（Backspace）	\oyy	八进制数,y 代表 0~7 的字符,例如：\012 代表换行
\e	转义	\xyy	十六进制数,以 \x 开头,yy 代表的字符,例如：\x0a 代表换行
\000	空	\other	其他的字符以普通格式输出

Python 中有两个常用的函数,input() 和 print(),input() 函数接收一个标准输入数据,返回字符串类型数据。print() 函数用于打印输出。

```
>>> a=input()
5
>>> a
'5'
>>> a=input("please input a:")
please input a:5
>>> a
'5'
>>>print(1)
1
>>> print("Hello World")
Hello World
>>> a = 1
>>> b = 'hello'
>>> print(a,b)
1 hello
```

Python 支持格式化字符串的输出,通常利用%来实现。%的主要作用是将数据转换为指定的输出格式,可将数字、字符传递到字符串里所在的位置,传递的时候按照顺序传递。

```
>>> name="zhang san"
>>> age = 19
>>> print("my name is %s, age is %d"%(name,age))
my name is zhang san, age is 19
```

以上代码将 name 变量以字符串的格式显示,同时将 age 变量以整数的格式显示。常用字符格式化符号如表 3-2 所示。

表 3-2 常用字符格式化符号

符号	描 述	符号	描 述
%c	格式化字符及其 ASCII 码	%f	格式化浮点数字,可指定小数点后的精度
%s	格式化字符串	%e	用科学记数法格式化浮点数
%d	格式化整数	%E	作用同%e,用科学记数法格式化浮点数
%u	格式化无符号整型	%g	%f 和%e 的简写
%o	格式化无符号八进制数	%G	%F 和 %E 的简写
%x	格式化无符号十六进制数	%p	用十六进制数格式化变量的地址
%X	格式化无符号十六进制数(大写)		

此外,Python 代码中可以增加注释内容以增强代码的可读性。如果是单行注释,可以使用在行首添加 # 的方式。若是多行注释,可以使用三引号的方式。注释示例如下。

```
#这是一行单行注释内容
'''以下为多行注释
注释 1
注释 2
'''
```

◈ 3.4　Python 序列

序列是一种数据存储方式,用来存储一系列的数据。Python 3 常用的序列对象包含字符串、列表、元组、字典、集合。

3.4.1　列表

列表(list)是一个有序的对象集合,列表中每个元素都有一个索引值。列表中的元素均放在方括号内,元素之间用逗号分隔。元素自左向右排列,左边为头,右边为尾。列表中可以包含不同类型的元素。

```
>>> a=[1,2,3,4,5]
>>> b=[1,'a',2,'b',3]
```

与字符串类似,列表可以通过索引来访问列表中的某个元素。索引从左至右递增。若索引为负数,从右边开始递减。例如,索引 −1 指向倒数第一个元素,索引 0 指向正数第一个元素。与字符串不同的是,列表是可修改的数据类型,列表的元素可增加、删除和修改。

```
>>> list1=[1,2,3,4,5,6]
>>> list1[2]=10              #将第三个元素修改为 10
>>> list1
[1, 2, 10, 4, 5, 6]
```

另外,列表元素增加的方法主要有如下几种:追加 append()、插入 insert()、扩展 extend()。

```
>>> list1.append(22)         #列表末尾添加一个元素
>>> list1
[1, 2, 10, 4, 5, 6, 22]
>>> list1.insert(2,20)       #指定位置插入一个元素
>>> list1
[1, 2, 20, 10, 4, 5, 6, 22]
>>> list1.extend([5,6,7])    #列表末尾扩展多个元素
>>> list1
[1, 2, 20, 10, 4, 5, 6, 22, 5, 6, 7]
```

列表元素删除的方法主要有两种,方法 pop()用于从列表中删除指定索引位置的元素,如没有参数,默认删除最后一个元素,并返回这一元素。

```
>>> list1.pop(2)             #删除索引为 2 的元素
20
>>> list1.pop()
7
```

方法 remove()用于删除从左至右第一个指定值的元素。如果删除元素不存在,则报错。该函数不返回任何值。

```
>>> list1
[1, 2, 10, 4, 5, 6, 22, 5, 6]
>>> list1.remove(2)          #删除元素 2
```

```
>>> list1
[1, 10, 4, 5, 6, 22, 5, 6]
>>> list1.remove(33)          #因为 list1 中没有 33 这个元素,所以会报错
Traceback (most recent call last):
  File "<stdin>", line 1, in <module>
ValueError: list.remove(x): x not in list
```

此外,列表还有一些常用操作如表 3-3 所示。

表 3-3   列表常用操作

方　　法	作　　用	方　　法	作　　用
list.count(obj)	统计 obj 在列表中出现的次数	len(list)	返回列表 list 的元素个数
list.index(obj)	从列表中找出 obj 第一个匹配项的索引位置	max(list)	返回列表 list 中的最大值
list.reverse()	反向列表中元素,原地操作	min(list)	返回列表 list 中的最小值
list.sort(reverse=False)	对原列表进行排序,原地操作。reverse = False 为默认值,表示按照升序排列	list(seq)	将可迭代对象 seq 转换为列表

以下代码利用列表实现对输入的年、月、日进行格式化打印。

```
months = [ 'January', 'February', 'March', 'April', 'May', 'June', 'July', 'August',
'September', 'October', 'November', 'December']  #利用列表 months 保存每个月份的名字
endings = ['st', 'nd', 'rd'] + 17 * ['th'] + ['st', 'nd', 'rd'] + 7 * ['th'] + ['st']
                              #创建日期的后缀列表
year = input('Year: ')
month = input('Month (1-12): ')
day = input('Day (1-31): ')

month_number = int(month)
day_number = int(day)
month_name = months[month_number-1]            #基于索引的列表元素访问
ordinal = day + endings[day_number-1]
print(month_name + ' ' + ordinal + ', ' + year)
```

程序运行后输入:

```
Year: 1995
Month (1-12): 12
Day (1-31): 2
```

输出为:

```
December 2nd, 1995
```

3.4.2   元组

　　Python 的元组 tuple 与列表类似,不同之处在于元组的元素不能修改。元组使用圆括号"()"表示,圆括号也可以省略。元组创建很简单,只需要在括号中添加元素,元素之间使

用逗号隔开。

```
>>> tup1 = ('physics', 'chemistry', 1997, 2000)
>>> tup2 = (1, 2, 3, 4, 5 )
>>> tup3 = "a", "b", "c", "d"      #任意无符号的对象,以逗号隔开,默认为元组
>>> tup=()                        #创建空列表
>>> tup=(1,)                      #元组中只包含一个元素时,需要在元素后面添加逗号
```

与字符串和列表一样,元组之间可以使用＋号和∗号进行运算。这就意味着它们可以组合和复制,运算后会生成一个新的元组。元组支持索引和截取操作,也支持 Python 内置函数,如 max()、min()、len()、tuple()。但是元组不支持修改、添加、删除操作。

```
>>> a=(1,2,3)
>>> b=3,4,5
>>> len(a)          #返回值为 3
>>> max(b)          #返回值为 5
>>> c=[1,2,3,5]
>>> tuple(c)        #将一个列表转换为元组
(1, 2, 3, 5)
>>> c=(1,3,4,5,6)
>>> c[2:]           #切片
(4, 5, 6)
>>> c+(7,8)         #拼接
(1, 3, 4, 5, 6, 7, 8)
>>> c*2             #复制
(1, 3, 4, 5, 6, 1, 3, 4, 5, 6)
```

3.4.3　字典与集合

字典是 Python 中唯一的内置映射类型,其中的值不按顺序排列,而是存储在键下。键可能是数、字符串或元组。字典的每个键值对(key:value)用冒号分隔,每个键值对之间用逗号分隔,整个字典包括在花括号中,格式为 d＝{key1:value1,key2:value2,key3:value3}。

```
>>> emptyDict = {}              #创建一个空字典
>>> tinydict = {'Name': 'Zhangsan', 'Age': 7, 'Class': 'First'}
>>> print ("tinydict['Name']: ", tinydict['Name'])
tinydict['Name']: Zhangsan
```

字典修改操作如下。

```
>>> tinydict['Age'] = 8    #更新键为'Age'的值为8,若键'Age'不存在,则添加一个键值对
>>> del tinydict['Name']   #删除键为'Name'的元素
```

字典值可以是任何的 Python 对象,既可以是标准的对象,也可以是用户定义的,但键不行。字典中不允许同一个键出现两次。创建时如果同一个键被赋值两次,后一个值会被记住。键必须不可变,因此可以用数字、字符串或元组充当,而用列表就不行。字典常用操作如表 3-4 所示。

表 3-4　字典常用操作

方　　法	作　　用	方　　法	作　　用
>>>tinydict={'Name': 'Runoob', 'Age': 7, 'Class': 'First'}	创建一个字典	>>>tinydict.keys() dict_keys(['Name', 'Age', 'Class'])	返回所有关键字列表
>>>tinydict.get('Name') 'Runoob'	返回指定键的值,如果键不在字典中返回 default 设置的默认值	>>>tinydict.items() dict_items([('Name', 'Runoob'), ('Age', 7), ('Class', 'First')])	返回字典元素列表
>>>'age' in tinydict False	如果键 'age' 在字典 dict 里返回 true,否则返回 false	>>>tinydict.clear()	删除字典内所有元素
>>>tinydict.values() dict_values(['Runoob', 7，'First'])	返回所有值列表		

集合(set)是一个无序的不重复元素序列。可以使用花括号"{}"或者 set()函数创建集合,需要注意的是创建一个空集合必须用 set()而不是"{}",因为"{}"是用来创建一个空字典的。

```
>>> basket = {'apple', 'orange', 'apple', 'pear', 'orange', 'banana'}
>>> print(basket)              #集合会自动将重复的元素删除
{'orange', 'banana', 'apple', 'pear'}
```

下面展示两个集合间的运算。

```
>>> a = set('abracadabra')
>>> b = set('alacazam')
>>> a
{'a', 'r', 'b', 'c', 'd'}
>>> a - b                      #集合 a 中包含而集合 b 中不包含的元素
{'r', 'd', 'b'}
>>> a | b                      #集合 a 或 b 中包含的所有元素
{'a', 'c', 'r', 'd', 'b', 'm', 'z', 'l'}
>>> a & b                      #集合 a 和 b 中都包含了的元素
{'a', 'c'}
>>> a ^ b                      #不同时包含于 a 和 b 的元素
{'r', 'd', 'b', 'm', 'z', 'l'}
```

以下代码利用字典实现中文单词的分词和统计功能。其中中文分词使用了 jieba 库中的函数来实现。

```
import jieba                        #导入 jieba 中文分词库
def getWords():                     #定义分词函数
    txt = open('三国演义.txt', 'r', encoding = 'utf-8').read()  #读入 TXT 文本文件
    words = jieba.lcut(txt)         #利用 jieba 函数进行分词
    counts = {}                     #定义空字典,用来统计词频
    for word in words:
        if len(word) == 1:          #不统计长度为 1 的词
```

```
            continue
        else:
            counts[word] = counts.get(word, 0) + 1          #统计 word 出现的次数
    word_list = list(counts.items())                        #将字典转换为列表
    word_list.sort(key = lambda x : x[1], reverse = True)    #按照词频由高到低排序
    return word_list
word_list = getWords()
for i in range(30):
    word, count = word_list[i]
    print('{0:^10}{1:{3}^10}{2:^15}'.format(i+1, word, count,chr(12288)))
#格式化输出
```

◆ 3.5 控 制 语 句

有了合适的数据类型和数据结构后,还要依赖于选择和循环结构来实现特定的业务逻辑。一个完整的选择结构或循环结构可以看作是一个大的"语句",从这个角度来讲,程序中的多条"语句"是顺序执行的。

3.5.1 条件表达式

在选择结构和循环结构中,都要根据条件表达式的值来确定下一步的执行流程。条件表达式的值只要不是 False、0(或 0.0、0j 等)、空值 None、空列表、空元组、空集合、空字典、空字符串、空 range 对象或其他空迭代对象,Python 解释器均认为与 True 等价。从这个意义上来讲,所有的 Python 合法表达式都可以作为条件表达式,包括含有函数调用的表达式。

在条件表达式中,经常会用到关系运算符和逻辑运算符。

```
>>> 1>4>6           #等价于 1>4 and 4>6,结果为 False
>>> 3 and 5         #与运算为真时,and 后面的值为最终结果,因此结果为 5
```

3.5.2 分支结构

常见的选择结构有单分支选择结构、双分支选择结构、多分支选择结构及嵌套的分支结构,也可以构造跳转表来实现类似的逻辑。

单分支选择结构语法如图 3-3 所示,其中表达式后面的冒号":"是不可缺少的,表示一个语句块的开始,并且语句块必须做相应的缩进,一般是以 4 个空格为缩进单位。

```
if 表达式:
    语句块
```

当表达式的值为 True 或其他与 True 等价的值时,表示条件满足,语句块被执行,否则该语句块不被执行,而是继续执行后面的代码。

下面的代码演示了单分支选择结构的用法。

```
a, b = 10, 5
if a>b:
a,b=b,a                #交换两个变量的值
print (a,b)            #结果为: 5 10
```

在 Python 中,代码的缩进非常重要,缩进是体现代码逻辑关系的重要方式,同一个代码块必须保证相同的缩进量。

双分支选择结构的语法如下。

```
if 表达式:
    语句块 1
else:
    语句块 2
```

当表达式的值为 True 或其他等价值时,执行语句块 1,否则执行语句块 2。语句块 1 或语句块 2 总有一个会执行,然后执行后面的代码(如果有),如图 3-4 所示。

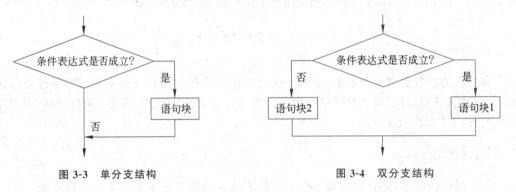

图 3-3　单分支结构　　　　　　图 3-4　双分支结构

当出现多个并列的条件判断时,可以采用多分支选择结构,语法如下。

```
if 表达式 1:
    语句块 1
elif 表达式 2:
    语句块 2
elif 表达式 3:
    语句块 3
...
else:
    语句块 n
```

多分支语句示例如下,该代码实现狗与人的对应年龄转换。

```
age = int(input("请输入你家狗狗的年龄: "))
print("")
if age <= 0:
    print("你是在逗我吧!")
elif age == 1:
    print("相当于 14 岁的人。")
elif age == 2:
    print("相当于 22 岁的人。")
elif age > 2:
    human = 22 + (age - 2) * 5
print("对应人类年龄: ", human)
```

if 嵌套,在嵌套 if 语句中,可以把 if-elif-else 结构放在另外一个 if-elif-else 结构中。以下代码判断一个数字是否可以被 2 和 3 整除,并打印相应的结论。

```
num=int(input("输入一个数字: "))
if num%2==0:
    if num%3==0:
        print("你输入的数字可以整除 2 和 3")
    else:
        print("你输入的数字可以整除 2,但不能整除 3")
else:
    if num%3==0:
        print("你输入的数字可以整除 3,但不能整除 2")
    else:
        print("你输入的数字不能整除 2 和 3")
```

3.5.3　循环结构

Python 主要有 for 循环和 while 循环两种形式的循环结构,多个循环可以嵌套使用,并且还可以和选择结构嵌套使用来实现复杂的业务逻辑。while 循环一般用于循环次数难以提前确定的情况,当然也可以用于循环次数确定的情况;for 循环一般用于循环次数可以提前确定的情况,尤其适用于枚举、遍历序列或迭代对象中元素的场合。

```
while 条件表达式:
    循环体
for 取值 in 可循环对象:
    循环体
```

其中可循环对象包含序列、range 对象等。下面的代码用来输出 1~100 之间能被 7 整除但不能同时被 5 整除的所有整数,利用 range 产生 1~100 的整数。

```
for i in range(1,101):
    if i%7==0 and i%5! =0:
        print(i)
```

其中 range([start,] end [,step]) 返回 range 对象,其中包含左闭右开区间[start,end) 内以 step 为步长的整数。

```
>>> for i in range(5):
    print(i,end=' ')
0 1 2 3 4
```

下面的代码演示了带有 else 子句的循环结构,该代码用来计算 $1+2+3+\cdots+99+100$ 的结果。

```
s=0
for i in range(1,101):              #不包括 101
    s+=i
else:
    print (s)
```

for-else 表示如下逻辑,for 中的语句和普通的没有区别,else 中的语句会在循环正常执行完(即 for 不是通过 break 跳出而中断的)的情况下执行,while-else 同理。

break 与 continue 语句在 while 循环和 for 循环中都可以使用,并且一般常与选择结构或异常处理结构结合使用。一旦 break 语句被执行,将使 break 语句所属层次的循环提前结束;continue 语句的作用是提前结束本次循环,忽略 continue 之后的所有语句,提前进入下一次循环。

假设你要找出小于 100 的最大平方数(可以写成某个整数的平方的数),则可以选择从 100 开始向下查找。找到一个平方数后,无须再迭代,因此直接跳出循环。

```
from math import sqrt
for n in range(99, 0, -1):
    root = sqrt(n)
    if root == int(root):
        print(n)
        break
```

◆ 3.6　函　　数

在软件开发过程中,经常有很多操作是完全相同或是非常相似的,仅仅是要处理的数据不同而已,因此我们经常需要在不同的代码位置多次执行相似甚至完全相同的代码块。很显然,从软件设计和代码复用的角度来讲,直接将代码块复制到多个相应的位置,然后进行简单修改绝对不是一个好主意。虽然这样可以使多份复制的代码彼此独立地进行修改,但这样不仅增加了代码量,也增加了代码阅读、理解和维护的难度,为代码测试和纠错带来很大的困难。一旦被复制的代码块将来被发现存在问题而需要修改,必须对所有的复制代码做同样的修改,这在实际中是很难完成的一项任务。更糟糕的情况是,由于代码量的大幅增加,导致代码之间的关系更加复杂,很可能在修补旧漏洞的同时又引入新漏洞,维护成本大幅增加。

将可能需要反复执行的代码封装为函数,然后在需要该功能的地方调用封装好的函数,不仅可以实现代码的复用,更重要的是可以保证代码的一致性,只需要修改该函数的代码,则所有调用位置均得到体现。同时,把大任务拆分成多个函数也是分治法的经典应用,复杂问题简单化,使软件开发像搭积木一样简单。

3.6.1　函数的定义与调用

在 Python 中使用 def 关键字来定义函数,然后是一个空格和函数名称,接下来是一对括号,在括号内是形式参数列表,如果有多个参数则使用逗号分隔开,括号之后是一个冒号和换行,最后是注释和函数体代码。定义函数时在语法上需要注意的问题主要有:①函数形参不需要声明其类型,也不需要指定函数的返回值类型;②即使该函数不需要接收任何参数,也必须保留一对空的括号;③括号后面的冒号必不可少;④函数体相对于 def 关键字必须保持一定的空格缩进。

```
def 函数名(参数列表):
    '''注释'''
    函数体
    return
```

以下代码定义并调用了一个简单的 add_two() 函数。该函数包含 2 个输入参数 a 和 b。

```
#定义函数
def add_two( a, b):          #a、b为形参
  #计算加法结果
  print (a+b)
  return
#调用函数
add_two(10,20)              #10、20为实参
add_two(400,200)
```

在 Python 中,定义函数时也不需要声明函数的返回值类型,而是使用 return 语句结束函数执行的同时返回任意类型的值,函数返回值类型与 return 语句返回表达式的类型一致。不论 return 语句出现在函数的什么位置,一旦得到执行将直接结束函数的执行。如果函数没有 return 语句、有 return 语句但是没有执行到或者执行了不返回任何值的 return 语句,解释器都会认为该函数以 return None 结束,即返回空值。

3.6.2　参数的传递方式

函数定义时括号内是使用逗号分隔开的形参列表(parameters),函数可以有多个参数,也可以没有参数,但定义和调用时括号必须有,表示这是一个函数并且不接收参数。调用函数时向其传递实参(arguments),根据不同的参数类型,将实参的值或引用传递给形参。

参数传递有如下几种基本方法。

(1) 位置参数(positional arguments)是比较常用的形式,调用函数时实参和形参的顺序必须严格一致,并且实参和形参的数量必须相同。

```
>>>def demo(a,b,c): #所有形参都是位置参数
       print(a,b,c)
>>>demo(3,4,5)       #结果为 3 4 5
>>>demo(1,2,3,4)     #实参与形参的数量必须相同,若数量不匹配则会报如下错误
                     #TypeError: demo() takes 3 positional arguments but 4 were given
```

(2) 默认值参数。在定义函数时,Python 支持默认值参数,在定义函数时可以为形参设置默认值。在调用带有默认值参数的函数时,可以不用为设置了默认值的形参进行传值,此时函数将会直接使用函数定义时设置的默认值,当然也可以通过显式赋值来替换其默认值。也就是说,在调用函数时是否为默认值参数传递实参是可选的,具有较大的灵活性,在一定程度上类似于函数重载的功能,同时还能在为函数增加新的参数和功能时,通过为新参数设置默认值来保证向后兼容,而不影响老用户的使用。需要注意的是,在定义带有默认值参数的函数时,任何一个默认值参数右边都不能再出现没有默认值的普通位置参数,否则会提示语法错误。带有默认值参数的函数定义语法如下。

```
def 函数名(形参名=默认值):
    函数体

def demo( a=1,b=2 ):      #默认值参数
  print (a+b)
  return

demo()                    #函数调用,使用默认值,结果为 3
demo(3)                   #函数调用,a=3,b 为默认值,结果为 5
```

（3）关键参数主要指调用函数时的参数传递方式，与函数定义无关。通过关键参数可以按照参数名字传递值，明确指定哪个值传递给哪个参数，实参顺序可以和形参顺序不一致，但不影响参数值的传递结果，这避免了用户需要牢记参数位置和顺序的麻烦，使函数的调用和参数传递更加灵活方便。

```
>>>def demo (a,b,c=5):
        print (a,b,c)
>>>demo(3,7)                #按位置传递参数,结果为 3 7 5
>>> demo(c=8,a=9,b=0)       #关键参数,结果为 9 0 8
```

3.6.3 变量的作用域

变量起作用的代码范围称为变量的作用域，不同作用域内的同名变量之间互不影响，就像不同文件夹中的同名文件之间互不影响一样。在函数外部和在函数内部定义的变量，其作用域是不同的，在函数内部定义的变量一般为局部变量，在函数外部定义的变量为全局变量。不管是局部变量还是全局变量，其作用域都是从定义的位置开始的，在此之前无法访问。

在函数内定义的局部变量只在该函数内可见，当函数运行结束后，在其内部定义的所有局部变量将被自动删除而不可访问。在函数内部使用关键字 global 定义的全局变量，当函数结束以后仍然存在并且可以访问。如果在函数内部修改一个定义在函数外部的变量值，必须使用关键字 global 明确声明，否则会自动创建新的局部变量。在函数内部通过关键字 global 来声明或定义全局变量，分为以下两种情况。

（1）一个变量已在函数外定义，如果在函数内需要修改这个变量的值，并将修改的结果反映到函数之外，可以在函数内用关键字 global 明确声明要使用已定义的同名全局变量。

（2）在函数内部直接使用关键字 global 将一个变量声明为全局变量，如果在函数外部没有定义该全局变量，在调用这个函数后，会创建新的全局变量。或者也可以这么理解：①在函数内如果只引用某个变量的值而没有为其赋新值，该变量为（隐式的）全局变量；②如果在函数内某条代码有为变量赋值的操作，该变量就被认为是（隐式的）局部变量，除非在函数内赋值操作之前显式地用关键字 global 进行了声明。

下面的代码演示了局部变量和全局变量的用法。

```
>>>def demo():
        global x           #声明或创建全局变量,必须在使用 x 之前执行
        x=3                #修改全局变量的值
        y=4                #局部变量
        print(x,y)
>>>x=5                     #在函数外部定义了全局变量 x
>>>demo()                  #本次调用修改了全局变量 x 的值
3 4
>>>x
3
>>>y                       #局部变量在函数运行结束后自动删除,不再存在
NameError: name 'y' is not defined
>>>del x                   #删除了全局变量
```

```
>>> x
NameError: name 'x' is not defined
>>>demo()            #本次调用创建了全局变量
3 4
>>>x
3
```

◆ 3.7　模块的使用

Python 默认安装仅包含基本或核心模块,启动时也仅加载基本模块,在需要时再显式地导入和加载标准库和第三方扩展库,这样可以减小程序运行的压力,并且具有很强的可扩展性。从"木桶原理"的角度来看,这样的设计与安全配置时遵循的"最小权限"原则是一致的,也有助于提高系统的安全性。模块导入的语法如下。

```
import 模块名 [as 别名]
```

用这种方式导入后,使用时需要在对象之前加上模块名作为前缀,必须以"模块名.对象名"的形式进行访问。如果模块名很长,可以为导入的模块设置一个别名,然后用"别名.对象名"的方式来使用其中的对象。

```
>>>import math            #导入标准库 math
>>>print(math.sqrt(4))
>>>import math as th      #导入标准库 math,并设置别名为 th
>>>print(th.sqrt(10))
```

运行结果:

```
2.0
3.1622776601683795
```

也可以用如下语法使用模块。

```
from 模块名 import 对象名 [as 别名]
```

用这种方式仅导入明确指定的对象,并且可以为导入的对象确定一个别名。这种导入方式可以减少查询次数、提高访问速度,同时也可以减少开发者需要输入的代码量,因为不需要使用模块名作为前缀。

```
from math import sqrt            #只导入模块中的指定对象
print(sqrt(16))
from math import sqrt as f       #给导入的对象起个别名
print(f(25))

>>> import math
>>> dir(math)                    #返回参数的属性、方法列表
['__doc__', '__loader__', '__name__', '__package__', '__spec__', 'acos', 'acosh',
'asin', 'asinh', 'atan', 'atan2', 'atanh', 'ceil', 'comb', 'copysign', 'cos',
'cosh', 'degrees', 'dist', 'e', 'erf', 'erfc', 'exp', 'expm1', 'fabs', 'factorial',
'floor', 'fmod', 'frexp', 'fsum', 'gamma', 'gcd', 'hypot', 'inf', 'isclose',
'isfinite', 'isinf', 'isnan', 'isqrt', 'ldexp', 'lgamma', 'log', 'log10', 'log1p',
'log2', 'modf', 'nan', 'perm', 'pi', 'pow', 'prod', 'radians', 'remainder', 'sin',
'sinh', 'sqrt', 'tan', 'tanh', 'tau', 'trunc']
```

```
>>> help(math.sqrt)                    #查看 math.sqrt 函数用法,输出以下内容
Help on built-in function sqrt in module math:
sqrt(x, /)
Return the square root of x.
```

除了可以在开发环境或命令提示符环境中直接运行,任何 Python 程序文件都可以作为模块导入并使用其中的对象,这也是实现代码复用的重要形式。通过 Python 程序的__name__属性可以识别程序的使用方式,每个 Python 脚本在运行时都会有一个__name__属性,如果脚本作为模块被导入,则其__name__属性的值被自动设置为模块名;如果脚本作为程序直接运行,则其__name__属性值被自动设置为字符串'__main__'。例如,假设程序 hello.py 中的代码如下。

```
def main():                            #def 是用来定义函数的 Python 关键字
    if __name__=='__main__':           #选择结构,识别当前的运行方式
        print('This program is running directly.')
    elif __name__ == 'hello':          #冒号、换行、缩进表示一个语句块的开始
        print('This program is used as a module.')
main()                                 #调用上面定义的函数
python hello.py                        #直接从命令行运行以上函数
This program is running directly.
```

从 Python 中以模块导入:

```
>>> import hello
This program is used as a module.
```

◆ 3.8　面向对象基础

面向对象程序设计(object oriented programming,OOP)的思想主要是针对大型软件设计提出的,它使软件设计更加灵活,能很好地支持代码复用和设计复用,并且代码具有更好的可读性和可扩展性,因此大幅降低了软件开发的难度。面向对象程序设计的一个关键观念是将数据及对数据的操作封装在一起,组成一个相互依存、不可分割的整体(对象),不同对象之间通过消息机制来通信或同步。对于相同类型的对象(instance)进行分类、抽象后,得出共同的特征形成了类(class),面向对象程序设计的关键,就是如何合理地定义这些类并组织多个类之间的关系。

Python 是面向对象的解释型高级动态编程语言,完全支持面向对象的基本功能,如封装、继承、多态以及对基类方法的覆盖或重写。创建类时,用变量形式表示对象特征的成员称为数据成员(attribute),用函数形式表示对象行为的成员称为成员方法(method)。数据成员和成员方法统称为类的成员。需要注意的是,Python 中对象的概念很广泛,Python 中的一切内容都可以称为对象,函数是对象,类也是对象。

3.8.1　类的定义与实例化

Python 使用 class 关键字来定义类,class 关键字之后是一个空格,接下来是类的名字,

如果派生自其他基类,则需要把所有基类放到括号中并用逗号分隔,然后是一个冒号,最后换行并定义类的内部实现。类名的首字母一般要大写,当然也可以按照自己的习惯定义类名,但一般推荐参考惯例来命名,并在整个系统的设计和实现中保持风格一致,这一点对于团队合作非常重要。

```python
class Car ():                    #定义一个类,名字为 Car
  def infor(self):               #定义成员方法
    print("This is a car")
```

定义了类之后,就可以用来实例化对象,并通过"对象名.成员"的方式来访问其中的数据成员或成员方法。

```python
car = Car()                      #实例化对象
car.infor()                      #调用对象的成员方法
```

以下代码定义了一个 Employee 类。

```python
class Employee:
  empCount = 0                   #类属性
  def __init__(self, name, salary):
    self.name = name             #实例属性
    self.salary = salary
    Employee.empCount += 1

  def displayCount(self):
    print ("Total Employee %d" %Employee.empCount)

  def displayEmployee(self):
    print ("Name : ", self.name,  ", Salary: ", self.salary)
```

其中 empCount 变量是一个类变量,它的值将在这个类的所有实例之间共享。可以在内部类或外部类中使用 Employee.empCount 访问。

__init__()方法是一种特殊的方法,称为类的构造函数或初始化方法,当创建了这个类的实例时就会调用该方法。self 代表类的实例,self 在定义类的方法时是必须有的,虽然在调用时不必传入相应的参数。name 和 salary 均为实例属性。

在 Python 中类的实例化类似函数调用方式。

创建 Employee 类的第一个对象:

```python
emp1 = Employee("Zara", 2000)
```

创建 Employee 类的第二个对象:

```python
emp2 = Employee("Manni", 5000)
```

可以使用点号"."来访问对象的属性或方法。例如,使用如下类的名称访问类变量。

```python
emp1.displayEmployee()
emp2.displayEmployee()
print("Total Employee %d" %Employee.empCount)
```

3.8.2　类的继承

面向对象的编程带来的主要好处之一是代码的重用,实现这种重用的方法之一是通过继承机制。通过继承创建的新类称为子类或派生类,被继承的类称为基类、父类或超类。

Python 中的继承有以下一些特点。

(1) 如果在子类中需要父类的构造方法,就需要显式地调用父类的构造方法,或者不重写父类的构造方法。

(2) 在调用基类的方法时,需要加上基类的类名前缀,且需要带上 self 参数变量。区别在于类中调用普通函数时并不需要带上 self 参数。

(3) Python 总是首先查找对应类的方法,如果它不能在派生类中找到对应的方法,它才开始到基类中逐个查找(先在本类中查找调用的方法,找不到才去基类中找)。

```python
class Parent:                  #定义父类
    parentAttr = 100
    def __init__(self):
        print ("调用父类构造函数")

    def parentMethod(self):
        print ('调用父类方法')

    def setAttr(self, attr):
        Parent.parentAttr = attr

    def getAttr(self):
        print ("父类属性 :", Parent.parentAttr)

class Child(Parent):         #定义子类,父类为 Parent
    def __init__(self):
        print ("调用子类构造方法")

    def childMethod(self):
        print ('调用子类方法')

c = Child()                    #实例化子类
c.childMethod()                #调用子类的方法
c.parentMethod()               #调用父类方法
c.setAttr(200)                 #再次调用父类的方法–设置属性值
c.getAttr()                    #再次调用父类的方法–获取属性值
```

以上代码执行结果如下。

```
调用子类构造方法
调用子类方法
调用父类方法
父类属性 : 200
```

Python 也支持继承多个类。

```
class A:                #定义类 A
...

class B:                #定义类 B
...

class C(A, B):          #继承类 A 和 B
...
```

如果父类方法的功能不能满足当前的需求,可以在子类重写父类的方法。

```
class Parent:           #定义父类
  def myMethod(self):
     print ('调用父类方法')

class Child(Parent):   #定义子类
  def myMethod(self):
     print ('调用子类方法')

c = Child()            #子类实例
c.myMethod()           #子类调用重写方法
```

类的私有属性和方法以两个下画线"＿＿"开头,声明该方法或属性为私有方法后,不能在类的外部调用。

```
class JustCounter:
    __secretCount = 0              #私有变量
    publicCount = 0                #公开变量

    def count(self):
        self.__secretCount += 1
        self.publicCount += 1
        print (self.__secretCount)

counter = JustCounter()
counter.count()
counter.count()
print (counter.publicCount)
print (counter.__secretCount)      #报错,实例不能访问私有变量
```

Python 不允许实例化的类访问私有数据,但可以使用 object._className__attrName (对象名._类名__私有属性名)访问属性。

```
print (counter._JustCounter__secretCount)      #强制访问私有属性的方法,不推荐
```

单下画线、双下画线、头尾双下画线说明如下。

＿＿××＿＿:以头尾双下画线定义的是特殊方法,一般是系统定义名字,与＿＿init＿＿()方法类似。

＿××:以单下画线开头的表示的是保护(protected)类型的变量,只能允许其本身与子类进行访问,不能用于 from module import ＊ 。

__××：以双下画线开头的表示的是私有（private）类型的变量，只能允许这个类本身进行访问。

3.8.3　综合示例

以下是一个综合示例，使用 Python 编写一个科学计算器的类，并进行实例化。除加减乘除常规算数运算外，该计算器还包含正弦、余弦等三角函数运算功能。具体的运算函数在 functions 列表中定义。科学运算通过 math 库的引入来直接实现。

```python
import math
class Calculator(object):
  #定义计算器支持的数学运算
  functions = [
    "sin", "cos",
    "tan", "pow",
    "cosh","sinh",
    "tanh","sqrt",
    "pi",  "radians",
    "e",
  ]
  def calc(self,term):
    """
    输入：以字符串格式输入待计算的表达式
    输出：返回字符串格式的计算结果
    功能：表达式计算函数
    """

    #使用字符串中的 replace()函数对输入中出现的无效符号如空格进行删除
    #并在需要时,对运算符进行替换
    term = term.replace(" ", "")
    term = term.replace("^", " * * ")
    term = term.replace("=", "")
    term = term.replace("?", "")
    term = term.replace("%", "/100.00")
    term = term.replace("rad", "radians")
    term = term.replace("mod", "%")
    term = term.replace("aval", "abs")
  #读取并转换函数表达式
    term = term.lower() #将所有英文字母转为小写
    for func in self.functions:
      if func in term:
        withmath = "math." + func
        term = term.replace(func, withmath)
    #利用异常处理方法 try...except 结构对结果进行处理
    #如果 try 块引发错误,则会执行相应的 except 块
  try:
    #利用 eval()函数将字符串当成有效的表达式来求值,并返回计算结果
      term = eval(term)
```

```
    #根据具体的错误情况,进行相应的异常错误处理
    except ZeroDivisionError: #分母为零的错误
        print("Can't divide by 0. Please try again..")
    except NameError:
        print("Invalid input. Please try again")
    except AttributeError:
        print("Please check usage method and try again.")
    except TypeError:
        print("please enter inputs of correct datatype ")
    return term


    def result(self,term):
        #调用计算函数进行表达式运算,并打印计算结果
        print("\n 计算结果为: " + str(self.calc(term)))
def main():
    print(
        "\nScientific Calculator\n\nFor Example: sin(rad(90)) + 50%* (sqrt(16)) +
            round(1.42^2)" + "- 12mod3\n\nEnter quit to exit"
    )
    calculator = Calculator()
    while True:
        k = input("\n 请输入你想要计算的公式: ")
        if k == "quit":
            break
        calculator.result(k)


if __name__ == "__main__":
    main()
```

◆ 3.9　本 章 小 结

本章简要介绍了 Python 语言,包括基本元素、常用数据结构、基本控制语句、模块化设计及面向对象程序设计等内容。同时,也展示了在人工智能时代使用工具帮助开发者编写代码的实际场景。通过本章的学习,希望读者能够初步掌握 Python 程序设计语言。

◆ 3.10　习　　题

1. 摄氏度到华氏度的转换。摄氏温度 c,将其转化为华氏温度 f,转换公式为: $f = c \times 9/5 + 32$。

2. 输入三个整数 x、y、z,请把这三个数由小到大输出。

问题分析:我们想办法把最小的数放到 x 上,先将 x 与 y 进行比较,如果 $x > y$ 则将 x 与 y 的值进行交换,然后再用 x 与 z 进行比较,如果 $x > z$ 则将 x 与 z 的值进行交换,这样

能使 x 最小。

3. 输入某年某月某日,判断这一天是这一年的第几天?

问题分析:以 3 月 5 日为例,应该先把前两个月的天数加起来,然后再加上 5 天即本年的第几天,特殊情况,闰年且输入月份大于 2 时需考虑多加一天。

4. 有四个数字:1、2、3、4,能组成多少个互不相同且无重复数字的三位数? 各是多少?

问题分析:可填在百位、十位、个位的数字都是 1、2、3、4。组成所有的排列后再去掉不满足条件的排列。

5. 编写程序,生成一个包含 30 个随机数的列表,然后删除其中的所有奇数(提示:从后往前删)。

6. 编写程序,筛选出 500 以内的所有素数。

7. 使用字典来存储一个输入的信息,包括姓名、年龄、爱好和家乡。

8. 编写一个函数,当输入 n 为偶数时,调用函数求 $1/2+1/4+\cdots+1/n$;当输入 n 为奇数时,调用函数求 $1/1+1/3+\cdots+1/n$。

9. 编写函数,实现排序功能,包含升序和降序。

10. 编写一个学生类,其中需要包含学号、学院等属性,以及若干方法,如学习、运动等。

第4章

算　法

计算机的出现促进了当代社会各个领域的科技发展,计算机无疑是高效推进各行各业建设的一个强有力的工具。广大计算机专业和非计算机专业的人士想要熟练应用这一工具,了解计算机处理问题的模式至关重要。因此,计算思维(computational thinking)就成了需要掌握的重要知识。在计算机科学领域近70年的研究历程中,关于如何使用计算思维解决实际问题的讨论从未停止,而讨论的层面并不局限于发现各类问题、设计某一特定类型问题的解决方法、分析方法的正确性和效率等。

在近70年的发展历程中,科研人员逐渐对所遇到的问题进行规约,对解决问题的通用方法进行泛化的语言描述(包括但不限于自然语言、编程语言、数学语言),形成了一套具体的包含问题领域及方法论的科学体系,通常,将其称为"算法"(algorithm),即本章要讨论的核心内容。特别地,对于"如何能够利用计算机解决实际问题"的核心诉求,在本章接下来的叙述中,将着重突出"如何具体地解决某个问题",并弱化其他算法的研究领域,因此,本章下述内容中出现的名词"算法"事实上是"计算思维"的简化,特指一个具体的解决问题的方案。

◆ 4.1　算法的概念

4.1.1　算法的概念及特征

首先,通过第1章中涉及的一个利用计算机解决问题的实际案例,来初步了解一下算法的样貌。

案例 4-1　再谈求平方根

问题描述:已知一个非负实数 x,求另一个非负实数 g,使 g 满足 $g*g=x$。

问题分析:通过第2章对数据表示的学习可知:一个小数(浮点数)往往无法在计算机中精确存储。因此,如果我们借助计算机求解非负实数的平方根,则必须接受计算机所得出的结果并不是一个准确的解这一事实。在求解之前,我们需要设定一个可以接受的误差值,这一误差值的定义类似于在初等数学中经常出现在题面中的"保留小数点后若干位有效数字"。

另一个需要考虑到的要素是,计算机里负责计算的部件事实上只能实现非常基本的四则运算,因此,在平方根求解过程中,我们所设计的方法需要避免其他高级数学运算,如正弦值、余弦值的计算。

我们用逼近的思想对 x 的值进行一系列的猜测,并在猜测过程中不停地验证其正确性。这种计算方式由古希腊数学家希罗(TylerHerro)第一次给出,过程如下。

(1) 对给定的数 x,猜测其平方根为 g。

(2) 如果 $g*g$ 足够逼近 x,停止,并报告 g 就是 x 的平方根。

(3) 否则,用 g 和 x/g 的平均值作为新的猜测。

(4) 将新的猜测仍记为 g,重复上述过程,直到 $g*g$ 足够逼近 x。

根据以上步骤逐步执行,在特定的情况下重复或结束,即能求出任意一个非负实数平方根的近似值。用 Python 描述希罗求平方根的算法如下。

```python
import math
from random import randint
x = 49
tolerance = 0.01                    #允许误差值
g = randint(0, x)                   #随机猜测 g 的值
while abs(g * g - x) > tolerance:   #重复验证 g 的正确性
        g = (g + x / g) / 2
print(g)                            #循环结束,报告 g 为 x 的平方根
```

通过案例 4-1 我们可以做出如下对于算法的定义总结。对于给定问题,一个计算机算法就是用计算机求解这个问题的方法。一般来说,算法是由有限条计算机指令构成的,每条指令规定了计算机所要执行的有限次基本运算或操作。1974 年图灵奖获得者 Donald Ervin Knuth 曾说过,计算机科学就是算法的研究,足见算法在计算机领域中的核心地位。

算法研究领域的各类方法层出不穷,涉及的数据类型也是名目繁多、不胜枚举,例如,数学中常常出现的整数、实数、矩阵、向量、集合等。而可以被算法正确表达的操作或运算也是五花八门,例如,我们所熟悉的赋值运算、算术运算、逻辑运算、关系运算等。当然,计算机能表达的数据和操作远不止上文所列举的情形,甚至,可以自己设计数据结构,定义基于其上的计算方式。然而,在设计算法的过程中,需要遵守一些规律和原则,以便你的思想能够正确传达给计算机,使其能够达到解决问题的目的。严格地讲,算法需要满足五大性质,即第 1 章中所提到的确定性、有穷性、输入、输出、可行性。

在使用算法求解某一问题时,通常需要关注以下几个原则。

(1) 描述问题:定义问题中出现的相关参数,并说明每一个参数的取值范围及参数之间存在的关系。

(2) 描述解:说明解需要满足的条件,明确问题的解的形式。

(3) 问题实例:给出一组参数的赋值,使问题具象化。

算法定义中所指出的"基本运算或操作"通常包含:

(1) 元素的比较。

(2) 单位存储空间中数字的四则运算。

(3) 变量的重新赋值(包括图的搜索中指针的移动)。

此处需要明确的是,本章所讨论的算法的概念区别于第 3 章中介绍 Python 语言时出现的程序和代码。程序是算法用某种程序设计语言的具体实现。程序可以不满足有穷性。例如,操作系统是一个在无限循环中执行的庞大程序,违反有穷性,因而不能称为算法。

4.1.2 算法的描述

描述一个算法可以有多种形式,如自然语言、表格方式、程序语言等。自然语言即我们平时生活中所使用的语言,不拘泥于语种,只要清楚传达算法核心思想即可。在上文对"如何求平方根"问题的方法进行描述时,笔者为了方便初学者理解,正是采用了自然语言这种算法描述方式。可见,使用自然语言进行算法描述方便、快捷、入门快速,随之而来的缺点也相对明显:自然语言在算法"确定性"的满足方面不是很理想,这是由于我们生活中使用的语言往往带有歧义。根据上一节算法概念的描述得知,算法每一步需要具有"确定性",因此,我们通常避免使用自然语言对其进行介绍。本节重点介绍两种较为精确的算法描述方式:流程图和伪代码。

1. 流程图

流程图(flow chart)是最常见的算法图形化表达,也称程序框图,它使用美国国家标准研究所(American National Standards Institute,ANSI)规定的一组几何图形描述算法,在图形上使用简明的文字和符号表示各种不同性质的操作,用流程线指示算法的执行方向。

常见的流程图符号如图 4-1 所示。

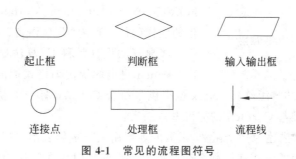

起止框   判断框   输入输出框

连接点   处理框   流程线

图 4-1   常见的流程图符号

图 4-1 中流程图符号具体含义如下。

(1)起止框:表示算法的开始或结束。

(2)判断框:表示对一个给定的条件进行判断。它有一个入口、两个出口,分别对应条件成立与否,算法的不同执行方向。

(3)输入输出框:表示算法的输入、输出操作。

(4)处理框:表示一般的处理操作,如计算、赋值等。

(5)流程线:用流程线连接各框图,表示算法执行的顺序。

(6)连接点:连接点总是成对出现,同一对连接点标注相同的数字或文字,用于将画在不同地方的流程线连接起来,从而避免流程线的交叉或过长,使流程图更清晰。

图 4-2 中给出了希罗求平方根算法的流程图描述。

2. 伪代码

算法最终还是要用程序设计语言实现并在计算机上执行的,自然语言描述和流程图描述很难直接转化为程序。现有计算机程序设计语言多达几千种,不同的语言在设计思想、语法功能和适用范围等方面都有很大差异。此外,用程序设计语言表达算法往往需要考虑所用语言的具体细节,分散了算法设计者的注意力。因此,用某种特定的程序设计语言描述算法也是不可行的。使用伪代码描述算法正是在这种情况下产生的。

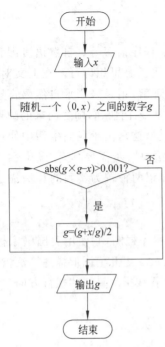

图 4-2　希罗求平方根算法
的流程图描述

总体来说,伪代码是一种与程序设计语言相似,但更简单易学的用于表达算法的语言。程序表达算法的目的是在计算机上执行,而伪代码表达算法的目的是给用户看的。伪代码(pseudocode)应易于阅读、简单和结构清晰,它是介于自然语言和程序设计语言之间的一种描述方式。伪代码不拘泥于程序设计语言的具体语法和实现细节。程序设计语言中一些与算法表达关系不大的部分往往被伪代码省略,如变量定义和系统等有关代码。程序设计语言中的一些函数调用或处理简单任务的代码块,在伪代码中往往可以用一句自然语言代替。例如,"找出 3 个数中最小的那个数"。

由于伪代码在语法结构上的随意性,实际上并不存在一个通用的伪代码标准。开发者往往以具体的高级程序设计语言为基础,简化后进行伪代码的编写。这类最常见的高级程序设计语言包括 C、Python、FORTRAN、BASIC、Java、Matlab 和 GO 等。由此产生的伪代码往往称为"类 C 语言""类 Pascal 语言"等。

经典算法设计教科书《算法导论》的作者 Thomas H.Cormen 提出的伪代码格式标准是最广为接受的伪代码标准之一,著名的排版软件 Latex 也提供了符合 Cormen 标准的伪代码格式化库。本书采用的伪代码标准与 Cormen 的标准基本一致。

（1）每个算法都描述为一个函数,函数的名字用大写字母表示,单词间用横线相连。算法的输入应以参数表的形式在函数名后面给出。必要的时候在算法前面对输入、输出进行描述。

例如:

```
Input: 一个实数 x
Output: x 的平方根
XILUO-SQUARE_ROOT(x)
```

（2）用"←"表示赋值,支持重赋值语句,如 $i \leftarrow j \leftarrow e$ 等同于 $j \leftarrow e, i \leftarrow j$。

（3）在伪代码中,每一条指令占一行,指令后不跟任何符号。

（4）函数名后的每行进行编号。

（5）变量名和保留字不区分大小写,建议变量名用小写、保留字和常用量用大写,以便区分。

（6）用缩进表示代码块结构,包括 WHILE、FOR 循环、IF-THEN-ELSE 分支判断等。

（7）"//"标志表示注释的开始,一直到行尾(Cormen 的标准是用:arrow_forward:符号,考虑到该符号输入不方便,故采用 C++ 和 Java 都支持的"//")。

（8）WHILE、FOR、REPEAT 循环语句和 IF-THEN-ELSE 条件语句的语法与 Pascal 语言相似。但是在 FOR 语句结束后,循环变量保持循环结束时候的值。例如:

```
1    FOR i=1 TO 10
2        PRINT i                    //依次输出 1,2,…,10
3    PRINT i                        //输出 11
```

（9）默认情况下，变量都是局部变量。使用全局变量必须显式说明。

（10）访问数组元素使用：数组名[序号]。"…"标记表示数组中一组值的序号范围。如 A[1…j]表示 A[1],A[2],…,A[j]。

（11）复合数据用数据对象组织，对象由属性组成。一个特定的属性要用"属性名[对象名]"来访问。例如，把一个数组 A 视为一个对象，那么要描述数组元素个数要用 length[A]。

（12）传入算法的简单类型的参数都是按值传递的，也就是说，在算法中操作的是传入参数在算法内部的副本，其在算法外部的变量不受影响。但是，对于对象类型的变量，传入的参数是对象指针的副本。

例如，如果算法的参数是一个简单的数字类型 x，则在算法开始时会建立一个 x 的本地副本，类似于算法的局部变量，操作 $x \leftarrow 3$ 只会影响 x 的本地副本，而不会影响算法外部的 x 的值。但是，如果算法的参数是一个数组 A，在算法开始的时候会建立一个 A 的本地副本 B。因为 A 和 B 实际上都是数组的指针，所以 A[3]和 B[3]都代表了存在于算法以外的该数组的第三个元素。因此，如果在算法中执行：A[3]←5，虽然实际上执行的是 B[3]←5（因为 B 是 A 的本地副本），但是存在于算法之外的该数组的第三个元素还是被改成了 5。

（13）布尔操作 and 和 or 都是先计算左边操作数的值，然后按照需要计算右边操作数的值。例如，对于 x and y，会计算 x 的值，如果 x 是 False，则无论如何 x and y 的值都是 False，所以 y 的值就不会计算了。

（14）不需要定义的函数调用或简单的任务块可以用一行自然语言描述。

（15）返回用 RETURN。

（16）最后，以上标准只是建议，目的是为了能够清晰准确地表达算法。

希罗求平方根的伪代码描述如图 4-3 所示。

> Input：一个实数 x
> Output：x 的平方根 g
> XILUO-SQUARE-ROOT(x)
> 1. $g \leftarrow$ random$(0, x)$
> 2. while $|g \times g - x| > 0.0001$ do
> 3. $g \leftarrow (g + x/g)/2$

图 4-3　希罗求平方根的伪代码描述

4.2　算法设计思想

4.2.1　穷举思想

穷举法（brute-force algorithm）也称蛮力法，是一种简单的、直接的解决问题的方法，是指在问题的解空间内逐一测试，找出问题的解。穷举法是一种比较耗时的算法，但正是计算机的出现，使穷举法有了用武之地。

暴力破解法是一种用穷举法实现的密码破译方法，它对密码进行逐个测试直到找到真正的密码。例如，一个已知是六位并且全部由数字组成的密码，共有 10^6 种组合，最多尝试 $10^6 - 1$ 次就能找到正确的密码。理论上利用这种方法可以破解任何一种密码，但是如果密码比较复杂的话，破译密码的时间会很长，因此需要结合其他算法思想缩短试误时间。

地图上为区分相邻国家、省、市等区域,会着以不同的颜色。一张地图最少需要几种颜色着色? 解决这一问题的方法是数学史上的著名难题——四色定理(four-color theorem),它的证明也是用穷举法实现的。

四色定理又称为四色问题、四色猜想,是世界近代三大数学难题之一。四色定理最早是由一位叫古得里(Fancis Guthrie)的英国大学生提出的,其内容是:任何一张地图只用四种颜色就能使具有共同边界的国家着上不同的颜色。用数学语言表示,即将平面任意地细分为不相重叠的区域,每个区域总可以用1、2、3、4这四个数字之一来标记,而不会使相邻的有公共边界的两个区域得到相同的数字。

著名数学家得·摩尔根(Augustus De Morgan)在1852年10月23日致哈密顿的一封信中首次提到了四色问题的来源,并在信中简述了自己证明四色定理的设想与感受。之后的一个多世纪,四色定理都未能得到证明。最终在1976年,美国数学家阿佩尔(K.Appeal)与哈肯(W.Haken)借助电子计算机用穷举法获得了四色定理的证明。他们在两台不同的电子计算机上,用了1200h,做了100亿次判断,完成了四色定理的证明。证明由两部分组成:第一部分,利用以前确立的结果,加上一些数学推理,证明一般问题可以归约到证明有限个特例上;第二部分,用计算机程序产生了所有的特例(大约1700个例子),通过穷举,发现所有特例都是四着色的。

巧妙和高效的算法很少来自穷举法,但基于以下因素,它仍是一种重要的算法设计策略。

(1) 穷举法是一种几乎什么问题都能解决的一般性方法。

(2) 即使效率低下,仍可用穷举法求解一些小规模的问题实例。

(3) 如果需要解决的问题实例不多,而穷举法可用一种可接受的速度对问题求解,那么花时间去设计一个更高效的算法是得不偿失的。

接下来,将详细讨论几个可以用穷举法解决的数学问题。

案例 4-2　最小正整数

问题描述:有一些数,除以10余7,除以7余4,除以4余1,求满足上述条件的最小正整数。

问题分析:可利用枚举法解决问题。该整数除以10余7,因此,可以从7开始,每次增加10,判断所枚举的数是否满足题目条件,如不满足,则继续枚举下一个数。重复该过程,直到找到符合条件的第一个数。

问题求解:用Python语言描述该算法如图4-4所示。

```
for i in range(7,100000,10):
if i%7==4 and i%4==1:
print(i)
```

图 4-4　Python 实现求满足特定条件的最小正整数

案例 4-3　百钱买百鸡问题

问题描述:百钱买百鸡问题最早由中国古代科学家张丘建提出。其问题在《算经》中描述为:鸡翁一,值钱五,鸡母一,值钱三,鸡雏三,值钱一,百钱买百鸡,翁、母、雏各几何?

问题分析:首先可以分析一下需要求得的解的形式。根据问题描述,已知需要求得三个非负整数分别表示公鸡、母鸡、小鸡的数目,不妨设这三个未知量为 x、y、z,则我们可以把问题的解表示成一个三元组 $<x,y,z>$,并使之满足以下方程组。

$$\begin{cases} x + y + z = 100 \\ 5x + 3y + z/3 = 100 \end{cases}$$

同时，z 必须可以整除 3。将这个条件描述为数学语言为：$z \bmod 3 = 0$。

可以得出三个变量的取值范围：$x \in [0,20]$、$y \in [0,33]$、$z \in [0,300]$。

问题求解：利用穷举法思想，三元组 $<x,y,z>$ 的所有可能解的个数为 $21 \times 34 \times 301 = 214\,914$ 种。对于每个可能的解，计算机只需要测试它是否满足上述条件即可。

描述成 Python 语言，如图 4-5 所示。

```python
def chicken():
    for x in range(0, 21):
        for y in range(0, 34):
            for z in range(0, 301, 3):
                if x + y + z == 100 and 5 * x + 3 * y + z // 3 == 100:
                    print('x = %d, y = %d, z = %d.' % (x, y, z))
```

图 4-5　枚举法求解百钱买百鸡问题

思考：计算机实现三重循环在数据规模小的时候所花费的时间并不多，但当问题规模扩展变大，如"万钱买万鸡""百万钱买百万鸡"时，降低循环次数意味着算法的效率将成倍提高。是否可以将上述三重循环算法改进为二重循环算法？

案例 4-4　四皇后问题

问题描述：八皇后问题最早是由国际象棋棋手马克斯·贝瑟尔（Max Bezzel）于 1848 年提出的。第一个解在 1850 年由弗朗兹·诺克（Franz Nauck）给出，并将其推广为更一般的 n 皇后摆放问题。诺克也是最先将问题推广为更一般的 n 皇后摆放问题的人之一。在此之后，陆续有数学家对该问题进行研究，其中包括高斯和康托。1874 年，S.冈德尔提出了一个通过行列式来求解的方法[2]，这个方法后来又被格莱舍加以改进。1972 年，艾兹格·迪杰斯特拉以这个问题为例，来说明他所谓的结构化编程的能力[3]。他在他的书中对深度优先搜索回溯算法有着非常详尽的描述。八皇后问题在 20 世纪 90 年代初期的著名电子游戏《第七访客》和 NDS 平台的著名电子游戏《雷顿教授与不可思议的小镇》中都有出现。

本书对八皇后问题进行了简化，只讨论四皇后问题：如何能够在 4×4 的国际象棋棋盘上放置四个皇后，使任何一个皇后都无法直接吃掉其他的皇后？为了达到此目的，任意两个皇后都不能处于同一条横行、纵行或斜线上。

问题分析：四个皇后在 16 个方格棋盘上的放置方法有 $C_{16}^{4} = 1820$ 种。根据枚举法的思想，只需要把这 1820 种放置方法一一列举，并做冲突（是否有两个及以上皇后在同一条横行、纵行或斜线上）检测即可。

问题求解：对于案例 4-4，首先需要思考的问题是问题的解该怎样描述？将四个皇后的坐标存储成一个四维向量的形式 $<x_1, x_2, x_3, x_4>$，x_i 代表第 i 个皇后被放置在第 i 行的第 x_i 列。因为根据题意，四行棋盘上必定每一行有且仅有一个皇后，才能避免行冲突。

在对整个棋盘进行暴力搜索/枚举时，应有一定的顺序，不能盲目随机放置。在此，使用回溯思想：逐行放置皇后。起初，第 1 行的皇后摆放在第 1 列，即 $x_1 = 1$；放置第 i（$i = 2,3,$

4)行皇后时,从第 1 列开始,逐列判断是否与前 $i-1$ 行皇后攻击,直到找到一个不攻击的摆放位置,然后继续对 $i+1$ 行皇后进行摆放;若第 i 行皇后无法摆放(即四个位置均发生冲突),则断定前面的放置方案出现错误,因此,拿掉第 i 个皇后,回溯到 $i-1$ 行,重新为第 $i-1$ 个皇后寻找另一个不冲突的位置。这样的搜索方式可以保证不遗漏任何一个可能的方案,是穷举法的体现。

描述成 Python 语言如图 4-6 所示。

```
def Four_Queen():
    for x1 in range(1, 5):
        for x2 in range(1, 5):
            if abs(x2–x1) <= 1:
                continue
            else:
                for x3 in range(1, 5):
                    if abs(x3–x2) <= 1 or abs(x3–x1) == 2 or x3 == x1:
                        continue
                    else:
                        for x4 in range(1, 5):
                            if abs(x4–x3) <= 1 or abs(x4–x2) == 2 or x4 == x2 or abs(x4–x1) == 3 or x4 == x1:
                                continue
```

图 4-6　Python 求解四皇后问题

案例 4-5　迷宫问题

迷宫是一种古老的游戏。当游戏中的人无法看到迷宫全貌时,所采取的方法往往是有条理地把每个方向的路都走一遍,遇到障碍物无法继续走下去时,则返回上一个分叉路口,继续尝试下一条路径。如图 4-7 所示的矩阵中,2 表示障碍物,0 表示畅通,假设选择路的逻辑是上—下—左—右,将如何走出迷宫呢?

```
{2, 2, 2, 2, 2, 2, 2},
{2, 0, 0, 0, 0, 0, 2},
{2, 0, 2, 0, 2, 0, 2},
{2, 0, 0, 2, 0, 2, 2},
{2, 2, 0, 2, 0, 2, 2},
{2, 0, 0, 0, 0, 0, 2},
{2, 2, 2, 2, 2, 2, 2}
```

图 4-7　一个二维迷宫

思考:请尝试用自然语言描述算法并给出路径结果。

4.2.2　递归思想

《盗梦空间》是一部关于现实与梦境交织的电影。电影讲述的是主人公进入另一个人的梦境植入想法的故事。影片进入四层梦境,从现实进入第一层梦,从第一层梦进入第二层,直到第四层。之后再从第四层梦境返回第三层,从第三层返回第二层,是一个典型的递归过程。递归(recursive)就是直接或间接调用自身的过程。它的另一种定义是,用自己的简单情况定义自己。

当使用递归思想求解一个问题时,在每层递归中应使用如下三个步骤。

(1) 将问题划分成一个或多个规模更小的子问题,这个步骤中需要保证子问题的形式与原问题一样,只是规模更小。

(2) 递归地求解出子问题。如果子问题的规模足够小,则停止递归,直接求解。

(3) 将子问题的解组合成原始问题的解。

递归思想必须有计算终止的时刻,即问题规模足够小的时候停止递归,否则,大规模问题用较小规模问题定义,较小规模问题用更小规模的问题定义,如此下去,计算不会终止,算法形成死循环,违反了算法有穷性的特征。

案例 4-6　最大公约数问题

问题描述:辗转相除法是古希腊数学家欧几里得在公元前 3 世纪,为了求两个正整数的最大公约数(greatest common divisor,GCD)而设计的算法,所以该算法又称"欧几里得算法"。该算法基于如下原理:两个正整数的最大公约数等于其中较小的数与两个数之差的最大公约数。基于该原理,可以将求两个正整数的最大公约数问题,转换成求这两个数中较小的数和两数相除的余数的最大公约数,如此反复,直至其中一个变成 0。这时,剩下的还没有成 0 的整数就是原来两个正整数的最大公约数。辗转相除法是数论里面的重要算法,为之后计算机科学和抽象代数的发展奠定了一定的基础。

问题分析:将上述文字写成一个数学公式为

$$\gcd(m,n) = \begin{cases} m, & \text{if } n = 0 \\ \gcd(n, m \bmod n), & \text{else} \end{cases}$$

以上公式将求 m 与 n 的最大公约数问题转换为两个更小的数的最大公约数问题。当问题规模足够小,即 n 的值为 0 时,求解该问题不再需要使用递归,直接返回 m,即为求得的两个数的最大公约数。

问题求解:用流程图对欧几里得算法进行描述,如图 4-8 所示。

描述为伪代码为:

```
INPUT: 正整数 m、n
OUTPUT: m 与 n 的最大公约数
Greatest-Common-Divisor(m, n)
1. REPEAT
2.     r←m mod n
3.     m←n
4.     n←r
5. UNTIL r = 0
6. RETURN m
```

本书中给出两段 Python 代码,均可用于求解最大公约数问题。思考两者之间的区别与共性。

解法 1 如图 4-9 所示。

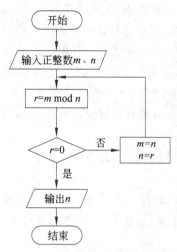

图 4-8　欧几里得算法的流程图表示

```
def gcd(m, n):
    if n == 0 :
        return m
    else :
        return gcd(n, m % n)
if __name__ == '__main__':
    m = int(input())
    n = int(input())
    print(gcd(m, n))
```

图 4-9　Python 求解最大公约数问题解法 1

解法 2 如图 4-10 所示。

```
def gcd(m, n):
    r = m % n
    while r != 0:
        m = n
        n = r
        r = m % n
    return n
if __name__ == '__main__':
    m = int(input())
    n = int(input())
    print(gcd(m, n))
```

图 4-10　Python 求解最大公约数问题解法 2

案例 4-7　斐波那契问题

问题描述：1202 年，意大利数学家斐波纳契出版了他的《算盘全书》。他在书中提出了一个关于兔子繁殖的问题：如果一对兔子每月能生一对小兔（一雄一雌），而每对小兔在它们出生后的第三个月，又能生一对小兔，假定在不发生死亡的情况下，由一对出生的小兔开始，50 个月后会有多少对兔子？

问题分析：第一个月只有一对兔子，第二个月仍只有一对兔子，第三个月兔子对数为第二个月兔子对数加第一月兔子新生的对数。同理，第 i 个月兔子对数为第 $i-1$ 月兔子对数加第 $i-2$ 月兔子新生的对数。即从第一个月开始计算，每月兔子对数依次为：1,1,2,3,5,8,13,21,34,55,89,144,233,…。这就是著名的斐波那契数列（Fibonacci sequence）。将该数列描述成递推方程为

$$\mathrm{Fib}(n)=\begin{cases}n, & n<2\\ \mathrm{Fib}(n-1)+\mathrm{Fib}(n-2), & n\geqslant 2\end{cases}$$

其中, n 为非负整数。

问题求解：这是一个典型的直接调用自身的递推方程。要求解该问题,可以用以下算法。

```
输入：正整数 n
输出：Fibonacci 数列的第 n 项
Fib(n)
1 IF n<2
2    THEN RETURN n
3 RETURN Fib(n-1) + Fib(n-2)        //self call
```

该算法的执行过程分为递推过程和回溯过程。以求 Fib(5)为例,计算 Fib(5)需要调用 Fib(4)和 Fib(3),而计算 Fib(4)和 Fib(3)又需要调用到更小规模的子问题。直到问题规模到达 Fib(1)和 Fib(0),递归终止,根据 IF 条件直接对其进行计算。

回溯阶段则是从小规模问题一步一步回到原始问题 Fib(5),并将计算结果返回。

斐波那契数列递推阶段和回溯阶段如图 4-11 所示。

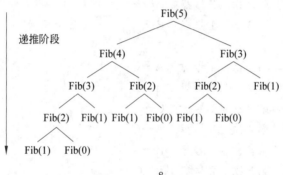

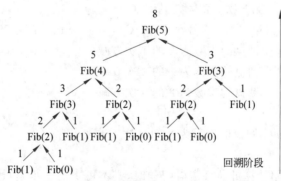

图 4-11　斐波那契数列递推阶段和回溯阶段

案例 4-8　汉诺塔问题

问题描述：汉诺塔(又称河内塔,Hanoi)问题源于印度一个古老传说,有三根金刚石柱子,在一根柱子上从下往上按照大小顺序摞着 64 片黄金圆盘,把圆盘从下面开始按大小顺序重新摆放在另一根柱子上。并且规定,在小圆盘上不能放大圆盘,在三根柱子之间一次只能移动一个圆盘。

将汉诺塔问题抽象为数学语言描述为：如图 4-12 所示，从左到右有 A、B、C 三根柱子，其中 A 柱子上面有从小叠到大的 n 个圆盘，现要求将 A 柱子上的圆盘移到 C 柱子上去，一次只能移动一个盘子且大盘子不能在小盘子上面，求移动的步骤和移动的次数。

汉诺塔问题如图 4-12 所示。

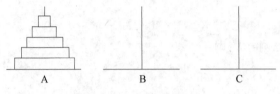

图 4-12　汉诺塔问题

问题分析：用 n 表示圆盘次数，将圆盘从 A 移动到 C 的步骤可以描述为下面的过程。

(1) $n == 1$

第 1 次　1 号盘　A→C　　　sum = 1 次

(2) $n == 2$

第 1 次　1 号盘　A→B

第 2 次　2 号盘　A→C

第 3 次　1 号盘　B→C　　　sum = 3 次

(3) $n == 3$

第 1 次　1 号盘　A→C

第 2 次　2 号盘　A→B

第 3 次　1 号盘　C→B

第 4 次　3 号盘　A→C

第 5 次　1 号盘　B→A

第 6 次　2 号盘　B→C

第 7 次　1 号盘　A→C　　　sum = 7 次

不难发现规律：1 个圆盘的次数为 2 的 1 次方减 1

2 个圆盘的次数为 2 的 2 次方减 1

3 个圆盘的次数为 2 的 3 次方减 1

……

n 个圆盘的次数为 2 的 n 次方减 1

得出移动次数为：$2^n - 1$

问题求解：在利用计算机求汉诺塔问题时，必不可少的一步是对整个求解进行算法分析。到目前为止，求解汉诺塔问题最简单的算法还是通过递归来求，就是自己是一个方法或是函数，但是在自己这个函数里有调用自己这个函数的语句，这里必须有一个结束点，或者具体地说是在调用到某一次后函数能返回一个确定的值，接着倒数第二个就能返回一个确定的值，一直到第一次调用的这个函数能返回一个确定的值。

实现这个算法可以简单分为三个步骤。

(1) 把 $n-1$ 个盘子由 A 移到 B。

(2) 把第 n 个盘子由 A 移到 C。

（3）把 $n-1$ 个盘子由 B 移到 C。

从这里入手，再加上上面数学问题解法的分析可知，移到的步数必定为奇数步。

（1）中间的一步是把最大的一个盘子由 A 移到 C 上去。

（2）中间一步之上可以看成把 A 上 $n-1$ 个盘子通过借助辅助塔（C 塔）移到了 B 上。

（3）中间一步之下可以看成把 B 上 $n-1$ 个盘子通过借助辅助塔（A 塔）移到了 C 上。

这样就将求 $f(n)$ 的问题变为了求 $f(n-1)$ 的问题。由此可以得汉诺塔问题的递归公式

$$f(n)=\begin{cases}1, & n=1 \\ 2f(n-1)+1, & n>1\end{cases}$$

案例 4-9　二分查找

问题描述：在一个已经排好序的长度为 n 的列表 $T[0...n-1]$ 中查找 x，如果 x 在 T 中，则输出 x 在 T 中的索引；如果 x 不在 T 中，输出 None，用来代表未找到。

问题分析：在一个长度为 n 的有序列表中寻找 x，二分查找的思想是首先拿 x 与该序列中点位置的元素进行比较，如果刚好中点元素等于 x，算法停止；否则，根据中点元素与 x 的大小关系决定要丢弃列表的前半部分还是后半部分。之后，问题变成了在一个规模减半的数组中查找 x 的子问题，其性质与初始问题完全相同。

接下来需要考虑的问题是当问题达到怎样的规模时停止递归直接计算。事情很明显，当列表中的元素个数为 0 时不再需要与任何元素比较。

问题求解：使用 Python 实现二分查找代码如图 4-12 所示。可以尝试用流程图及伪代码描述算法，也可以思考调用下面 Python 函数的递归过程。

Python 实现二分查找代码如图 4-13 所示。

```
def BSearch(L, key, left , right):
    if left > right:
        return None
    mid = (left + right) // 2
    if key == L [mid]:
        return mid
    elif key > L [mid]:
        return BSearch(L, key, mid + 1, right)
    else:
        return BSearch(L, key, left, mid - 1)
```

图 4-13　Python 实现二分查找代码

通过上面几个例子的分析可知：假若一个问题的求解方案可以被表示成一个递推方程，那么可以选择递归思想对问题进行求解。递推方程往往还用于对算法效率量化的推演，即 4.3 节中将介绍到的时间复杂度和空间复杂度。

4.2.3 贪心思想

贪心算法(greedy algorithm),又称贪婪算法,是用来求解最优化问题的一种方法。简单来说,求解最优化问题的过程就是做一系列决定从而实现最优值的过程。最优解就是实现最优值的决定。贪心算法考虑局部最优,每次都做当前看起来最优的决定,得到的解不一定是全局最优解。举例而言,例如我们从 A 处到 B 处,要经过许多道路,有不同的路径方案可以选择,想求出最快的路径,假如用贪心算法,在 A 结点处选择了局部最短的路,经由这条路到达了结点 C。这时,如果从 C 处出发的所有路径都很长,那么用贪心策略就不能找到一条最快的路径,即不是全局最优解。

案例 4-10　找零钱问题

问题描述:假设有 7 种硬币,它们的面值分别是 1 元、5 角、2 角、1 角、5 分、2 分和 1 分。现在要找给某顾客 3 元 6 角 4 分钱。问怎样找零钱才能使给顾客的硬币个数最少?

问题分析:一般来说,我们会拿出 3 个 1 元硬币、1 个 5 角的硬币、1 个 1 角硬币和 2 个 2 分的硬币交给顾客,共找给顾客 7 枚硬币。

这种找零钱的基本思想是:每次都选择面值不超过需要找给顾客的钱的最大面值的硬币。以上面找零钱问题来说:选出一种面值不超过 3 元 6 角 4 分钱的最大面值硬币(1 元硬币)找给顾客,可以找 3 枚;然后剩下需要找的钱数为 6 角 4 分,选出一个面值不超过 6 角 4 分的最大面值硬币(即 5 角硬币)找给顾客,可以找 1 枚;然后还要找 1 角 4 分,选出一个面值不超过 1 角 4 分的一个最大面值硬币(1 角)找给顾客,可以找 1 枚;然后还要找 4 分,选出一个面值不超过 4 分的最大面值硬币(2 分硬币)找给顾客,可以找 2 枚。此时已经没有剩余的钱数需要找,算法到这里结束。需要注意的是,在找零钱问题中需要有一枚 1 分/1 角/1 元硬币来保证任意钱数都可以刚好找钱成功。

问题求解:用 Python 实现找零钱问题的贪心算法,代码如图 4-14 所示。

通过找出所有 3 元 6 角 4 分钱的硬币组合可以知道,上面贪心算法得到的解是最优解。

对于一些问题,贪心算法能够得到最优解。但是大多数情况下,贪心算法不能得到最优解。假如,将上述找零钱问题的硬币面值改为 2 角 5 分、2 角、5 分和 1 分。如果要找给顾客 4 角,利用上述贪心算法会找给顾客 1 枚 2 角 5 分,3 枚 5 分,共 4 枚硬币。可是如果找给顾客 2 枚 2 角,只要 2 枚硬币就可以了。

贪心算法虽然不能保证得到最优解,但它是一种高效的方法。在某些情况下,即使贪心算法不能得到整体最优解,其最终结果也不会太差,甚至非常近似于最优解。在计算机科学中,有时候可能找不到问题的最佳解决方法,这时可以尝试用贪心算法来求解。虽然可能不是最优解,但也是很有意义的。

案例 4-11　活动安排问题

问题描述:有 n 项活动申请使用同一个大学礼堂,每项活动均有一个开始时间和一个截止时间。如果任意两个活动不能同时举行,问如何选择这些活动,从而使被安排的活动数量达到最多?

问题分析:对于这个问题可以建模如下:设 $S = \{1, 2, \cdots, n\}$ 为活动的集合,s_i 和 f_i 分别为活动 i 的开始时间和结束时间,定义:活动 i 与 j 相容 $\Leftrightarrow s_i \geq f_j$ 或 $s_j \geq f_i$,求 S 的最大的两两相容活动子集 A。

```
def change():
    T_str = input('要找给顾客的零钱, 单位: 分: ')
    T = int(T_str)
    greedy(T)
    for i in range(len(v)):
        print('要找给顾客'+str(v[i])+'分的硬币: '+str(n[i]))
    s = 0
    for i in n:
        s = s + i
    print('找给顾客的硬币数最少为: %d' % s)
def greedy(T):
    for i in range(7):
        n[i] = T // v[i]
        T = T % v[i]
v= [100, 50, 20, 10, 5, 2, 1]
n= [0, 0, 0, 0, 0, 0, 0]
if(__name__ == "__main__"):
    change()
```

图 4-14　Python 实现找零钱问题

可以采用贪心的思想来解决这个问题：把活动按照截止时间从小到大进行排序，然后从前往后开始选择，只要满足相容条件，则加入 A 集合，否则，跳过继续看下一项活动。

思考：上述策略可以被证明能够得到最优解，可以思考如何证明这一命题。

案例 4-12　电缆铺设问题

假设要在 n 个城市之间铺设光缆，铺设光缆费用很高，且各个城市之间铺设光缆的费用不同，问如何铺设，使 n 个城市的任意两个之间都可以通信，且铺设光缆的总费用最低？

电缆铺设问题示例及最优解如图 4-15 所示。

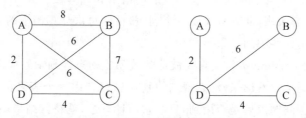

图 4-15　电缆铺设问题示例及最优解

这是一个经典的图论问题。图是计算机领域一种非常常见的模型。首先，引入几个图论的概念。

（1）连通图：在无向图（边没有方向的图）中，若任意两个顶点 v_i 与 v_j 都有路径相通，则称该无向图为连通图。

（2）生成树：一个连通图的生成树是指一个连通子图，它含有图中全部 n 个顶点，但只有足以构成一棵树的 $n-1$ 条边。一颗有 n 个顶点的生成树有且仅有 $n-1$ 条边，如果生成树中再添加一条边，则必定成环。

（3）最小生成树：在连通网的所有生成树中，所有边的代价和最小的生成树，称为最小生成树。

道路铺设问题就是一个典型的最小生成树问题。在算法领域中，解决最小生成树的常见算法有普里姆算法（Prim's algorithm）和克鲁斯卡尔算法（Kruskal's algorithm），均是利用了贪心策略对问题进行了解决。Kruskal 算法用通俗的话来讲就是：贪心选择权值最小的边，若与之前加入的边构成回路，则放弃；否则，加入生成树。

4.2.4　动态规划思想

动态规划（dynamic programming）思想与递归思想类似，其基本思路也是将待求解问题分解成若干个子问题，先求解子问题，然后从这些子问题的解得到原问题的解。与递归法不同的是，适用于动态规划法求解的问题，经分解得到的子问题往往不是互相独立的。若用递归法解这类问题，分解得到的子问题由于相互之间的依赖关系，相同的子问题常常需要重复计算很多次，以至于最后解决原问题需要耗费指数时间。然而，不同子问题的数目常常只有多项式量级。如果能够保存已解决的子问题的答案，而在需要时再找出已求得的答案，就可以避免大量的重复计算，从而得到多项式时间算法（polynomial-time algorithm）。

为了深入理解"子问题被重复计算很多次"这一特性，本节将再次引入 4.2.2 小节中提到的斐波那契问题。

案例 4-13　再谈斐波那契问题

问题分析：在 4.2.2 小节中，为了阐明递归函数的调用逻辑，采用图示的办法对 Fib(5) 的求解过程进行刻画。从图 4-10 中可以看出，为了计算 Fib(5)，算法总共计算了 1 次 Fib(4)、2 次 Fib(3)、3 次 Fib(2)、5 次 Fib(1)、3 次 Fib(0)。大量的重复计算会使算法在计算更大的 n 所对应的数列项的值时，耗费的时间指数级增长，为此，我们可以使用"自底向上"的思想解决这一问题，即动态规划思想。先计算 Fib(0) 和 Fib(1)，再根据 Fib(0) 和 Fib(1) 的值求和计算出 Fib(2)，再根据 Fib(1) 和 Fib(2) 的值求和计算出 Fib(3)，以此类推。在求解过程中，需要一个备忘录表（此处只需要一个列表）存储每次计算出来的结果，以便在计算更大规模的问题时使用这些中间结果。

问题求解：使用 Python 语言实现斐波那契数列的动态规划求解代码，如图 4-16 所示。

通过上面的代码可以看出来，动态规划的基本思想是用一个表来记录所有已解决的子问题答案。不管该子问题以后是否用到，只要它被计算过，就将其结果填入表中。具体的动态规划算法是多种多样的，对子问题之间依赖关系的分析是利用动态规划思想设计算法的难点。

扩展问题求解：上述问题可以对代码进行优化，去除列表 a 的定义和更新，取而代之的是只用两个变量来存储子问题的解。也就是说，此处构造出来的备忘录表格里只存储两个值，它们在代码执行过程中不断更新。优化求解的 Python 实现如图 4-17 所示。

```
a = list()
def dp_fib(n):
    a.append(0)
    a.append(1)
    for i in range(2,n+1):
        a.append(a[i - 1] + a[i - 2])
    return a[n]

dp_fib(7)
```

图 4-16　动态规划求解斐波那契数列第 n 项

```
def dp_fib(n):
    a_0, a_1 = 0, 1
    for i in range(2,n+1):
        a = a_0 + a_1
        a_0 = a_1
        a_1 = a
    return a

dp_fib(7)
```

图 4-17　动态规划求解斐波那契数列第 n 项

思考：上述代码对一维数组进行了优化，为什么可以做这样的优化？

动态规划思想往往适用于解最优化（求最大或最小）问题。通常可以按以下步骤设计动态规划算法。

（1）找出解的性质，并刻画其结构特征。

（2）递归地定义最优值。

（3）以自底向上的方式计算出最优值。

下面再引入一个例子，进一步解释动态规划思想的本质。

案例 4-14　单源最短路径问题

问题描述：给定一个由结点和有向边组成的图（图 4-18），图中所有边都有权重，且该图中不存在回路。有一个结点非常特殊，所有与之相连的边都是从它出发指向其余结点，称为源结点。现已知图的结构、每个结点的编号、每条边的权重。计算从源结点到达其他各个结点的最短路径。

问题分析：将图 4-18 所描述的有向无环图进行压缩，使所有的结点处于一条轴上，并保证在压缩后所有的有向边必须是前向边。也就是说，压缩后只能从前面到达后面的结点，无法从后面回到前面的结点。图 4-19 给出了一种压缩形式。

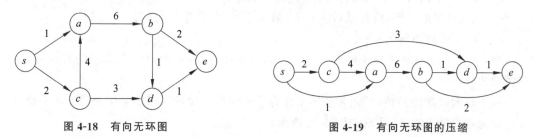

图 4-18　有向无环图　　　　　　　图 4-19　有向无环图的压缩

经过压缩后，由于图中只存在前向边，后面的结点一定不会出现在前面的结点的最短路径中，因此，设定问题的计算顺序为：先计算 s 到 c，接着计算 s 到 a，……，最后计算 s 到 e。

以 s 到 d 为例，用 $\mathrm{dist}(s,d)$ 表示最终求得的 s 到 d 的最短路径值。

由于到达 d 的方式只有经过 c 和经过 b 两个选择，因此，只需要比较这两种可能性并做出决策：$\mathrm{dist}(s,d)=\min\{\mathrm{dist}(s,b)+1,\mathrm{dist}(s,c)+3\}$。其中，$\mathrm{dist}(s,b)$ 和 $\mathrm{dist}(s,c)$ 都是 $\mathrm{dist}(s,d)$ 所依赖的子问题，它们在图 4-19 中排在 d 的前面，会被先计算并存放在备忘录表

里,因此,计算 dist(s,d)只需访问表中的两个位置并做两次加法和一次比较。

类似地,到达其余各结点的最短路径 dist,也可以用类似方程表示并计算出来。

由于图的存储需要较为复杂的代码来实现,此处不再给出单源最短路径的具体代码实现。但仍能从这个例子中看出,动态规划思想在子问题之间的依赖关系、子问题的计算顺序等方面的巧妙设计逻辑。

4.2.5　典型实际问题及其他算法思想

除算法思想/方法之外,学习算法也需要对该领域中常常被拿来讨论的实际问题有所涉猎。本节将详细介绍排序问题和背包问题及其研究进展以供读者学习。

1. 排序问题

在计算机科学与数学中,排序算法(sorting algorithm)是一种能将一组资料依照特定排序方式进行排列的算法。最常用的排序方式是数值顺序和字典顺序。排序算法在很多算法(如上文提到的二分检索、找零钱问题等)中是重要的前置处理,极大有助于后续计算和求解。排序算法也用在处理文字资料方面,并产生可读的输出结果。基本上,排序算法的输出必须遵守以下两个原则。

(1)输出结果为递增序列(递增是针对所需的排序顺序而言的)。

(2)输出结果是原输入的一种排列或重组。

排序算法虽然是一个相对简单的问题,但是自计算机科学兴起以来,关于此问题已经有大量的研究,例如,冒泡排序早在 1956 年就已经有研究,而仍在不断地发明有用的新算法。

冒泡排序(bubble sort)又称泡式排序,是一种简单的排序算法。它重复地走访要排序的数列,一次比较两个元素,如果它们的顺序错误就把它们交换过来。走访数列的工作重复地进行直到不再需要交换,则说明该数列完成排序。这个算法的名字的由来是因为小的元素会经由交换慢慢"浮"到数列的顶端。

冒泡排序对 n 个项目需要 $O(n^2)$ 的比较次数。算法的运作如下。

(1)总共有 $n-1$ 对相邻元素,对所有相邻元素依次作同样的工作:比较元素 i 和元素 $i+1$,如果前一个比后一个大,就交换两个元素的顺序。

(2)第(1)步做完后,放在最后的元素(第 n 个元素)会是最大的数。

(3)将 n 的值更新为 $n-1$。

(4)持续每次对越来越少的元素重复上面的步骤,直到 n 的值变为 1,没有任何一对数字需要比较。

由于冒泡排序的简洁,它通常被用来作为示例向程序设计入门的学生介绍算法的概念。

冒泡排序的 Python 实现如图 4-20 所示。

选择排序(selection sort)是一种简单直观的排序算法。它首先在未排序序列中找到最小(大)元素,存放到排序序列的起始位置;然后,再从剩余未排序元素中继续寻找最小(大)元素,放到已排序序列的末尾。以此类推,直到所有元素均排序完毕。

选择排序的主要优点与数据移动有关。如果某个元素位于正确的最终位置上,则它不会被移动。选择排序每次交换一对元素,它们当中至少有一个将被移到其最终位置上,因此对 n 个元素的表进行排序总共进行最多 $n-1$ 次交换。在所有的完全依靠交换去移动元素的排序方法中,选择排序属于非常好的一种。

```
def bubble_sorted(new_list):
    list_len = len(new_list)
    for i in range(list_len):
        for j in range(list_len - i - 1):
            if new_list[j] > new_list[j + 1]:
                new_list[j], new_list[j + 1] = new_list[j +
1], new_list[j]
    return new_list
```

图 4-20　冒泡排序的 Python 实现

选择排序的 Python 实现如图 4-21 所示。

```
def selectsort(A):
    for j in range(0,len(A)-1):
        min = j
        for i in range(j+1,len(A)):
            if A[min] > A[i]:
                min = i
        A[j], A[min] = A[min], A[j]
        print(A)
    return A
```

图 4-21　选择排序的 Python 实现

2. 搜索引擎问题

搜索引擎(search engine)是现代计算机系统中非常重要的一个功能,在使用计算机时经常使用。它是一种信息检索系统,旨在协助搜索存储在计算机系统中的信息。搜索结果一般称为 hits,通常以表单的形式列出。常见的应用场景诸如桌面搜索引擎、全文检索、文献检索、企业搜索等。随着计算机领域科技发展的日益更迭,搜索引擎变得更为多元,如网络搜索引擎、音频搜索引擎、视频搜索引擎、元搜索引擎(metasearch engine)等。其中,网络搜索引擎是最常见、公开的一种搜索引擎,其功能为搜索万维网(Web)上储存的信息。

搜索引擎这一实际问题的解决方案是基于非常多种复杂算法叠加而来的,例如,最简单但不可或缺的排序算法、为了快速检索而设计的倒排索引算法。同时,由于数据增长及现实场景的动态化,算法也需经常进行优化。

PageRank,又称网页排名、谷歌左侧排名,是谷歌公司所使用的对其搜索引擎搜索结果中的网页进行排名的一种算法。该算法本质上是一种以网页之间的超链接个数和网页本身的质量作为主要因素,粗略地分析网页的重要性的算法。其基本假设是:更重要的页面往往更多地被其他页面引用(或称其他页面中会更多地加入通向该页面的超链接)。谷歌把从 A 页面到 B 页面的链接解释为"A 页面给 B 页面投票",并根据投票来源(甚至来源的来源,即链接到 A 页面的页面)和投票对象的等级来决定被投票页面的等级。简单地说,一个高等级的页面可以提升其他低等级的页面。该算法以谷歌公司创始人之一的拉里·佩奇(Larry Page)的姓来命名。谷歌用它来分析网页的相关性和重要性,在搜索引擎优化中经常被用作评估网页优化的成效因素之一。

PageRank 的核心是根据网页之间的引用关系生成集合,并用上述提到的方法对每个集合元素赋权值。至于权值的衡量细节,其中则用到了一些非常重要的图论算法。图 4-22 中给出了 PageRank 算法的运行实例。只对 11 个网页构成的封闭集合进行 PR 衡量,图中的有向边代表引用关系(即超链接),百分比代表每个网页的 PR 值。如果读者对权值的计算细节感兴趣,可以查阅网站 https://commons.wikimedia.org/wiki/File:PageRanks-Example.svg。

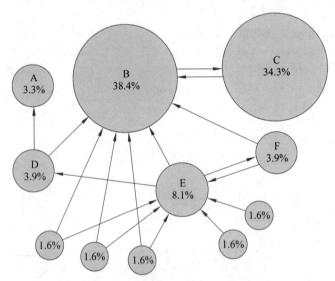

图 4-22　PageRank 算法的运行实例

3. 背包问题

背包问题(knapsack problem)是一种组合优化问题。问题可以描述为:给定一组物品,每种物品都有自己的重量和价格,在限定的总重量内,如何选择才能使物品的总价格最高。

背包问题的名称来源于如何选择最合适的物品放置于给定背包中,背包的空间有限,但需要最大化背包内所装物品的价值。背包问题通常出现在资源分配中,决策者必须分别从一组不可分割的项目或任务中进行选择,而这些项目又有时间或预算的限制。背包问题历史悠久,可以追溯到 1897 年。"背包问题"一词最早出现在数学家托拜厄斯·丹齐格的早期研究中,他研究的问题是如何打包行李,要求最大化所选行李的价值且不能超载。

背包问题出现在现实世界很多领域的决策过程中,诸如寻找节约原料的生产方式、选择投资项目及投资组合、选择证券化的资产以及为拉尔夫·查尔斯·默克尔和其他背包密码系统生成密钥。

背包问题的一个早期应用是测验编制与测验赋分,受测试者可以选择他们所需回答的问题。举个例子,受测者需要回答 12 道题,每道题 10 分,这时受测者只需要答对 10 道题就能得到满分 100 分。但是假如每道题的赋分不同,问题的选择工作将会变得比较困难。对此,费尔曼和魏斯构建了一个系统,该系统分发给学生一张总分为 125 分且每道题赋分不等的考卷,学生尽力回答所有的问题。利用背包算法,可以算出每个学生可能获得的最高分数。

1999 年石溪大学算法库的一项研究表明,在 75 个算法问题中,背包问题在最受欢迎的问题中排名第 19,在最常用的问题中排名第 3,仅次于后缀树和集装优化问题。而这一经典问题的其中一个解决算法就利用了 4.2.4 节中提到的动态规划思想。

本书从初学者及非专业领域学者的角度出发,没有将算法领域中研究的全部思想做详细阐述。事实上,解决实际问题的方法除了前面介绍的四种思想外,还有许许多多,例如,为了减少搜索空间而设计的分支限界思想、运筹学中通用的线性规划思想、网络领域常用的网络流、费用流思想、数论算法,以及面对诸多难解实际问题时采用的概率算法和随机算法。介绍这些算法的相关书籍浩如烟海,本书的主要目的是希望读者了解计算思维和算法思维的大致样貌。

◆ 4.3 算法的评价与分析

至此,对问题的建模和算法的设计已经给出了详细的介绍,这时,我们会面临新的问题:面对同一个问题可能会有多种不同的算法被设计出来,应该如何在其中做出选择?事实上,算法科研者就这个问题的探讨已经非常成熟,并为此设计出一套完备的评价体系。本节将针对"如何选择一个好的算法"这一问题进行阐述。

4.3.1 算法的评价标准

1. 正确性

一个正确的算法是对每一个输入数据产生对应的正确结果并且停止。也就是说一个正确的算法能够解决给定的计算问题。而错误的算法对于某些输入数据要么不会停止,要么在停止时给出的不是预期的正确结果。错误的算法就一定没有用吗?答案是不一定。正确性和效率有时是此消彼长的,如果一个错误算法的错误率和错误程度可以控制在一定范围内,而它的效率比保证正确的算法高很多,那么它也可以是有用的。例如,启发式算法(heuristic algorithms)和近似算法(approximation algorithms)常用于求解 NPC 问题,它们往往不能计算出最优结果,但其计算时间通常远快于可计算出最优结果的算法。

在很多应用领域中,算法的正确性是至关重要的。因算法或程序的错误而造成重大损失,甚至灾难的例子并不鲜见。例如,20 世纪 60 年代初,由于飞行控制计算机程序中的一个错误,发射到金星的美国太空船水手号不幸失事,损失重大。

设计出算法后,证明该算法对所有可能的合法输入都能计算出正确结果的工作过程称为算法确认(algorithm confirmation)。算法确认与描述实现这一算法的手段无关,例如,可以用不同计算机语言来实现同一算法。用算法语言描述构成的程序在计算机上运行,也可以证明该程序是正确的,这一工作称为程序证明(software verification)。

算法确认和程序证明的研究难度非常大,最主要的途径是采用形式化逻辑的方法。其中格里斯(D. Gries)于 1980 年综合了以谓词演算为基础的证明系统,称为"程序设计科学",

首次把程序设计从经验和技术升华为科学。中国数学家吴文俊继承和发展了中国古代数学传统的算法化思想，研究几何定理的机器证明，彻底改变了这个领域的面貌，他是国际自动推理界的先驱之一。

Spark 语言是程序证明领域的主要研究成果之一。它已经被应用到包括美国国土安全部和洛克希勒·马丁公司等在内的多个软件开发项目中。应该指出的是，本领域还没有太多可以广泛应用的研究成果。也就是说，从理论角度证明算法和程序的正确性在大部分软件系统中是现阶段难以实现的。在这种情况下，往往采用测试的方法验证软件系统的正确性。虽然不能保证 100% 的正确性，但科学高效的测试对于软件正确性的提升裨益良多。

还有一类较为特殊的正确性证明，它伴随在贪心策略被选择的同时，在算法领域中，通常将其称为贪心法的正确性证明。这是因为，贪心策略解决某个/某类问题所得到的结果，是最优解还是近似解这一问题的答案是不确定的。例如，在上文提到的找零钱案例中，用数学手段证明得到的解是最优解，然而当钱币面值被更换，同样的贪心策略就不一定能得到最优解了。

2. 效率

算法的效率好坏通常用复杂性这个名词来衡量。算法复杂性的高低体现在运行该算法所需要的计算机资源的多少上，所需要的资源越多，该算法的复杂性越高；反之，所需要的资源越少，该算法的复杂性越低。

对于计算机而言，最重要的资源是时间和空间（即存储器）资源。因此，算法的复杂性分为时间复杂性与空间复杂性。显然，对于任意给定的问题，设计出复杂性尽可能低的算法，是在设计算法时追求的重要目标。当给定的问题已有多种正确算法时，选择其中复杂性最低者，是在选用算法时遵循的重要准则。因此，算法的复杂性分析对算法的设计或选用有重要的指导意义和实用价值。更确切地说，算法的复杂性是算法运行所需要的计算机资源的量，需要时间资源的量称为时间复杂性，需要的空间资源的量称为空间复杂性。

3. 时间复杂度与空间复杂度

如果一个问题的规模可以用自然数 n 来表示，解这一问题的某一算法所需要的时间为 $T(n)$，它是关于 n 的某个函数，那么，$T(n)$ 称为这一算法的时间复杂度，常用大 O 表示法表示算法的时间复杂度。更确切地说，它是用另一个函数来描述一个函数数量级的渐近上界。在数学中，它一般用来刻画被截断的无穷级数尤其是渐近级数的剩余项；在计算机科学中，它在分析算法复杂性的方面非常有用。

大 O 符号是由德国数论学家保罗·巴赫曼在其 1892 年的著作《解析数论》（*Analytische Zahlentheorie*）中最先引入的。而这个记号则是在另一位德国数论学家艾德蒙·朗道的著作中才推广的，因此它有时又称朗道符号（Landau symbols）。代表"order of ..."（……阶）的大 O，最初是一个大写希腊字母 O（omicron），现今用的是大写拉丁字母 O。

现在，以一个实际例子来看大 O 表示法是如何用于估算算法的时间复杂度的。解决一个规模为 n 的问题所花费的时间（或者所需步骤的数目）可以表示为：$T(n) = 4n^2 - 2n + 2$。当 n 增大时，n^2 项将开始占主导地位，而其他各项可以忽略。举例说明：当 $n = 500$ 时，$4n^2$ 项是 $2n$ 项的 1000 倍。因此，在大多数场合下，省略后者对表达式的值的影响是可以忽略不计的。

进一步看，如果与任一其他级的表达式比较，n^2 项的系数也是无关紧要的。例如，一个

包含 n^3 或 n^2 项的表达式，$T(n) = 1\ 000\ 000n^2$，$U(n) = n^3$，一旦 n 增长到大于 $1\ 000\ 000$，后者就会一直超越前者。

这样，针对第一个例子 $T(n) = 4n^2 - 2n + 2$，大 O 符号就记下剩余的部分，写作：
$$T(n) = O(n^2)。$$

并且就说该算法具有 n^2 阶（平方阶）的时间复杂度。

空间复杂度的量度方式与时间复杂度相同，指的是要解决 n 规模的输入时算法所消耗的存储空间与 n 之间的函数关系。空间复杂度的量度方法有很多种，一种常见方法是不对用来容纳输入数据的存储空间进行量度，只对算法实现过程中所需要的额外空间（通常是指存储中间变量的空间）进行衡量。例如，本书中对欧几里得算法的第二种实现，只用了一块存储单位来存储中间值 r，因此其空间复杂度为 $O(1)$。

4.3.2　难解问题初探

一个问题是否存在多项式时间复杂性的求解算法，是人们关心的问题之一。如果一个问题存在多项式时间复杂性的求解算法，那么这一问题就可以借助计算机来实现求解。反之，如果算法所需要的时间是输入量的指数函数，如 $T(n) = 2^n$，那么当 n 很大时，$T(n)$ 就是一个很大的数量，采用计算机是无法在有限的时间内实现求解的，这种问题称为难解问题。由于难解问题众多，对它们的研究也是数学家非常热衷的课题。

1. P 问题

P 问题（P problem）是多项式时间内可解决的问题，它是计算复杂性理论中十分重要的问题。目前，P 问题公认为是用确定性图灵机在多项式时间内能解决的问题，或者说解决某问题的时间复杂性函数为 $O(P(n))$（n 为问题的规模，P 为 n 的某个多项式函数）。

多项式时间算法比指数时间算法要快得多，也难怪人们普遍认为，多项式时间算法是高效率的，指数时间算法是低效率的。于是一个问题能够用多项式算法求解便是容易的、易解的，反之，当它困难到不能用多项式算法求解时，就是难解的。

2. NP 问题

NP 问题（NP-problem）是多项式时间可验证的问题，它是计算复杂性理论中一类重要的问题。

NP 问题虽然不能在确定性图灵机上用多项式时间算法求解，但是可以用一种非确定性算法在多项式时间内解决。所谓非确定性算法可以包括两个阶段的算法：第一阶段为猜测阶段，第二阶段为检验阶段。许多组合、排队和路线优化问题都属于 NP 问题，例如著名的旅行商问题就是 NP 问题。非确定性多项式算法有并行多值和随机猜想两种计算模型。

假如要确定某个整数是否为合数，非确定性图灵机可以猜测某个除数，进行除法运算，若除尽便可证实该数是合数，而非确定性图灵机必须系统地寻找全部除数。检验阶段可以在多项式时间内完成，但从多项式时间可检验性不能推出多项式时间可解性。尽管按照通常的经验，验证一个解要比求出这个解容易，但是一直也没有人能够证明在非确定图灵机上用多项式时间可解的 NP 问题包含 P 问题。相反，不难推出，能用确定性多项式时间算法求解的 P 问题一定能用非确定性多项式时间算法求解。于是，P 是否等于 NP 便成了当今数学界尚未解决的一个重要问题，不过更多的人相信 P 不等于 NP。

1971 年，S. A. Cook 和 L.Levin 相互独立提出：P 和 NP 这两种问题之间，到底谁是与其他历史上有名的数学问题一样,带给人们一个智力大挑战。尤为重要的是,在计算机有关的学术领域中,NP 完全问题层出不穷,因此,P＝NP? 是一个对计算机和其他科学有全面影响力的问题。

如果 P＝NP,那么 NP 问题都将能够计算。学术界该做的事就是千方百计地去找到各种 NP 问题的多项式时间算法。但是,互联网的安全问题就会成为严重的挑战,因为破译互联网的 RSA 加密系统就属于 NP 问题,既然它也存在多项式时间算法,就必须立即放弃这种加密系统,那么又该采用什么样的有效安全措施呢?

如果 P 不等于 NP,那么大量的 NP 问题都将不具有确定性多项式算法。学术界就不该把精力浪费在 P 和 NP 问题的分类上,应赶紧去寻找各种 NP 问题的最优近似算法。而对于互联网和其他需要保密的系统安全问题,可以彻底放心。

一般来说,近似算法所适应的问题是最优化问题,即要求在满足约束条件的前提下,使某个目标函数达到最大或最小。对于一个规模为 n 的问题,近似算法应该满足以下两个基本要求。

(1) 算法的时间复杂性：要求算法能在 n 的多项式时间内完成。

(2) 解的近似程度：算法的近似解应满足一定的精度。

2000 年 5 月,美国马萨诸塞州克雷数学研究所的科学顾问委员会选定了 7 个"千禧年数学难题",该研究所的董事会决定建立 700 万美元的大奖基金,每个"千禧年数学难题"的解决都可获得百万美元的奖励。这 7 个难题分别是：P 问题对 NP 问题、霍奇猜想、庞加莱猜想、黎曼假设、杨-米尔斯存在性和质量缺口、纳维叶-斯托克斯方程的存在性和光滑性、贝赫和斯维讷通-戴尔猜想。其中 NP 完全问题排在百万元美元大奖的首位,足见它的重要地位和无穷魅力。

◆ 4.4 本章小结

本章主要介绍了计算思维的重要体现方式——算法,内容包括算法的描述形式、算法的几种设计思想及算法用于解决实际问题的几个案例。还介绍了算法的评价标准和难解问题的概念,对整体的算法知识体系进行了完整的介绍。

◆ 4.5 习 题

1. 条形码问题。

一个八位条形码是否正确取决于它是否满足以下校验规则：从八位条形码最右的数字开始,轮流用 1 和 3 乘以取出的数字,然后把所有的乘积累加,看结果是否为 10 的倍数。例如,98 764 549 的校验如下。

$9 \times 1 + 4 \times 3 + 5 \times 1 + 4 \times 3 + 6 \times 1 + 7 \times 3 + 8 \times 1 + 9 \times 3 = 100$,100 为 10 的倍数,因此,该条形码是正确的。

设计一个算法,要求输入一个任意八位条形码,输出正确与否的判断结果。尝试使用流程图、伪代码、Python 语言三种方式描述你设计的算法。

2. 百钱买百鸡。

设计一个 Python 程序解决 4.2.1 节中出现的百钱买百鸡问题,且效率高于 4.2.1 节中给出的算法。

3. 合并两个有序序列。

利用递归思想解决如下问题:使用 Python 语言编写 merge(L1,L2)函数:输入参数是两个从小到大排好序的整数列表 L1 和 L2,返回合成后的从小到大的大列表。

4. 二分归并排序。

已知函数 merge(L1,L2)已经可以实现合并两个有序列表的功能。请设计一个算法,调用这个函数,并利用递归思想实现对一个长度为 n 的无序数字列表的排序。写出该算法的伪代码,并用 Python 语言将其实现。

5. 数字删除游戏。

给定 n 位正整数 a,去掉其中任意 $k \leqslant n$ 个数字后,剩下的数字按照原来次序排列组成一个新的最小正整数。例如,$a=20\ 140\ 519$,$k=3$,删除第一位 2、第三位 1、第四位 4 后得到的新数最小,为 519。

6. 活动安排问题。

案例 4-11 提到的问题,已给出了一种贪心策略,即将所有活动按照截止时间从小到大进行排序,然后从前往后挑选活动。现思考另外两种贪心策略。

(1) 将所有活动按照开始时间从小到大进行排序,然后从前往后挑选活动。

(2) 将所有活动按照持续时间(截止时间-开始时间)从小到大进行排序,然后从前往后挑选活动。以上贪心策略能否得到最优解呢?

7. 跳台阶问题。

有一座高度是 10 级台阶的楼梯,从下往上走,每跨一步只能向上 1 级或 2 级台阶。求一共有多少种走法?

第 5 章

计算机系统

◈ 5.1 概　述

　　计算机本质上是实现了信息处理的自动化,虽然最早期的计算机主要是用来求解数学问题的,但是随着计算机科学技术的不断发展,计算机可以将人类的更多任务自动化。在此,以模拟抛硬币统计其中正背面次数为例,具体分析一下计算机是如何完成自动化计算任务的。

　　图 5-1 是通过 C 语言编程实现模拟 turns 次抛硬币的过程,这段代码是开发者根据 C 语言的语法规则编码出来的。当单击编译运行的按钮时,程序会弹出运行窗口,接收用户输入抛硬币的次数,然后模拟抛硬币的动作,计算正面的次数和背面的次数,除了在计算机询问用户需要抛几次时,用户需要输入次数之外,后面每一次抛硬币、计算和记录正背面的次数,都是由计算机自动完成的,如图 5-2 所示。

```
coins.cpp
1  #include<stdio.h>
2  #include<time.h>
3  #include<stdlib.h>
4  int main(){
5      int turns; //抛硬币的次数
6      int ftimes=0;//正面次数
7      int btimes=0;//背面次数
8      printf("请输入抛硬币的次数: ");
9      scanf("%d",&turns);
10     srand(time(NULL));
11     while(turns--){
12         if(rand()%2==0){
13             btimes++;
14             printf("第%d次抛到背面硬币\n",turns);
15         }
16         else{
17             ftimes++;
18             printf("第%d次抛到正面硬币\n",turns);
19         }
20     }
21     printf("一共抛到%d次正面硬币\n",ftimes);
22     printf("一共抛到%d次背面硬币\n",btimes);
23  }
```

图 5-1　程序片段

　　在程序执行过程中,计算机是如何根据键盘敲击按键来获取抛掷硬币次数信息的? 又是如何模拟每一次抛掷硬币过程,生成抛掷结果并展示给用户看的? 最后又是如何完成统计计算的? 作为用户的开发者,只是给了计算机一段代码,计算机只能理解、存储的数据形式是二进制,而对于近乎自然语言的程序代码,计算

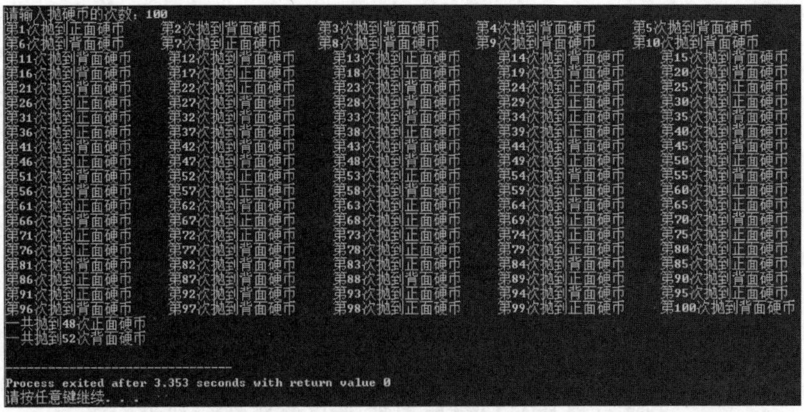

图 5-2　程序执行结果

机又是如何理解的？为了揭示程序代码的执行过程，打开集成开发环境 CPU 窗口，可以看到更为复杂的汇编代码，虽然可读性不好，但是语句更加细致地描述了计算机内语句执行的过程。汇编语言是较为接近机器码的编程语言，在 CPU 窗口（见图 5-3）中，可以读到 push、mov 等熟悉的单词。每条语句前有一串十六进制数字，代表了这条语句在计算机存储器存储的位置，后面尖括号内的数字代表了指令的相对存储位置，冒号后面的内容为指令具体内容，窗口右侧为 CPU 中特殊的存储器、寄存器的使用情况。可见，计算机执行一段代码是一个在复杂系统中综合协调的过程。因此，计算机系统是个复杂的、综合的、软硬件结合的系统。

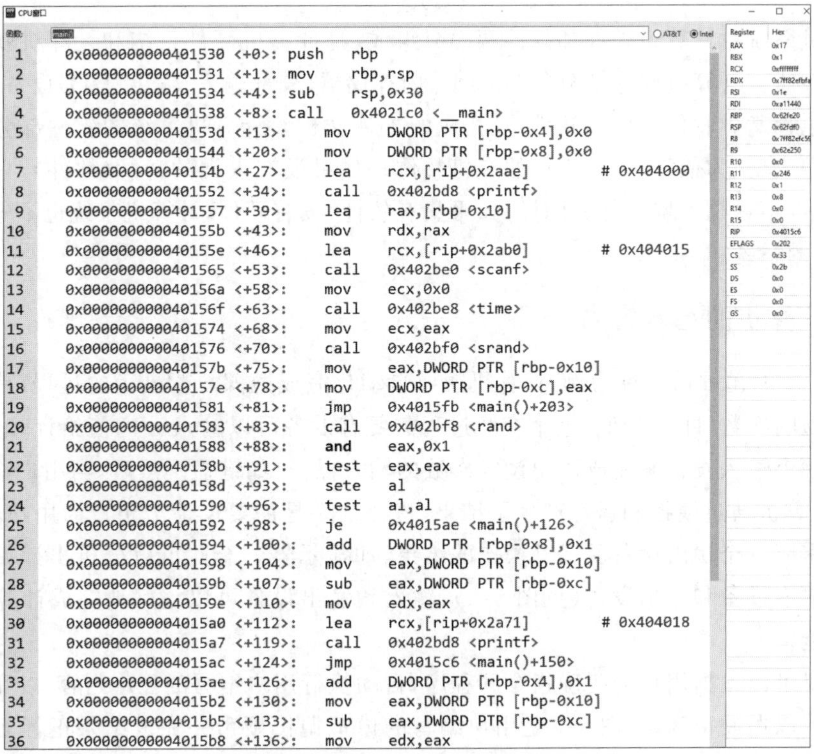

图 5-3　CPU 窗口内容

　　计算机可以识别的机器语言全部都是二进制代码,以下这段程序的可执行文件即为二进制代码,如图 5-4 所示。注：图 5-4 中截取的机器码仅为部分代码。

```
0000000  4D 5A 90 00 03 00 00 00 04 00 00 00 FF FF 00 00
0000010  B8 00 00 00 00 00 00 00 40 00 00 00 00 00 00 00
0000020  00 00 00 00 00 00 00 00 00 00 00 00 00 00 00 00
0000030  00 00 00 00 00 00 00 00 00 00 00 00 00 00 00 00
0000040  0E 1F BA 0E 00 B4 09 CD 21 B8 01 4C CD 21 54 68
0000050  69 73 20 70 72 6F 67 72 61 6D 20 63 61 6E 6E 6F
0000060  74 20 62 65 20 72 75 6E 20 69 6E 20 44 4F 53 20
0000070  6D 6F 64 65 2E 0D 0D 0A 24 00 00 00 00 00 00 00
0000080  50 45 00 00 64 86 12 00 F4 50 25 65 00 EE 01 00
0000090  F1 05 00 00 F0 00 27 00 0B 02 02 18 00 1E 00 00
00000A0  00 20 00 00 00 0C 00 00 00 15 00 00 00 10 00 00
00000B0  00 00 40 00 00 00 00 00 00 10 00 00 00 02 00 00
00000C0  04 00 00 00 00 00 00 00 05 00 02 00 00 00 00 00
00000D0  00 A0 02 00 00 06 00 00 CE B2 02 00 03 00 00 00
00000E0  00 00 20 00 00 10 00 00 00 10 00 00 00 00 00 00
00000F0  00 00 10 00 00 00 00 00 00 10 00 00 00 00 00 00
0000100  00 00 00 00 10 00 00 00 00 00 00 00 00 00 00 00
0000110  00 80 00 00 58 08 00 00 00 00 00 00 00 00 00 00
0000120  00 50 00 00 34 02 00 00 00 00 00 00 00 00 00 00
0000130  00 00 00 00 00 00 00 00 00 00 00 00 00 00 00 00
0000140  00 00 00 00 00 00 00 00 00 00 00 00 00 00 00 00
0000150  20 A0 00 00 28 00 00 00 00 00 00 00 00 00 00 00
0000160  00 00 00 00 00 00 00 00 14 82 00 00 D8 01 00 00
0000170  00 00 00 00 00 00 00 00 00 00 00 00 00 00 00 00
0000180  00 00 00 00 00 00 00 00 2E 74 65 78 74 00 00 00
0000190  60 1D 00 00 10 00 00 00 1E 00 00 00 06 00 00 00
00001A0  00 00 00 00 00 00 00 00 00 00 00 00 20 00 50 60
00001B0  2E 64 61 74 61 00 00 00 90 00 00 00 30 00 00 00
00001C0  00 02 00 00 24 00 00 00 00 00 00 00 00 00 00 00
00001D0  00 00 00 00 40 00 50 C0 2E 72 64 61 74 61 00 00
00001E0  40 08 00 00 40 00 00 00 0A 00 00 00 26 00 00 00
00001F0  00 00 00 00 00 00 00 00 00 00 00 00 40 00 50 40
0000200  2E 70 64 61 74 61 00 00 34 02 00 00 50 00 00 00
0000210  00 04 00 00 30 00 00 00 00 00 00 00 00 00 00 00
```

图 5-4　部分机器码

　　计算机系统由计算机硬件和软件两部分组成,是计算机硬件系统和计算机软件系统的有机结合整体。计算机硬件部分包含 CPU、内存储器、外部输入/输出(I/O)设备等;计算机软件部分包含基础软件和应用软件,及相应的支持文档。计算机系统的软件部分和硬件部分是相辅相成、互为依托、缺一不可的有机整体。如果没有人类的智慧(软件),只有一堆计算机硬件,也不过是一堆废件。同样,如果只有软件,没有硬件,计算机系统也不过是空中楼阁,想象中的系统。

5.1.1　计算机的基本组成

　　以 5.1 节的抛硬币事件为例,计算机想要自动化完成抛掷 n 次硬币的过程,首先需要询问用户要抛的次数,即 n 的值,这个交互过程需要有设备可以输入 n 的值给计算机,所以计算机需要一个输入设备来完成用户设定次数的输入操作,如键盘。然后,当用户输入抛掷次数 n 后,计算机通过模拟和运算产生了结果,这个结果是需要反馈给用户为用户所见的,所以计算机需要一个输出设备展示其操作的结果,如显示器。至此可以分析出计算机的组成至少包括输入设备和输出设备(见图 5-5),输入和输出设备可以很好地完成计算机与用户的交互功能。

　　计算机可以根据用户的明确指令即程序,自动执行用户编写的程序内容,以完成用户的具体需求。以抛硬币为例,图 5-1 是用户编写的模拟抛掷硬币并完成结果正背面次数统计计算的程序,计算机需要对这段程序进行理解,而这个理解的过程就是对程序代码进行编译或解释的过程,也就是说把人类理解的程序语言,变成计算机可以执行的机器语言,计算机才可以执行,即改为图 5-4 中计算机可以执行的二进制代码。如果想了解机器具体怎样执行程序语句,可以对图 5-6 中的汇编语句进行具体的分析。

```
0x0000000000401530 <+0>:
0x0000000000401531 <+1>:
0x0000000000401534 <+4>:
0x0000000000401538 <+8>:
0x000000000040153d <+13>:
0x0000000000401544 <+20>:
0x000000000040154b <+27>:
0x0000000000401552 <+34>:
0x0000000000401557 <+39>:
```

图 5-5　计算机基本组成　　　　　　　　　　图 5-6　汇编语句部分内容

左边十六进制数字和括号内数字之间的关系参见式(5-1)。

$$0x000000000040153\text{hex}(x) = 0x0000000000401530 + <+x> \tag{5-1}$$

hex(x):将 x 值转换为十六进制的数,如 hex(13)=d。

结合图 5-7 继续分析。

0x0000000000401530	push rbp
0x0000000000401531	mov rbp,rsp
0x0000000000401532	
0x0000000000401533	
0x0000000000401534	sub rsp,0x30
0x0000000000401535	
0x0000000000401536	
0x0000000000401537	
0x0000000000401538	call 0x4021c0 <__main>
0x0000000000401539	
0x000000000040153a	
0x000000000040153b	
0x000000000040153c	

图 5-7　语句的存储情况分析

可以看到汇编语句是存放在连续的存储空间中的,这个直接存储可执行语句的空间叫做内存,也就是说计算机执行的指令不是凭空出现的,而是实际存在于一个空间中的。计算机就是依次读取这个空间中的内容来进行具体操作的,所以计算机要有存储装置用来完成指令集和数据的存储操作。当然随着计算机处理问题规模的不断扩大,涉及的指令和数据不断增加,需要更大空间的存储器以完成这些内容的存储操作。以人脑来类比或许更加容易理解计算机的存储器,即人脑本身可以记忆很多事情,但是由于需要学习和记忆的东西非常多,仅靠大脑已经无法容纳更多的知识和事实了,因此人们进一步把需要记忆的内容记录在笔记本上,当需要时,可以通过翻阅笔记本来帮助回忆相关的内容。所以,人的知识是存储在自己的大脑和外部的笔记本等可记录知识的实体中的。同理,计算机同样需要两种类型的存储器,短期快速但是易丢失的和长期较慢但是不易丢失的存储器,也就是内存和外存。

内存和外存的存在,使计算机完成了指令和数据的存储,即记住了这些指令,但是仅凭记忆是无法完成指令蕴含的实际操作的。需要进一步的具体执行,即理解这些指令的内涵以完成对应的操作,并达到指令的预期目标——自动化地完成任务。同样类比人脑,人仅记住知识和事实也是不够的,还要理解并能够在适合的场合对知识加以应用,即人脑要根据学习到的知识处理接收到的信息,做出合理正确的决策或响应。与之对应,计算机内也有一个类似于人脑理解和处理信息的机构,可以根据指令完成对相关数据的操作,从而得到预期的结果。那这个具有理解和处理信息的机构就是计算机的大脑——运算器和控制器,它们可以完成具体的运算和控制功能。

根据上述分析,计算机的组成呼之欲出。时至今日,计算机的组成结构依然是1946年美国科学家冯·诺依曼提出的以存储程序为核心而设计的计算机体系结构。这种体系结构,在不改变机器结构的前提下,通过编写不同的指令,就可以完成多种不同的功能。冯·诺依曼提出的解决思路是将各类基础的运算,如算术运算——加减乘除、逻辑运算——与或非,以及一些其他的简单操作,如跳转、比较、输入、输出等,都转化为指令。众多指令便构成了计算机中的一组基础指令集合。计算机要实现的各类功能,都可以由一条条简单的指令组合而成。这些指令一条一条按照顺序执行,形成一组指令序列。机器结构是不变的,变化的只是指令序列,计算机就是根据不同的指令序列,实现各种不同的功能。

图5-8描绘了冯·诺依曼计算机的体系结构,包括5个部分:存储器、运算器、控制器、输入设备和输出设备。

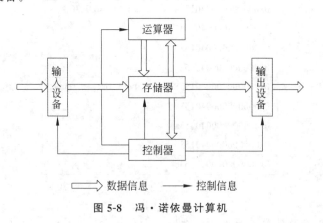

$\Longrightarrow$ 数据信息　　$\longrightarrow$ 控制信息

图 5-8　冯·诺依曼计算机

存储器用于存放计算机要处理的信息。这些信息可能原本就保存在计算机系统中,也可能是运行程序时由用户提供的。这类外部的输入信息,例如,用户通过鼠标单击屏幕的某个位置、通过键盘输入一些文字,就需要通过输入设备来接收。计算机得到信息后,通过运算器来实现相应的运算操作,如逻辑运算和算术运算。控制器用于指挥计算机各个部件之间的协同工作。在现代计算机硬件组织结构中,控制器和运算器是最为重要的两部分,合称为中央处理器(CPU)。当计算机功能运行完毕或者某一任务执行完成之后,由输出设备输出计算机的处理结果,例如将运行结果显示在显示器上、利用打印机打印文档等。这五部分是计算机的基本硬件,也是支撑现代计算机的骨架。除了这五部分之外,图5-8中也显示了数据信息和控制信息的流向。例如,数据由用户输入,先被送入存储器保存起来,之后被送入运算器并执行相应的程序,完成后由输出设备显示结果数据。而控制信息,则全部由控制器发出,传送到各个其他部件,通知各个部件在何时需要做何种操作。

现代计算机硬件组织结构与冯·诺依曼计算机的体系结构基本一致,在保留基本部件的基础上,布局上有一些差异。图 5-9 展示了典型的计算机硬件组织结构。其中,冯·诺依曼计算机中的控制器和运算器被放置在现代计算机中的 CPU 内。并且随着现代工艺的发展,各种器件规模体积逐渐缩小,运算器浓缩为了算术逻辑单元,控制器变成了控制单元。冯·诺依曼计算机中的存储器对应现代计算机硬件中的内存。除内存外,现代计算机中很多其他部件也具备存储数据信息的功能,如 CPU 内的寄存器组、外部存储器等。输入设备和输出设备在两种系统中一一对应。各类总线,用于传输控制器下达给各部件的命令、提供各类数据在各部件之间的传输通道,对应于冯·诺依曼计算机体系中的数据信息和控制信息的流向。

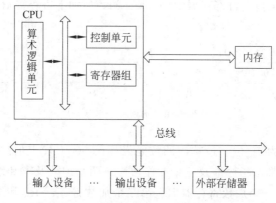

图 5-9　典型计算机硬件组织结构

冯·诺依曼计算机体系结构具备三点特征。

(1) 二进制表示。数据和程序均以二进制的形式存储在计算机内。

(2) 程序与数据一样存放在存储器中。在冯·诺依曼计算机体系结构形成之前,数据和程序是分别存放和处理的,数据存储于内存中,程序视为控制器内的部件。在冯·诺依曼计算机体系中,程序和数据以同样的形式存储于内存。

(3) 指令逐条自动执行。在控制器的控制之下,实现"取指令、执行该条指令、自动取下一条指令"这一系列操作。

上文讨论的计算机体系结构都是单机体系结构。除单机体系结构外,为了提高计算机的运算性能,还可以由多个计算机构成并行处理结构、集群结构等。

5.1.2　计算机的工作原理

计算机处理各类任务、实现各种功能,通过执行程序来完成。程序的运行离不开 CPU 中的指令。指令是 CPU 执行的最小单位,CPU 的工作过程就是执行各类指令。

指令由操作码和操作数两部分构成。操作码表明该条指令要执行什么动作,如是执行加法运算还是执行输入操作,或是将数据转移到内存某个位置。操作数则用来指明该动作的作用对象,如被转移的数据、参与算术运算的数据等。指令的长度可以是固定的也可以是可变的。指令的长度通常同CPU一次存取的数据长度相关。CPU通过数据总线一次可以存取、传送的数据,称为一个字。一个字通常包括一个或多个字节。字的长度,称为字长。指令的长度是一个或多个字长。例如,没有操作数的指令,其长度为一个字节;只涉及寄存器的指令,其长度为两个字节。

计算机能够识别的指令,是仅有0和1构成的二进制串,称为机器指令,又叫机器码,图5-4即为程序段编译后的机器码。二进制指令符合机器的特点,但不符合人类的读写习惯,所以直接用二进制的机器指令编写程序非常枯燥,且很难书写和阅读。因此,在指令中引入助记符帮助人们理解和使用,这就是汇编指令,即图5-3CPU窗口中的内容。汇编指令中的助记符很容易理解,对于操作码而言,一般采用该操作动作的英文缩写,例如,加法操作的助记符是ADD、比较操作的助记符是CMP等;对于操作数而言,具体的数值直接用阿拉伯数字表示,寄存器通常用英文字母R加上该寄存器的编号表示。图5-10表示了加法指令ADD R1、R5、R1。该条指令将寄存器R1中保存的数值加上寄存器R5中的数值,再将结果保存回寄存器R1。

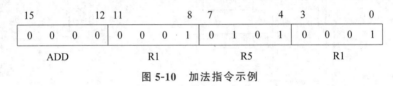

图 5-10 加法指令示例

该加法指令长度为16位。最左边四位是操作码0000,代表加法操作ADD;该指令后12位是操作数。因为加法指令涉及三个操作数——两个加数及求和结果,操作数部分被划分为三段,分别代表第一个加数寄存器R1、第二个加数寄存器R5和结果寄存器R1。二进制数0001代表寄存器R1,0101代表寄存器R5。图5-11中最下面一行是该指令的汇编形式,计算机无法直接执行汇编指令,需要将其转换成上一行的机器指令才可以执行。

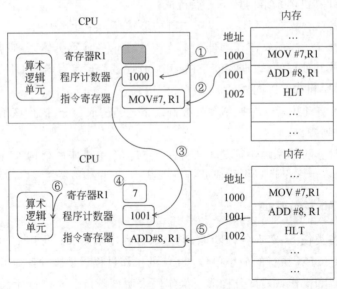

图 5-11 CPU 工作过程示例

　　计算机的工作依靠指令的执行。CPU 中的各个部件协同工作,共同完成指令的执行。CPU 一般包括 3 个主要部分:算术逻辑单元(arithmetic and logic unit,ALU)、控制单元(control unit,CU)和寄存器组(registers)。算术逻辑单元接收参与算术运算或逻辑运算的操作数,并根据指令的要求,执行相应的运算。控制单元既要分析指令所做的操作,又要传送指令内容和操作数,同时还要负责发送控制信号,协调 CPU 其他部件共同工作。寄存器组,顾名思义,是一组用于保存临时数据的结构,包括通用寄存器和专用寄存器。通用寄存器一般保存的是参加运算的操作数及运算结果,而专用寄存器则保存计算机当前工作相关的信息,专用寄存器中最为重要的有指令寄存器和程序计数器。指令寄存器(instruction register,IR)存放从内存中读取的指令。程序计数器(program counter,PC)保存下一条将被执行的指令所在的内存地址。

　　下面以简单的加法计算"7+8"为例,详细描述 CPU 完成这一运算的整个工作过程。如图 5-11 所示,该加法运算程序包含 3 条汇编指令:先将第一个加数 7 送至寄存器 R1,之后执行加法计算,将结果保存至寄存器 R1 中,最后运算结束,停止操作。这 3 条汇编指令顺序保存在内存中,地址从 1000 至 1002。

　　开始执行这段代码时,先将这段代码中的第一条指令的地址取出,保存在程序计数器内,即程序计数器内的值设为 1000。接下来,根据程序计数器内保存的内存地址,找到内存中地址 1000 的内存单元保存的内容"MOV ♯7,R1",把该指令放入指令寄存器。同时,程序计数器指向下一条要被执行的指令所在的内存地址,即增 1 变为 1001。MOV 指令经过译码,提取出指令中的操作码、操作数等信息,在控制单元的控制下,将寄存器 R1 置为 7,该条指令执行结束。接下来,继续根据程序计数器的值寻找下一条要执行的指令。程序计数器的值为 1001,代表要执行的指令保存在内存地址为 1001 的内存单元。重复上次执行的操作,将新指令"ADD ♯8,R1"取出放入指令寄存器。执行 ADD 指令时,操作码被译码为一系列的控制码,调动算术逻辑单元执行加法运算、数据传输等操作。这种指令逐条执行的过程将会持续下去,直到遇到 HLT 指令,操作停止。当遇到控制指令时,程序的执行不再按顺序。程序计数器的值将会发生改变,而不再是自动增加 1,从而实现跳转到其他位置执行新的指令。

◆ 5.2　计算机硬件子系统

　　计算机系统的硬件部分是指计算机的物理实体,包括 CPU、内存储器及必要的 I/O 设备,输入设备如键盘、鼠标、手写板等,输出设备如硬盘、显示器、打印机等。这些硬件承载着计算机的物理实体,是计算机系统能够运行的实体保证。

5.2.1　中央处理器

　　中央处理器(central processing unit,CPU)作为计算机系统的运算和控制核心,是信息处理、程序运行的最终执行单元。

　　CPU 出现于大规模集成电路时代,处理器架构设计的迭代更新及集成电路工艺的不断提升促使其不断发展完善。从最初专用于数学计算到广泛应用于通用计算,从 4 位到 8 位、16 位、32 位处理器,最后到 64 位处理器,从各厂商互不兼容到不同指令集架构规范的出现,

CPU 自诞生以来一直在逻辑结构、运行效率及功能外延上飞速发展。

CPU 已经有 40 多年的历史,通常将其分成六个阶段,如表 5-1 所示。

表 5-1　CPU 发展的六个阶段

阶　　段	处理器位数	代表产品	关 键 事 件
第一阶段 (1971—1973 年)	4 位和 8 位	Intel 4004	1971 年 CPU 的诞生;1978 年 8086 处理器,奠定了 X86 指令集架构
第二阶段 (1974—1977 年)	8 位	Intel 8080	指令系统较完善
第三阶段 (1978—1984 年)	16 位	Intel 8086	指令系统较成熟
第四阶段 (1985—1992 年)	32 位	Intel 80386	1989 年 80486 处理器实现了 5 级标量流水线,CPU 的初步成熟,传统处理器发展阶段的结束
第五阶段 (1993—2005 年)	奔腾系列微处理器	Pentium 处理器	1995 年 11 月 Pentium 处理器首次采用超标量指令流水结构,引入了指令的乱序执行和分支预测技术,大大提高了处理器的性能
第六阶段 (2005—2021 年)	多核心、更高并行度	Intel 酷睿系列处理器和 AMD 的锐龙系列处理器	—

为了满足操作系统的上层工作需求,现代处理器进一步引入了诸如并行化、多核化、虚拟化及远程管理系统等功能,不断推动着上层信息系统向前发展。

CPU 的工作通过执行指令来完成。执行指令的步骤顺序称为指令周期。CPU 的工作分为以下五个阶段:取指令阶段、指令译码阶段、执行指令阶段、访存取数和结果写回。对于 CPU 而言,影响其性能的指标主要有主频、CPU 的位数、CPU 的缓存指令集、CPU 核心数和每周期指令数(instruction per clock,IPC)。所谓 CPU 的主频,指的就是时钟频率,它决定了 CPU 的性能,可以通过超频来提高 CPU 的主频以获得更高性能。而 CPU 的位数指的就是处理器能够一次性计算的浮点数的位数。通常情况下,CPU 的位数越高,CPU 进行运算时的速度就会变得越快。21 世纪 20 年代后,个人计算机使用的 CPU 一般为 64 位,这是因为 64 位处理器可以处理范围更大的数据并原生支持更高的内存寻址容量,提高了人们的工作效率。而 CPU 的缓存指令集是存储在 CPU 内部的,主要指的是能够对 CPU 的运算进行指导以及优化的硬程序。一般来讲,CPU 的缓存可以分为一级缓存、二级缓存和三级缓存,缓存性能直接影响 CPU 处理性能。部分特殊职能的 CPU 可能会配备四级缓存。

Intel 和美国超威半导体公司 AMD 是国外研发 CPU 芯片的两家知名公司。根据 Intel 产品线规划,截止到 2021 年 Intel 十一代消费级酷睿有五类产品:i9/i7/i5/i3/奔腾/赛扬。此外还有面向服务器的至强铂金/金牌/银牌/铜牌和面向 HEDT 平台的至强 W 系列。根据 AMD 产品线规划,截止到 2021 年 AMD 锐龙 5000 系列处理器有 ryzen9/ryzen7/ryzen5/ryzen3 四个消费级产品线,此外还有面向服务器市场的第三代霄龙 EPYC 处理器和面向 HEDT 平台的线程撕裂者系列。

国内现有的几种主流 CPU 芯片如下所示。

1. 龙芯系列

龙芯系列芯片是由中国科学院中科技术有限公司设计研制的,采用 MIPS 体系结构,具有自主知识产权,产品现包括龙芯 1 号小 CPU、龙芯 2 号中 CPU 和龙芯 3 号大 CPU 三个系列,此外还包括龙芯 7A1000 桥片。

龙芯 1 号系列 32/64 位处理器专为嵌入式领域设计,主要应用于云终端、工业控制、数据采集、手持终端、网络安全、消费电子等领域,具有低功耗、高集成度及高性价比等特点。其中龙芯 1A 32 位处理器和龙芯 1C 64 位处理器稳定工作在 266～300MHz,龙芯 1B 处理器是一款轻量级 32 位芯片。龙芯 1D 处理器是超声波热表、水表和气表的专用芯片。2015 年,新一代北斗导航卫星搭载着我国自主研制的龙芯 1E 和 1F 芯片,这两颗芯片主要用于完成星间链路的数据处理任务。

龙芯 2 号系列是面向桌面和高端嵌入式应用的 64 位高性能低功耗处理器。龙芯 2 号产品包括龙芯 2E、2F、2H 和 2K1000 等芯片。龙芯 2E 首次实现对外生产和销售授权。龙芯 2F 平均性能比龙芯 2E 高 20%以上,可用于个人计算机、行业终端、工业控制、数据采集、网络安全等领域。龙芯 2H 于 2012 年推出正式产品,适用于计算机、云终端、网络设备、消费类电子等领域需求,同时可作为 HT 或者 PCI-e 接口的全功能套片使用。2018 年,龙芯推出龙芯 2K1000 处理器,它主要是面向网络安全领域及移动智能领域的双核处理芯片,主频可达 1GHz,可满足工业物联网快速发展、自主可控工业安全体系的需求。

龙芯 3 号系列是面向高性能计算机、服务器和高端桌面应用的多核处理器,具有高带宽、高性能、低功耗的特点。龙芯 3A3000/3B3000 处理器采用自主微结构设计,主频可达到 1.5GHz 以上。2019 年面向市场的龙芯 3A4000 为龙芯第三代产品的首款四核芯片,该芯片基于 28nm 工艺,采用新研发的 GS464V 64 位高性能处理器核架构,并实现 256 位向量指令,同时优化片内互连和访存通路,集成 64 位 DDR3/4 内存控制器,集成片内安全机制,主频和性能再次得到大幅提升。

龙芯 7A1000 桥片是龙芯的第一款专用桥片组产品,目标是替代 AMD RS780＋SB710 桥片组,为龙芯处理器提供南北桥功能。它于 2018 年 2 月份发布,目前搭配龙芯 3A3000 及紫光 4GB DDR3 内存应用在一款高性能网络平台上。该方案整体性能相较于 3A3000＋780e 平台有较大提升,具有高国产率、高性能、高可靠性等特点。

2. 上海兆芯

上海兆芯集成电路有限公司是成立于 2013 年的国资控股公司,其生产的处理器采用 x86 架构,产品主要有开先 ZX-A、ZX-c/ZX-C＋、ZX-D,开先 KX-5000 和 KX-6000,开胜 ZX-C＋、ZX-D、KH-20000 等。

开先 KX-5000 系列处理器采用 28nm 工艺,提供 4 核或 8 核两种版本,整体性能较上一代产品提升高达 140%,达到国际主流通用处理器性能水准,能够全面满足党政桌面办公应用,以及包括 4K 超高清视频观影等多种娱乐应用需求。

开先 KX-6000 系列处理器主频高达 3.0GHz,兼容全系列 Windows 操作系统及中科方德、中标麒麟、普华等国产自主可控操作系统,性能与 Intel 第七代的酷睿 i5 相当。开胜 KH-20000 系列处理器是兆芯面向服务器等设备推出的 CPU 产品。

3. 上海申威

申威处理器简称 SW 处理器,出自 DEC 的 Alpha 21164。采用 DEC Alpha 架构,具有完全自主知识产权,其产品有单核 SW-1、双核 SW-2、四核 SW-410、十六核 SW-1600/SW-1610 等。神威蓝光超级计算机使用了 8704 片 SW-1600,搭载神威睿思操作系统,实现了软件和硬件全部国产化。而基于 SW-26010 构建的"神威·太湖之光"超级计算机自 2016 年 6 月发布以来,已连续四次占据世界超级计算机 TOP 500 榜单第一,"神威·太湖之光"上的两项千万核心整机应用包揽了 2016、2017 年度世界高性能计算应用领域最高奖"戈登·贝尔"奖。

5.2.2　主存储器

主存储器,简称内存(见图 5-12)是计算机中重要的部件之一,由内存芯片、电路板、金手指等部分组成,它是与 CPU 进行沟通的桥梁,作用是用于暂时存放 CPU 中的运算数据,以及与硬盘等外部存储器交换的数据。

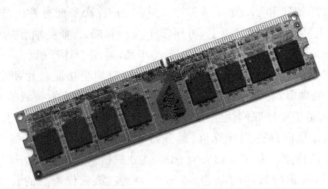

图 5-12　主存储器

主存储器要和 CPU 直接进行数据交换,因此其运行速度相对较快,但其存储容量较小,并且在系统断电后,主存储器内保存的内容会丢失。图 5-13 展示了主存储器的一般结构。主存储器主要包括两部分:用于存储数据的存储器和用于数据交换的外围电路。

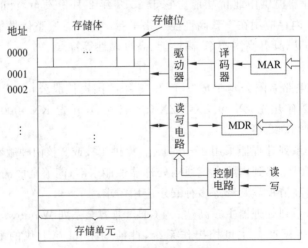

图 5-13　主存储器的结构

存储器可以由多个存储体构成。每个存储体是由一些可以表示 0 和 1 的物理器件组成的,如磁性材料。在存储体中,最小的存储单位,即一个二进制数 0 或 1,称为一个存储位。计算机在处理任务的时候,显然不可能以一个二进制数为单元去读取数据。由此,若干个存储位组成一个存储单元,作为数据读取的单位。假设图 5-13 中有 8 个存储位,即一个字节作为一个存储单元。每个存储单元有一个编号,称为该存储单元的地址。有了存储单元的地址,就可以根据地址独立地访问每个存储单元,对各单元内的数据进行读写。存储单元的地址同样也是二进制形式。假设在某个存储体中,表示存储单元地址的二进制数共有 n 位,则存储单元的地址可从 0 开始编码,直到 $2^n - 1$ 为止,共计 2^n 个存储单元。每个存储体都可以被划分为多个存储单元,在整个存储器中,存储单元的总数称为存储器的存储容量。

外围电路和 CPU 或高速缓存连接,除了进行数据交换之外,也负责存储访问的控制。在外围电路中,有两个非常重要的寄存器:数据寄存器(memory data register,MDR)和地址寄存器(memory address register,MAR)。数据寄存器用来临时保存读出或写入的数据;地址寄存器用来临时保存要访问的地址。当读取内存中某个存储单元的内容时,将该存储单元的地址送入地址寄存器,之后在控制电路的控制下,将地址寄存器中保存的地址对应的存储单元内的数据送入数据寄存器,再由数据寄存器将其内容发送到 CPU 或高速缓存。当需要将数据写入内存中某个存储单元时,仍然要将该存储单元的地址送入地址寄存器。此外,还需要将写入的数据存入数据寄存器,之后在控制电路的控制下,将数据寄存器内的内容写入地址寄存器中保存的地址对应的存储单元内。

以程序执行时为例,假设当前程序计数器内的值为 0000,需要根据程序计数器内保存的内存地址 0000,读取该地址对应的存储单元中保存的内容——指令"MOV ♯7,R1"。首先,将程序计数器内的值 0000 送入内存的地址寄存器。然后,根据地址寄存器,将该地址对应的存储单元中保存的内容装入内存的数据寄存器。最后,数据寄存器内的指令被传送到 CPU 中的指令寄存器,完成取指令操作。

存储器有多种分类方式。

(1) 按照存储方式分类,存储器可分为随机访问存储器、顺序访问存储器和只读存储器 3 种。随机访问存储器(random access memory,RAM)可以随机存取任何单元的数据,即根据存储单元的地址,可以独立地对存储单元内的数据进行读写。当存储器中的数据被读取或写入时,所需要的时间与这段信息所在的位置或所写入的位置是无关的。RAM 有静态 RAM 和动态 RAM 之分。主存储器中的存储电路采用充电的方式进行信息存储,因而很容易流失,通过在短时间内为存储电路不断充电的方式来解决这个问题,这种方式对应的 RAM 称为动态 RAM。不同于随机访问存储器,顺序访问存储器(sequential access memory,SAM)在获取数据时,只能按照存储单元的位置,按顺序一个存储单元接着一个存储单元进行存取。只读存储器(read-only memory,ROM)只能读取某个存储单元内的数据,而前两者既可以读取存储单元内的数据,也可以向存储单元内写入新的数据。

(2) 根据存储能力和电源的关系,存储器可分为易失性存储器和非易失性存储器。对于易失性存储器,当计算机系统中电源切断后,该存储器所保存的数据便会消失,如 RAM。对于非易失性存储器,即使计算机系统中的电源供应中断,存储器所保存的数据也不会消失,并且在重新供电后,能够再次读取其中保存的数据,如 ROM 等。

主存储器容量、存储器访问时间和存储周期是衡量内存的 3 个重要指标。主存储器容量即存储器中存储单元的总数。存储器访问时间是从启动一次存储器操作到完成该操作所经历的时间,例如,从读操作发出开始,到数据读入数据寄存器为止。存储周期则是记录了连续启动两次独立的存储操作所需间隔的最小时间,例如,连续两次读操作或连续两次写操作。

CPU 的速度一直以来要比内存的访问速度快。即便随着工艺的发展、材料的更新,内存的访问速度已经得到了极大的提高,但是仍然赶不上 CPU 的速度。为了解决 CPU 和内存之间速度不匹配的问题,在二者之间引入了一类更小更快的存储设备,称为高速缓存存储器(cache)。高速缓存既可以集成到 CPU 内部,也可以置于 CPU 之外。在计算机系统内配置高速缓存时,需要考虑高速缓存的容量、高速缓存的配置方式、高速缓存的块数等问题。显然高速缓存容量越大,性能越好,但同时价格也会越昂贵。常见的设计是设置两个高速缓存,一个在 CPU 内部称为 L1 高速缓存,另一个在 CPU 外部称为 L2 高速缓存。L1 高速缓存的访问速度几乎赶得上 CPU 内的寄存器组,L2 高速缓存的访问速度要比 L1 高速缓存慢,但仍比内存的访问速度快很多。从存储容量上来看,L1 高速缓存的容量只有几十千字节,而 L2 高速缓存的容量可达到几兆字节。

既然高速缓存的存储容量有限,那么为了减少访问时 CPU 的等待时间,高速缓存内保存的是哪些数据呢?使用频率高的数据信息、在不久的将来也非常可能会被 CPU 用到的数据,这类数据会被保存到高速缓存内。这样一来,当 CPU 需要从内存读取这些信息时,不需要从内存中传输数据,而是可以直接从 CPU 内的高速缓存中获得,并且访问速度和 CPU 的运行速度相差不大。只有当 CPU 所需的信息在高速缓存中查找不到时,才会去内存中访问。

什么样的数据信息使用频率相对会高呢?根据局部性原理,CPU 访问内存时总是局限在整个内存中的某一部分。也就是说,当访问了内存中的某个存储单元后,该单元及相邻的多个单元都有很大的可能性会被访问到,这些单元内的数据将会被读入高速缓存。

5.2.3 辅助存储器

辅助存储器用以存放指令和数据,但不直接向 CPU 提供指令和数据,简称辅存。它的存储容量比主存储器大许多倍,存储每位信息所需费用低,易于脱机长期保存信息。它是非易失性的存储器,断电后仍能保留信息。辅助存储器是计算机外围设备的一部分,在处理机之外,故也称外存储器或外存。常见的辅助存储器如磁带、磁盘等。

磁带是一种顺序存取的设备,其特点是存储容量大、价格便宜、适合数据的备份存储。

图 5-14 软盘

磁盘是指利用磁记录技术存储数据的存储器。磁盘是计算机主要的存储介质,可以存储大量的二进制数据,并且断电后也能保持数据不丢失。早期计算机使用的磁盘是软磁盘(floppy disk,简称软盘),如图 5-14 所示。按所用盘片尺寸不同,软盘有 5.25 英寸、3.5 英寸、2.5 英寸等多种。从内部结构上来看,又可按使用的记录密度不同,分为双面双密度、双面高密度等多种,存储容量为 1.2MB 或 1.44MB,软盘已是一种非常古老的移动存储设备。

不知道大家是否注意过,计算机存储器都是从 C 盘开始的,那么 A 盘,B 盘呢?早期的计算机是有软盘驱动器,如图 5-15 所示,计算机中有两个软盘驱动器 A 和 B,用以读取对应的软盘中的内容。

如今常用的磁盘是硬盘(hard disk),如图 5-16 所示。

图 5-15　早期计算机系统　　　　　　　　　图 5-16　硬盘

　　磁盘的结构包括盘片、磁道扇区和柱面。一个磁盘(如一个 1TB 的机械硬盘)由多个盘片叠加而成。盘片的表面涂有磁性物质,这些磁性物质用来记录二进制数据。因为正反两面都可涂上磁性物质,所以一个盘片可能会有两个盘面。每个盘片被划分为一个个磁道,每个磁道又划分为一个个扇区。其中,最内侧磁道上的扇区面积最小,因此数据密度最大。每个盘面对应一个磁头,所有的磁头都是连在同一个磁臂上的,因此所有磁头只能"共进退"。所有盘面中相对位置相同的磁道组成柱面,如图 5-17 所示。

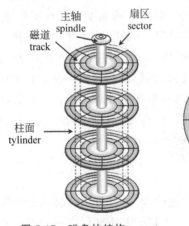
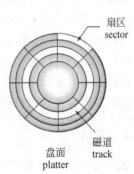

图 5-17　磁盘的结构

　　衡量磁盘性能的技术指标主要有存储密度、存储容量、存取时间及数据传输率。

　　存储密度分为道密度、位密度和面密度。道密度是沿磁盘半径方向单位长度上的磁道数,单位为道/英寸。位密度是磁道单位长度上能记录的二进制代码位数,单位为位/英寸。面密度是位密度和道密度的乘积,单位为位/平方英寸。存储容量指一个磁盘存储器所能存储的字节总数。存取时间由三种时间构成:寻道时间、等待时间和数据传送时间。寻道时间是磁盘定位到指定磁道上所需要的时间。等待时间是寻道完成后至磁道上需要访问的信息到达磁头下的时间。数据传送时间则是传送数据所需要的时间。数据传输率衡量了磁盘存储器在单位时间内向主机传送数据的字节数。

在计算机系统中,不同的存储设备,如寄存器、主存储器、辅助存储器,都被统一组织起来,形成了一个完整的存储系统。图 5-18 展示了存储系统的层次结构的一个示例。存储系统最上层的是 CPU 内的寄存器,它的存取速度是最快的,可以满足 CPU 的运行需求。高速缓存介于 CPU 和主存储器之间。在主存储器下面,是可以保存永久存放数据的辅助存储器。最后一层是海量存储器,一般用于后备存储。高速缓存和主存储器可以和 CPU 直接进行数据交换,而辅助存储器则需要通过主存储器和 CPU 交换信息。在该存储系统中,由上到下存储容量越来越大、单位价格越来越低,但是存取速度越来越慢。

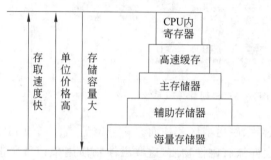

图 5-18　存储系统的层次结构示例

存储系统的层次结构设计主要是为了解决存储系统容量和存取速度之间的矛盾。一方面,希望存储系统的存取速度能够跟得上 CPU 的运行速度,从而减少 CPU 的等待时间,提高计算机的性能。另一方面,又希望计算机可以尽可能多地保存大量数据信息。但是存取速度越高就意味着单位价格越昂贵,从而不可能在实际生产时大量使用。在存储系统整个层次结构中,"高速缓存-内存"这一层次设计就用于解决 CPU 和内存之间速度不匹配的问题;而"内存-外存"这一层次结构用于解决存储系统的容量问题。从 CPU 的角度来看,由于高速缓存的存在,存取速度大大提高,但是存储容量和单位价格却接近于内存。对于"内存-外存"这一层次而言,它们的存取速度接近于内存,但是存储容量和单位价格却接近于外存。有了存储系统的层次结构设计,就可以在提高存储系统的存取速度的基础上,尽可能地保证足够大的存储容量和较低的构造成本。

5.2.4　总线

总线(bus)作为一种内部结构,是计算机各种功能部件(CPU、主存储器、I/O 设备)之间传送信息的公共通信干线。主机的各个部件通过总线相连接,外部设备通过相应的接口电路再与总线相连接,从而形成了计算机硬件系统。由于总线是连接各个部件的一组信号线,通过信号线上的信号表示信息、通过约定不同信号的先后次序,即可约定计算机中一系列的操作是如何实现的。总线具有如下特性。

(1) 物理特性。物理特性又称机械特性,指总线上的部件在物理连接时表现出的特性。如插头与插座的几何尺寸、形状、引脚个数及排列顺序等。

(2) 功能特性。每根信号线的功能,如地址总线用来表示地址码,数据总线用来表示传输的数据,控制总线表示总线上操作的命令、状态等。

(3) 电气特性。每根信号线上的信号方向及表示信号有效的电平范围。通常,由主设备(如 CPU)发出的信号称为输出信号(OUT),送入主设备的信号称为输入信号(IN)。通常数据信号和地址信号定义高电平为逻辑 1、低电平为逻辑 0,控制信号则没有俗成的约定,如 $\overline{\text{WE}}$ 表示低电平有效、Ready 表示高电平有效。不同总线高电平、低电平的电平范围也无统一的规定,通常与 TTL 是相符的。

(4) 时间特性,又称逻辑特性,指在总线操作过程中每根信号线上信号什么时候有效。通过这种信号有效的时序关系约定,确保总线操作的正确进行。为了提高计算机的可拓展性,以及部件及设备的通用性,除了片内总线外,各个部件或设备都采用标准化的形式连接到总线上,并按标准化的方式实现总线上的信息传输。而总线的这些标准化的连接形式及操作方式,统称为总线标准。如 ISA、PCI、USB 总线标准等,相应的,采用这些标准的总线为 ISA 总线、PCI 总线、USB 总线等。

按位置和连接设备的不同,总线可以分为三类:内部总线、系统总线和外部总线。图 5-19 展示了典型的计算机硬件中的总线结构。内部总线位于 CPU 内部,连接各寄存器和运算器。系统总线用于 CPU 和计算机系统中其他高速运行的功能部件间的通信。外部总线,也称 I/O 总线,负责 CPU 同中低速输入/输出设备间的通信。

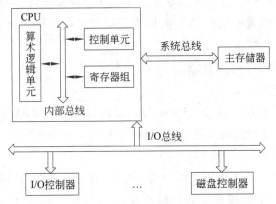

图 5-19 典型的计算机硬件中的总线结构

按传输数据内容的不同,总线分为数据总线、地址总线和控制总线,分别用于传送数据信息、地址信息和控制信号等。

数据总线是双向三态形式的总线。双向意味着,通过数据总线既可以把 CPU 内的数据传送到其他部件(如存储器或 I/O 接口),也可以将其他部件的数据传送到 CPU。数据总线的位数是计算机的一个重要指标,通常与 CPU 的字长一致。例如,Intel 8086 的字长是 16 位,其数据总线宽度也是 16 位。需要注意的是,数据总线可以传送的数据信息,其含义是广义的,可以是真正的数据,也可以是指令代码或状态信息,有时甚至是一个控制信息。因此,在实际工作中,数据总线上传送的并不一定仅是真正意义上的数据。常见的数据总线包括 ISA、EISA、VESA、PCI 等。

地址总线专门用于传送地址。由于地址只能从 CPU 传向外部存储器或 I/O 端口,所以同数据总线不同,地址总线总是单向三态的。地址总线的位数决定了 CPU 可直接寻址的内存空间大小。例如,字长为 8 位的计算机的地址总线为 16 位,则其最大可寻址空间为 $2^{16}\text{B}=64\text{KB}$。字长为 16 位的计算机的地址总线为 20 位,其可寻址空间为 $2^{20}\text{B}=1\text{MB}$。一般而言,若地址总线为 n 位,则可寻址空间为 2^n 字节。

有的系统中,数据总线和地址总线是复用的,即总线在某些时刻出现的信号表示数据,而另一些时刻表示地址。例如,51 系列单片机的地址总线和数据总线是复用的,而一般计算机中的总线则是分开的。

控制总线用来传送控制信号和时序信号。控制信号分为多种,可以是 CPU 送往存储器和 I/O 接口电路的读/写信号、片选信号、中断响应信号等;也可以是其他部件反馈给 CPU 的中断申请信号、复位信号、总线请求信号、设备就绪信号等。因此,控制总线的传送方向由具体控制信号而定,控制总线的位数要根据系统的实际控制需要而定。

按照传输数据的方式划分,总线可以分为串行总线和并行总线。串行总线中仅含有一根数据线,二进制数据逐位通过这根数据线发送到目的部件。常见的串行总线有 SPI、I2C、USB 及 RS232 等。并行总线的数据线通常超过 2 根,是指一组二进制数据同时在多根数据线上进行传输,并同时到达目的地。也就是说,并行总线在每个时钟脉冲下可以发送多个二进制数据位,而串行总线只能发送 1 个。

按照时钟信号是否独立,总线可以分为同步总线和异步总线。同步总线的时钟信号独立于数据,而异步总线的时钟信号是从数据中提取出来的。例如,SPI、I2C 是同步串行总线,RS232 采用异步串行总线。

采用总线结构具有如下主要优点。

(1) 高效率的信息传送。

(2) 兼顾高速设备和慢速设备。CPU 与高速运行的局部存储器通过高传输速率的局部总线连接,而速度较慢的全局存储器和全局 I/O 接口与较慢的全局总线连接,这一设计使它们之间不会互相牵扯。

(3) 简化硬件设计。采用模块化结构设计方法,在设计面向总线的计算机时,只要按照规定制作 CPU 插件、存储器插件及 I/O 插件等,并将其连入总线,便可使其进行工作,不必考虑总线的详细操作。

(4) 简化系统结构。整个系统结构清晰,连线少、底板连线可以印制化。

(5) 系统扩充性好。从规模上来看,扩充规模仅需要插入同类型的插件;从功能上来看,扩充功能仅需要按照总线标准设计新插件,而插件插入机器的位置往往没有严格的限制。

(6) 系统更新性能好。

(7) 便于故障诊断和维修。利用主板测试卡可以方便地找到出现故障的部位。

尽管如此,采用总线结构仍有一些无法避免的缺点。

(1) 外部设备与主存储器之间没有直接的通路,它们之间的信息交换必须通过 CPU 才能进行中转,从而降低了 CPU 的工作效率。

(2) 利用总线传送具有分时性。当有多个主设备同时申请总线的使用时必须进行总线的仲裁,分时传输。

(3) 总线的带宽是有限的,如果连接到总线上的某个硬件设备没有资源调控机制,则容易造成信息的延时。

(4) 连到总线上的设备必须有信息的筛选机制,要判断信息是传送给哪个部件的。

5.2.5　接口

计算机主机和外部设备具有各不相同的工作特点,在信息形式及工作速度上差异很大,因此需要某种部件作为媒介来解决这些差异。这种设置在计算机主机和外部设备之间的交换界面就是接口。接口既可以出现在 CPU 与 I/O 设备之间进行数据交换,也可以实现主机同外部存储器之间的连接。由于存储器通常在 CPU 的同步控制下工作,因此接口电路比较简单。这里重点讨论 I/O 接口。

I/O 接口的首要功能是实现主机和外设(外部设备)之间的通信联络控制。主机和外部设备的工作速度并不相同。同样是外部设备,其传输速度也相差很大,例如,硬盘的传输速度远比打印机的打印速度快。并且每台 I/O 设备有各自的定时控制电路,和 CPU 的时序并不统一。I/O 接口需要解决主机和外设之间进行信息交换时所出现的速度和时序不匹配问题,从而保证整个计算机系统协调、统一地工作。

I/O 接口需要进行地址译码和设备选择。计算机系统中往往连接多台 I/O 设备。每个接口电路中存在可以被 CPU 直接访问的寄存器,这类寄存器称为 I/O 端口。I/O 端口用于存放 I/O 设备和主机进行信息交换时所需的各类信息,例如,数据端口存放写入设备或读入 CPU 的数据信息,状态端口读取 I/O 设备的当前状态,控制端口发送控制信息给 I/O 设备。CPU 在某一时刻只能访问一台外设的一个端口,因此为了区分各个外设及端口,需要对 CPU 发送的外设地址码进行译码,确定同主机进行信息交换的外设。

I/O 接口需要实现数据缓存功能。I/O 设备的工作速度往往比 CPU 的工作速度慢很多,为了使两者之间在信息交换时做到同步,需要通过设置数据缓冲寄存器暂时缓存传输的数据,从而避免因 CPU 工作速度和 I/O 设备工作速度不一致而导致的数据丢失。

I/O 接口要对信息的格式进行转换。不同的 I/O 设备存储和处理信息所采用的格式不同,采用的信号类型不同,信号处理的方式也不同。例如,接口和计算机系统总线之间一般采用并行的方式传输数据;而接口和 I/O 设备之间数据传输方式视设备特性而定,有可能采用串行,也有可能采用并行。因此,对于采用串行的方式进行数据处理的 I/O 设备,其对应的接口就需要具备对数据格式的串/并转发、串/并转换的能力。此外,有的 I/O 设备采用二进制编码存储信息,有的则采用 ASCII 编码存储信息;有的 I/O 设备使用数字信号,有的则使用模拟信号,这些都需要接口进行转换、协调处理。

最后,I/O 接口还应当具备传输控制命令和状态信息的功能。在主机和 I/O 设备进行信息传输之前,必须了解 I/O 设备的工作状态,例如,I/O 设备是否已经准备好要传输的数据。因此,I/O 接口应当作为主机和 I/O 设备间的媒介,负责传输数据交换时所需要的控制逻辑和状态信号等。

图 5-20 展示了一种 I/O 接口的基本结构。不同接口的组成部分有所差异,如图 5-20 所示的 I/O 接口主要包括各类寄存器、设备选择电路、设备状态标记模块、命令寄存器和命令译码器、控制逻辑电路等。

CPU 同 I/O 设备进行信息传输,实际上是对接口中的某些寄存器(即端口)进行读写操作。例如,数据缓冲寄存器(data buffer register,DBR)用来保存并传送数据信息,状态寄存器传送状态信息等。设备选择电路实现设备选择的功能。设备状态标记模块用于反映设备的当前状态,例如,设备是否已经准备就绪、CPU 需要读取的数据是否已送入相应的寄存器

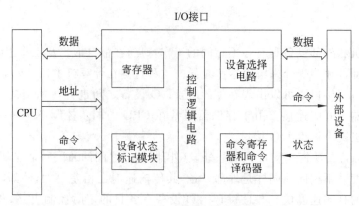

图 5-20　I/O 接口的基本结构

等。命令寄存器和命令译码器帮助传送相关的控制命令。

I/O 接口可分为不同的类型。按照数据传输方式的不同，I/O 接口可分为串行接口和并行接口，前者在设备和接口之间一位一位地传输数据，而后者则可以同时传输一个字节或一个字的数据。需要注意的是，这里的数据传输方式描述的是 I/O 设备和接口之间的传输，而在接口和主机之间，数据以并行的方式通过总线传输。按照功能选择的灵活性，I/O 接口可分为可编程接口和不可编程接口。对于可编程接口，在不同的场合可以使用软件方便地实现接口的不同功能，从而使接口起到不同的作用。

5.2.6　I/O 设备

I/O 设备是外围设备的一部分，是外界同计算机直接或间接进行信息交换的装置。常见的输入设备有用于用户输入的键盘和鼠标。常用的输出设备主要有显示器和打印机等。每个 I/O 设备通过控制器或适配器连接在 I/O 总线上。控制器通过接收并识别 CPU 发出的控制命令，控制 I/O 设备工作，让 CPU 知道 I/O 设备的状态，从而实现 CPU 与 I/O 设备之间的数据交换。

键盘是最常用的输入设备。键盘中的按键以矩阵的形式排列，每个按键同电信号相接，当触碰按键时，电信号连通；松开按键后，电信号断开。当按键动作发生时，由其对应的电信号确定该按键在键盘中的行列坐标。之后，该坐标被传输至主机内的键盘接口电路。译码程序将接收到的行列坐标翻译为对应的编码信息，例如，通过键盘输入大写字母 A 时，得到的编码可以是其对应的 ASCII 码（十进制 65）。最终，该编码信息通过接口传输到 CPU。键盘向键盘接口提供数据时采用串行的方式，而在 CPU 内部，数据以并行的方式传输，因此需要先将串行数据转换为并行数据，再传输给 CPU。此外，通过键盘输入数据时，只有当前一个按键发送的数据被 CPU 接收后，才能继续接收下一个按键的输入。因此，键盘接口在接收一个数据之后，会向键盘发送禁止其工作的信号，直到该数据接收完毕，才会继续接收新的输入。由于该信号持续时间极短，从用户角度而言是可以忽略不计的。

鼠标，作为常用的定位输入设备，能将用户操作在计算机屏幕上显示出来，从而实现用户对计算机的可视化控制。常用的鼠标有两类：机械式鼠标和光电式鼠标。机械式鼠标（图 5-21）装有滚球，当拖动鼠标时，滚球带动辊柱一起移动。

辊柱装有传感器，该传感器产生的光电脉冲信号能够反映出鼠标在水平方向和垂直方

图 5-21　机械式鼠标结构

向上的移动变化。之后,通过程序的处理和转换,利用这一系列的移动变化,控制屏幕上的光标做出相应的运动。现在主要使用的鼠标为光电式鼠标,光电传感器代替了滚球,直接将检测到的鼠标位移信号转换为电脉冲信号。

显示器是重要的输出设备,其种类繁多。根据显示器的原理不同,可分为阴极射线管(cathode ray tube,CRT)显示器、液晶显示器(liquid crystal display,LCD)和发光二极管(light emitting diode,LED)显示器等。液晶显示器采用液晶作为制作材料。液晶,可理解为液态的晶体,同时具备液体的流动性和类似晶体的某种排列特性。在电场的作用下,液晶分子的排列会产生变化,这样一来,当入射光束透过液晶时,光束强度会发生改变,从而通过偏光片的作用,光线的阴暗也会发生变化。总的来说,控制液晶电场可以实现光线的明暗变化,进而达到信息显示的目的。相比于 CRT 显示器,液晶显示器体积小、重量也比较轻,并且省电、画面柔和不会闪烁、不伤眼。LED 显示器通过控制半导体发光二极管来显示各类文字、图像等信息。同液晶显示器相比,LED 显示器在亮度、功耗、可视角度等方面都更加具有优势。

◈ 5.3　计算机软件子系统

计算机软件子系统:计算机系统的软件是看不见、摸不着的部分,软件代表着计算机设计人员的智慧体现。计算机软件系统包含两大部分:基础软件和应用软件。基础软件是计算机运行必不可少的程序,如操作系统软件、语言处理系统、系统服务程序、数据库管理系统等。基础软件的功能是提供计算机硬件与上层功能性软件之间的接口。应用软件是使用计算机硬件实现特定功能的软件,比如文字处理软件、辅助设计软件、即时通信软件等。

5.3.1　计算机操作系统的形成与发展

计算机软件子系统中最重要的是操作系统。操作系统并不是和计算机硬件一起诞生的,而是随着计算机技术的发展,逐步形成和完善的,主要经历以下阶段。

(1) 人工操作阶段。从 1946 到 20 世纪 50 年代中期,计算机的控制和使用都由人工来完成。那时候的源程序并不像现在一样以文件的形式保存在计算机上,而是记录在穿孔卡片或穿孔纸带上。编译程序前,先将编译系统装入计算机。然后,编译系统读入穿孔卡片或穿孔纸带上的源程序。编译产生的目标程序仍然输出到卡片或纸带上。想要运行目标程序,需要先通过引导程序将其读入计算机。目标程序启动后,从输入机上读取输入数据,输出执行结果。

人工操作阶段没有操作系统,很多步骤需要人工操作。人工操作一方面效率低、浪费时间,另一方面容易发生差错。并且计算机每次只能服务于单个用户,单个用户独占全机资源,资源利用率低下。随着计算机硬件的发展,硬件运算速度逐步提升,导致越来越多的时间浪费在人工操作上,人机矛盾显著,迫切地需要新的计算机使用方式来缓解当前的问题。

(2) 管理程序阶段。20 世纪 50 年代末—60 年代中,为了解决人工干预、缩短人工操作和建立用户计算任务的时间,提出了"管理程序"。用户将自己想要执行的计算任务所需要的程序、数据和作业控制卡提交给计算机的操作员。操作员收集好一批作业后,统一输入计算机。计算机内的管理程序能够实现从一个作业到下一个作业的自动转换。这就是早期的批处理系统,该系统通过作业自动转换,从而减少了系统的空闲时间和手工操作时间。可以说,这就是操作系统的雏形。

(3) 多道程序阶段。管理程序阶段的计算机是单道批处理系统,意味着任何时刻仅有一道作业在内存中运行,资源利用率低。如果能够在同一个时间段内允许多个程序进入内存,并在某个程序等待 I/O 设备时,将 CPU 分配给其他程序,就会减少 CPU 的空闲时间,提高 CPU 的利用率。从宏观上来看,多道程序并发运行;从微观上来看,多道程序是在 CPU 内交替运行。多道程序的设计必须解决三个问题:存储保护与程序浮动、处理器的管理和调度以及系统资源的管理和调度,这些其实都是现代操作系统需要实现的功能。在出现多道程序系统之后,现代操作系统才真正形成和发展。

5.3.2 操作系统的特征

尽管不同类型的操作系统都有各自的特殊之处,但是它们都具备操作系统的四个基本特征:并发性、共享性、虚拟性和异步性。

(1) 并发性。指的是程序的并发执行。从宏观上看,计算机系统在一段时间内可以同时运行多个程序。但从微观上看,每个时刻仅能有一道程序运行在 CPU 之上,所以程序是分时间交替执行的。尽管现在的计算机一般都是多核 CPU,如 4 核或 8 核 CPU,也就是说,对于 4 核 CPU 的计算机而言,同一时刻,可以有四个程序分别在四个 CPU 内分别运行,但是操作系统的并发性依然有很重要的作用。

(2) 共享性。指的是系统中的资源可以被多个并发进程共同使用。操作系统中的资源共享有两种方式:互斥共享和同时共享。互斥共享,意味着在一段时间内该资源仅能供一个用户程序使用。如果当前所需的资源正在被其他用户程序使用,其他请求该资源的程序就需要等待,直到当前用户程序使用完毕。该资源被释放后,将由操作系统按照某种算法或调度策略分配给其他请求该资源的程序。这类互斥共享的资源称为临界资源,典型的一个例子是打印机。显然,在某一段时间内,打印机只能打印一份文件,其他待打印的文件就需要排队等待。同时共享则与此相反,在同一段时间内该资源可以被多个程序同时访问,如硬盘资源等。其实,同时共享只是一种宏观上的考量,从微观角度来看,两个程序仍然交替访问硬盘资源。

(3) 虚拟性。指的是将物理实体转换为若干个逻辑上的对应物,从用户来看仅能体会到逻辑上的对应物,而无须关注实际的物理实体。时分复用技术和空分复用技术是常用的两种虚拟技术。前者实现虚拟处理器和虚拟设备。以虚拟处理器技术为例,在使用计算机时,可以一边利用文字处理软件写作业,一边打开音乐播放器听音乐。从用户角度来看,这些程序是同时运行的,并且用户无须关心计算机系统是如何实现这一功能的。但其实在单核 CPU 计算机中,每个程序对应的进程在各个微小的时间段内交替运行在处理器上。空分复用技术可以实现虚拟磁盘、虚拟存储等。关于虚拟存储的具体内容,将在 5.4.2 节介绍存储器管理功能时展开论述。

(4) 异步性。指的是多道程序系统允许多个程序并发执行,但是由于系统中的资源有限,在每个程序对应的执行过程中,并不可能永远独占其所需的各类资源,因此程序的执行过程可能会被迫停止,等待操作系统分配给自己所需的资源。所以,程序的每一次执行(每个进程)都不是连贯的,而是会运行一段时间,等待一段时间,以不可预知的速度向前推进。这种不确定的情况也体现在多个程序之间,例如,程序间的运行顺序是无法确定的;外部输入的请求何时发生,运行是否发生故障、何时出现故障也是难以预测的。

◆ 5.4　计算机操作系统功能

操作系统作为计算机中硬件和软件的中间桥梁,用来管理下层硬件,并提供接口服务给上层应用软件。操作系统由两大部分组成:外壳(shell)和内核(kernel)。操作系统的外壳,负责用户同操作系统的通信。内核则是操作系统的核心,操作系统的主要功能都由其来实现。本节将从以下几个方面详细论述计算机操作系统到底要实现什么样的功能。首先,计算机想要完成用户需求、执行任务都要通过运行程序来实现。程序是如何被传送到 CPU 内去运行的? 不同的程序运行顺序如何决定? 如果运行程序需要执行读写操作,又该怎样去处理? 这些问题的解决需要操作系统对 CPU 进行管理,称为处理器管理或 CPU 管理功能。其次,程序运行过程中显然需要存储一系列数据,包括源代码、运算的中间数据、运行的状态信息、执行的最终结果等,这就需要操作系统的存储器管理功能。此外,程序的运行可能还会涉及其他的设备,有些程序需要读写文件,这就用到了操作系统的设备管理功能和文件管理功能。

5.4.1　处理器管理功能

计算机想要完成用户提出的需求和任务,就需要由 CPU 执行具体的程序指令。处理器管理在很大程度上意味着对 CPU 进行管理,也就是怎样将 CPU 分配给程序使其能够正常运行。因此,程序的每一次运行都需要操作系统进行管理,如分配资源、调度所需的设备等。将正在运行的程序抽象为一个新的概念,这个概念就是进程。进程是程序的一次执行。程序的每次执行包含执行过程中所有的环境信息,如用到的代码、分配的内存、存放的变量等。进程是操作系统进行资源分配和调度的独立单位。

图 5-22 描绘了进程包含的主要部分。进程主要包括代码段、数据段、栈、堆、BBS 段和进程控制块等内容。代码段(code segment)是开辟出来的一块内存区域,用于存放被执行的程序代

进程

| 代码段 code segment |
| 数据段 data segment |
| 栈 stack |
| 堆 heap |
| BBS 段 |
| 进程控制块 PCB |
| … |

图 5-22　进程的组成部分

码。数据段(data segment)通常存放的是程序中已经初始化的全局变量。栈(stack)用于存放程序临时创建的局部变量。栈作为一种常用的数据结构,有着"先进后出"的特点,即最后被保存进栈的数据信息,将会被最先取出;而最先被保存进栈的数据内容,则会被最后取出。基于此特点,栈这个结构非常适合保存及恢复调用现场。例如,当函数 func() 被程序 A 调用时,对应的参数会被保存至程序 A 此次运行对应的进程的栈中。当函数调用结束时,得到的函数返回值同样也被存放到栈里面。

堆(heap)存放运行中动态分配的数据,如所有的类对象。堆的大小并不固定,能够根据运行的需要动态扩张或缩减。

BBS 段(block started by symbol)通常存放的是程序中未初始化的全局变量。

进程控制块(process control block,PCB)。作为进程存在的唯一标志,进程控制块能够方便操作系统统一管理各个进程。进程控制块记录了程序的运行情况、进程的特征信息、进程当前的状态、获取的资源情况、同其他进程的关系等。

除此之外,其他一些内容,如已开启文件表(open file table)、用于地址映射的页表(page table),也会被记录在进程里面。

进程通常分为两类:系统进程和用户进程。前者是操作系统用来管理系统资源的,后者则是完成用户需求而去执行的一次程序。那么,进程和程序之间有何区别呢? 第一,进程是程序的一次执行,关键在于"执行",是一个动态的过程;而程序,则是写好的一段代码,是一个静态的事物,如果不修改这段代码,这段代码永远都不会有任何改变。第二,从时间上来看,进程有始有终,程序运行时,进程存在于内存,程序运行结束,进程就会消亡;而程序,则可以长期保存在外存,只要不删除它,它就可以一直存在。第三,从二者构成来看,程序只包含代码;进程则是包含代码、数据、进程控制块等诸多内容。尽管进程和程序有上述区别,但二者的联系也十分紧密。进程必然是基于程序才会存在的,但对于同一个程序而言,每一次运行对应的是每个不同的进程。不同的程序之间有调用存在,那么一个进程,也可以通过调用激活多个程序。

进程具有动态性、并发性、结构特性、独立性和不确定性。动态性,说明进程和世间生物类似,具有完整的生命周期,从创建进程开始,分配到 CPU 后进程便可以执行,运行结束之后进程则会消亡。并发性,意味着内存中可以存在多个进程实体在一段时间内同时运行。结构特性,说明进程不像程序一般,仅包含指令代码,进程的组成部分中还包括了运行的数据段及记录运行情况的进程控制块。独立性,代表每个进程如何被操作系统调用、被分配了哪些资源,这些事情都是独立的、互不干涉的。不确定性,表明系统中的各个进程,其运行速度是未知的、不同的。

计算机的运行通过 CPU 执行一个个的程序来完成。但事实上,并不是所有的程序都是只需要放在 CPU 内运行就可以,有些程序还需要其他设备的配合,有些程序需要同用户进行交互,有些程序需要读写文件。在计算机系统中,如果严格采用顺序执行程序的方式,等第一个程序运行完毕,再去运行第二个程序,显然会导致计算机的执行效率低下。因此,目前的主流操作系统几乎都是多任务操作系统。多任务意味着计算机可以同时执行多个不同的程序。可以假设一个简单的场景:计算机中的任何程序都由输入、计算和打印这三项操作组成,并且这三项操作都必须顺序执行。很明显,这三项操作所需的资源或设备是不同的,输入操作需要输入设备(如键盘)来读取用户给定的信息,计算需要 CPU 资源,打印需要输出设备(即打印机)。那么,当第一个程序完成输入操作,放到 CPU 内执行计算操作的时候,就可以启动第二个程序的输入操作,使第二个程序的输入操作和第一个程序的计算操作能够并发执行。这样一来,并发执行多项任务就可以提高系统的处理效率,更加充分地利用系统资源。

即便在多任务操作系统中,如果系统内只包含一个 CPU,那么每时每刻也只能执行一个程序,更准确地说,是只有一个进程能在 CPU 内运行。假如当前在 CPU 内运行的进程无法继续,例如,需要等待用户输入的数据才能完成后续运算,那么此时没有必要让该进程继续占据 CPU,可以先将其换出,调入其他已经准备好的进程进入 CPU 运行。因此,不同的进程在 CPU 内交替运行,进程的状态也会随之发生改变。进程的生命周期内存在三种基本状态:运行、阻塞和就绪。

(1) 运行状态。进程已经获取到所有所需的资源,正在 CPU 内运行。显然,处于运行态的进程数目不可能超过 CPU 的数目。单 CPU 系统中,任何时刻仅可能只有一个进程处于运行态;多 CPU 系统中,则可能有多个进程处于运行态。

(2) 阻塞状态。如果进程能够进入运行态,表明该进程所需的所有数据、资源都已经获得。如果某些数据还没有得到,例如,需要等待用户输入信息,那么进程就需要等待某种事件完成,从而导致进程暂时无法运行。这一状态称为阻塞状态,也称等待状态或睡眠状态。

(3) 就绪状态。代表当前进程所需的一切资源(除 CPU 外)都已经获得,只需等待分配 CPU 资源去运行。处于就绪态的进程,一旦获得 CPU,就可以立即转换为运行状态。在多任务操作系统中,处于就绪状态的进程可能有很多。因此,采用队列(queue)这一数据结构保存所有处于就绪状态的进程,该队列称为就绪队列。队列的结构特点和上文提到的栈正好相反,有着"先进先出"的特点,也就是先被保存进队列的内容,将会被最先取出。也正是这一特点,保证了先就绪的进程,更有可能先得到 CPU 资源去运行。

进程的这三种状态相互之间如何转换呢? 图 5-23 展示了进程状态的转换过程。处于就绪状态的进程,被进程调度程序选中后,将获得 CPU,进入运行状态。进程正常运行过程中,如果需要等待文件读取或用户输入,并且该进程所需的数据资源无法立刻满足,将进入阻塞状态。进入阻塞状态的进程,其所需的 I/O 请求完成或所需的数据资源得到后,并不会立即进行运行状态,而是重新回到就绪状态排队,等待进程调度程序再次将 CPU 分配给自己。此外,在分时操作系统中,每个进程能够占用 CPU 的时长是有限制的。一旦超出时

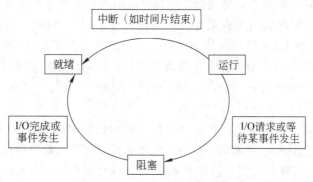

图 5-23　进程状态的转换过程

长,进程所占据的 CPU 资源将被系统收走分配给下一个进程。如果进程无法在规定的时间片内执行完毕,将会进入就绪状态,等待下一个时间片的到来。

由于运行于 CPU 内的是一个个进程,因此操作系统对 CPU 的管理(或者说是对处理器的管理)就需要对各类进程进行管理。从单个进程来看,操作系统需要根据当前的运行情况,对进程执行创建、撤销、阻塞和唤醒这四个操作。

(1) 创建进程。当用户启动某个程序的运行时,操作系统要为该程序创建一个相应的进程。操作系统要为新进程分配进程控制块及所需的资源。特别是,如果对应的程序及数据不在内存中,需要为其分配内存,并将程序和数据从外存读取出来,调入分配的内存内。之后,将进程的相关信息,如进程的名字、状态等,写入进程控制块。最后,将记录了进程信息的进程控制块插入到就绪队列,等待分配 CPU 资源。

(2) 撤销进程。程序执行完毕,进程也完成了它的任务,此时需要将进程所占据的全部资源回收,方便其他进程使用。

(3) 阻塞进程。进程运行过程中需要等待文件读取完成或用户输入的数据才能继续执行,并且这些数据资源无法立刻获得,那么该进程将会立刻停止在 CPU 内运行。操作系统将进程的当前运行信息保存到进程控制块,将进程状态修改为阻塞。接下来,获取该进程所需的数据资源。当多个进程都在等待该进程所需的资源时,便把该进程插入到对应资源的等待队列。最后,利用进程调度程序,将 CPU 分配给另外的就绪进程。

(4) 唤醒进程。当进程获得了被阻塞时所需的资源,操作系统将其唤醒,从阻塞队列中移除,修改进程控制块中的进程状态,并将其插入到就绪队列。

如果当前进程被阻塞,操作系统就需要从就绪的进程中选定下一个进程,送入 CPU 内运行,这个过程称为进程调度。选择下一个进程的策略有很多,每种策略考虑的角度不同,各有优劣。目前常用的进程调度策略包括:先来先服务、时间片轮转、短作业优先、多级反馈队列轮转等。

(1) 先来先服务。按照进程进入就绪队列的先后顺序来调度进程。即先进入就绪队列的进程,先得到 CPU 资源去运行。当前进程运行完毕,再选择下一个进程进入 CPU。先来先服务的进程调度策略实现起来简单,但可能会导致效率较低。这种策略对于先进入就绪队列的长作业有利,对于就绪队列中的短作业不利。特别是如果当前进程运行时间很长,就绪队列中的短作业就需要等待很长时间,尤其是在同自身运行时间相比之下。

(2) 时间片轮转。原则上依然是按照进程就绪的先后顺序来调度进程。同先来先服务调度策略相比,为了解决就绪短作业等待时间过长这个问题,时间片轮转调度策略为每次 CPU 运行设置一个固定的时间片(如 50ms)。一旦当前进程在 CPU 内执行时用完了规定的时间片,不管该进程是否运行完成,都会被迫停止。该调度策略将会把 CPU 和同长度的时间片分配给下一个就绪进程。而被迫停止的进程,如果没有运行完成,将会再次进入就绪队列,重新排队等待下一次分配 CPU 资源。

(3) 短作业优先。根据每个进程预计执行时间的长短来调度进程,即预计执行时间较短的进程将会被优先执行。该策略也解决了先来先服务调度策略中可能出现的就绪短作业等待时间过长的问题,降低了所有进程的平均等待时间,有利于提高系统单位时间内能够运行完成的进程数目。尽管如此,短作业优先的调度策略也有一些缺点。一方面,进程的运行时间有时是难以预测的。如果无法预测进程的执行时间,短作业优先就无法执行。另一方面,该进程调度策略可能导致长作业在很长一段时间内无法获得 CPU 资源,也会导致一些紧迫的任务无法提前完成。

（4）多级反馈队列轮转。考虑到紧迫的任务应当优先执行,每个进程都可以设置一个优先级。所有的就绪进程则可以按照进程的优先级高低分成不同的队列。优先级不同的队列,其时间片不相同。例如,考虑到高优先级进程在调度时会被优先考虑,为了照顾低优先级进程,低优先级进程的时间片将会比高优先级进程的时间片设置得较长些。该进程调度策略有两个基本思路:一是不同的队列之间,按照优先级高低的顺序投入运行,只有当高优先级的就绪队列为空时,才会考虑下一级的就绪队列;二是同一队列之间,按照时间片轮转的策略选择进程进入 CPU 内执行。

5.4.2　存储器管理功能

操作系统对存储器的管理需要满足两个要求:一是计算机中存在多个用户,需要满足多个用户对内存的要求;二是为用户使用内存提供更方便的服务,让用户在使用内存时能够无须考虑程序在内存中的具体存放位置。操作系统的存储器管理功能具体包括内存的分配和回收、内存的逻辑扩充、逻辑地址到物理地址的转换和内存区域的保护等。

（1）内存的分配和回收。操作系统根据任务需求,按照一定的策略分析内存空间的使用情况,从而找到足够的空闲区域,将其分配给对应的任务。同样,当任务执行结束,相应的内存空间也不再需要了,操作系统需要将该任务占用的内存空间收回。内存的分配和回收的具体实现和内存储器的管理方式息息相关。常见的内存储器的管理方式包括分区存储管理、分页存储管理、分段存储管理、段页式存储管理和虚拟存储管理。

分区存储管理将内存划分为若干个区域,每个区域称为分区,每个分区仅用来装入用户向计算机提交的一个任务(即作业)。根据每个分区的大小是否固定,分为固定分区存储管理和可变分区存储管理。前者事先划好分区,当用户任务提交之后,需要申请内存时,由操作系统为该任务选择一个适当的分区,并将其相应的信息装入内存运行。后者则是在申请内存时建立分区,使分区大小正好同任务需求的存储空间相匹配。那么,操作系统是如何知道哪个分区是否被使用呢?对于固定分区存储管理,其系统内部设置了一张"分区分配表"记录了各个分区的编号、起始地址和占用情况。如果该分区被某个作业占用,则会记录该作业号。操作系统可以根据"分区分配表"实现对内存的分配和回收。与此类似,可变分区存储管理利用"空闲区表"来管理内存中的空闲分区。

分区存储管理划分的标准是以作业为参考的,因此即便是固定分区,也要尽量满足绝大部分作业所需的存储空间。但是不同的作业所需的存储空间不同,在内存分配过程中就会出现内存碎片。随着内存不断分配,作业在内存中的存储位置不再连续,而是两个作业之间可能会出现小的空闲存储空间,而这段小的空闲存储空间却不足以分配给新的作业。这时候新作业放不下,只能对已存储的内容进行整体移动,称为内存紧缩。内存紧缩是个很缓慢的过程,并不是一个好的选择。为了解决这个问题,可以使用一种新的内存空间划分方式,以更小的区域为参考,也就是分页存储管理。分页存储管理将内存空间划分为相同大小的若干片,称为页。在为作业分配内存时,每个作业会分到若干个页,而不再是之前的一个分区。若干个页在实际存储的时候,也不再是连续的,被存入多个可能不相邻接的物理块中。作业可能包含多个进程,操作系统为每个进程建立一张页表,利用页表记录进程中的每一页保存在内存中的哪个物理块中。

上述两种存储管理方式并未考虑每个作业或进程中的具体内容，仅仅考虑了如何为整个作业整体或进程整体分配内存。如同在日常生活中，将新买的一箱书籍放入书架。实际上，为了之后查找方便，不能单单完成这项任务，还应将书籍分门别类地放入书架。同样，进程中包含不同的内容，有代码段、数据段、栈段，也应按照程序的逻辑结构，分门别类地将不同内容存放在内存里，这就是分段存储管理。在分段存储管理中，地址空间被划分为若干段，每段保存一段逻辑信息，如代码段、数据段等。每段大小可以不相同，以段为单位保存在内存中，段与段之间可以不相邻。和页表类似，操作系统为每个进程建立一张段表，记录进程中的每个逻辑段保存在内存的哪个位置。

（2）内存的逻辑扩充。内存的逻辑扩充普遍采用虚拟存储管理技术。这一技术的理论依据是程序的局部性原理，即在一段时间内，整个程序的执行仅限于程序中的某一部分。具体而言，如果程序中的某条指令被执行或某项数据被访问，那么短暂时间内该指令可能会再次被执行，该项数据可能会再次被访问；如果程序访问了某个存储单元，那么该存储单元附近的存储区域页有可能在之后会被访问到。根据这一原理，当一个程序运行时，可以只将当前运行所必需的数据和程序载入内存，而将其他部分保留在外存。如果程序运行需要用到新的信息，则从外存将其读入到内存；同样，当前暂时不用的数据也可挪至外存，释放内存空间供其他程序使用。

这样一来，操作系统便可以将存储空间有限的内存和大容量的外存进行统一管理，在内存和外存之间动态调用数据信息，将二者整体视作存储容量远超于实际主存储器的虚拟存储器。从用户角度来看，用户并不会察觉到内存和外存的区别，只以为系统提供了容量足够的内存。尤其在用户进行编程时，因为虚拟存储器可以一直满足用户对存储容量的需求，忽视主存储器的大小，有着更好的编程体验。

（3）逻辑地址到物理地址的转换。应用程序想要被执行，需要经过两个阶段：一是通过编译（compile）形成若干目标程序；二是目标程序通过链接（link）形成可执行程序。在编译和链接的过程中，无法确定程序运行时其所需的代码和数据等信息会被保存在哪里。因此，这些程序的地址往往都是从"0"开始记录的，程序中的其他地址也是相对于起始地址来计算的。这一类由CPU生成的、用于内部编程使用的、并不唯一的地址，就是逻辑地址。和逻辑地址相对应的是物理地址。物理地址是进程及其相应的进程信息在内存或外存中实际存放的地址。在多任务操作系统中，每道程序不可能都从"0"开始装入内存，因此逻辑地址和内存空间中的物理地址并不一致。操作系统需要在硬件的支持下，实现地址映射功能，即将程序地址范围内的逻辑地址转换为内存空间中与之对应的物理地址。

（4）内存区域的保护。计算机中的内存资源并不是单一用户所独有的，而是服务于多个用户、程序和系统软件。每个用户、程序和系统软件对内存资源的使用都应当是独立的、互不影响的，既不会由于某个程序出错而破坏其他程序，也不会允许一个程序不合法地访问并未分配给它的内存区域。

内存区域的保护有多种方式，常见的有界地址保护和存储键保护。对于界地址保护，意味着每个程序的存储区域都有对应的上下界。当想访问某个物理地址对应的内存空间时，需要把该物理地址同程序的上界地址和下界地址进行比较，如果该物理地址在界线范围内，则允许程序访问该物理地址对应的内存空间，否则的话，禁止越界访问。

显然,这一保护机制适用于分配给程序的存储区域是一段连续的内存空间,对于虚拟存储器系统,每个用户的存储区域并不是连续的,而是离散地分布在内存内部,则需要采用存储键保护技术。操作系统为每个存储页面设置存储键,用户对存储页面的读写操作带有访问键。只有存储键和访问键匹配,才允许用户对该存储页面进行存取操作,从而实现保护各个程序区域不被其他用户所侵犯。

5.4.3　设备管理功能

除外存设备外,操作系统需要管理的设备主要包括输入设备(如键盘、鼠标等)和输出设备(如显示器、打印机等)。操作系统对这些设备的管理通过 I/O 来实现。随着科技的不断发展,现代的 I/O 设备也多种多样。为了识别各式各样的 I/O 设备,操作系统提供了 I/O 模型。根据 I/O 模型,可以利用设备驱动程序(device driver)将各类 I/O 设备加载至操作系统中。

设备管理的主要功能包括:设备地址转换、数据交换、接口提供、设备分配与释放等。在多任务操作系统中,哪些用户使用哪些设备是由操作系统根据当前设备的具体情况进行分配的。操作系统为每类设备规定了设备的类型号,称为逻辑设备名。当用户需要某类设备时,只需点明逻辑设备名,操作系统会执行设备地址转换功能,将逻辑设备名转换为物理设备名。操作系统通过管理设备,为各类 I/O 设备提供接口,实现 I/O 设备和主机之间的信息交换。设备管理程序将 I/O 设备及其相应的设备控制器和通道分配给进程,并在设备使用完毕之后,回收设备。

设备管理需要协调快速 CPU 与慢速的 I/O 设备之间进行数据交换,关键在于如何检测设备的工作状态,从而对 I/O 进行控制。常见的 I/O 控制方式有程序查询方式、程序中断方式、直接主存访问(direct memory access,DMA)方式等。

(1) 程序查询方式。以 Python 程序为例,假如程序运行过程中,执行到 name＝input() 这一行代码,此时,需要用户通过键盘输入一串字符保存到变量 name 指向的内存位置。首先,CPU 通过控制总线向键盘这一输入设备对应的接口发出读的命令,并通过地址总线指明数据来自哪里(即哪个输入设备),以及读入后的数据将会存入哪个寄存器内。接口接收到读命令后,由用户通过键盘输入自己的名字。之后,这一串代表用户名字的字符被传送到 I/O 接口内的数据寄存器。随后,修改 I/O 接口内的状态寄存器,表明 I/O 操作已完成,输入数据准备完毕,可以等待 CPU 取走数据。那么,CPU 如何知道输入的数据已经准备好且可以读取了呢? 一种比较直接的方式是轮询检查。CPU 通过不断检查 I/O 接口内的状态寄存器,如果状态寄存器处于就绪状态,便可以通过数据总线读取接口内数据寄存器的值。之后,将数据通过数据总线传送到 CPU 内的寄存器,再将其传送到变量 name 指向的内存位置。这种轮询检查的方式弊端非常明显。CPU 需要不断检查设备的状态,一方面 CPU 无法抽身去运行其他的任务,另一方面检测速度慢、效率较低。

(2) 程序中断方式。CPU 依然通过控制总线向输入设备对应的接口发出读命令,之后需要等待输入设备将数据准备好,才能执行后续的读入数据这一操作。同程序查询方式不同,CPU 不再主动去检查输入设备是否准备好数据,而是先去执行其他的任务。当输入数据准备好,要传送到 I/O 接口内的数据寄存器时,I/O 设备控制器将通过控制总线向 CPU 发送中断信号,请求 CPU 响应自己的请求,接收数据。接下来,CPU 需要先保存好当前正在执行的程序的断点,继而响应中断请求,检查输入过程是否出错。如果输入过程没有错误,CPU 将从 I/O 接口内的数据寄存器里取走已经准备好的数据。

图 5-24 描绘了上述程序中断方式的流程。程序中断方式节省了 CPU 的宝贵时间,在等待 I/O 设备准备数据时,CPU 可以转而执行其他的任务,提高了计算机系统的效率。

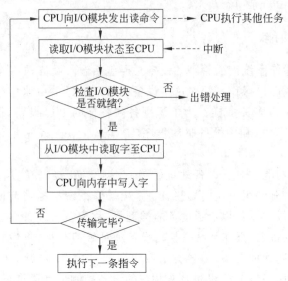

图 5-24　程序中断方式的流程

(3) DMA 方式。完全由硬件来执行 I/O 数据交换。如图 5-25 所示,在内存和高速 I/O 设备之间设有一条直接主存访问总线,即 DMA 总线。在 DMA 方式中,DMA 控制器专门用来管理数据交换的整个过程。DMA 控制器从 CPU 接管对总线的控制权,使批量数据可以不经过 CPU 就能实现内存和高速 I/O 设备之间的直接信息交换。

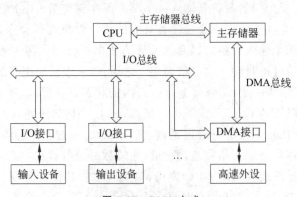

图 5-25　DMA 方式

DMA 方式的数据传送过程包括预处理、正式传送和后处理共三个阶段。在预处理阶段,CPU 向 DMA 接口发出读命令或写命令,并将相关的参数,如内存地址、磁盘地址和读写的数据量等传送给 DMA 控制器。之后,CPU 继续执行原来的任务。在正式传送阶段,DMA 控制器获得总线的控制,以数据块为单位进行内存和高速 I/O 设备间的数据传送。在后处理阶段,当所有数据传送完毕,由 DMA 控制器向 CPU 发送中断信号。CPU 在接收到中断信号后,转入中断处理程序执行收尾工作。

5.4.4　文件管理功能

计算机系统中的软件资源通常以文件的形式存在,因此,操作系统的文件管理功能,也就是对计算机系统中的软件资源进行管理,通过文件系统来实现。文件系统应具备的功能主要包括文件的按名存取、文件存储空间的管理和分配、文件目录的建立和维护、文件的共享和保护、文件接口的提供等。

用户通过文件名来使用文件,无须知道文件在计算机系统中存放的位置及存放方式。不同的操作系统在对文件命名时采用的命名规则有差异,这一差异体现在文件名的格式和长度上。常见的文件名包括两部分:用户自定义的文件名和扩展名。两部分之间用符号"."来连接。文件的扩展名代表了文件的类型,例如,在 Windows 操作系统下,Python 语言编写的代码文件以".py"结尾,图像文件以".jpg"结尾。除文件自身的内容外,文件当中还包含文件的说明信息,即文件属性。文件系统利用文件属性管理文件,明确文件的创建时间、文件的大小、文件的权限(如读写操作)、文件的存放位置等。

为了有效地管理文件,可按照不同的标准对文件进行分类。

(1) 按文件用途,分为系统文件、库文件和用户文件。

(2) 按文件性质,分为普通文件、目录文件和特殊文件。

(3) 按文件保护级别,分为只读文件、读写文件、可执行文件和不保护文件。

(4) 按文件数据形式,分为源文件、目标文件和可执行文件。

文件系统通过目录来组织文件。常用的目录操作包括创建目录、删除目录、检索目录、打开/关闭目录等。目录以树的形式呈现,图 5-26 展示了文件系统中的一部分目录。最上层的节点"/"代表根节点,不被任何目录包含,称为根目录。从根目录向下,每个有分支的节点是一个子目录。图中的根目录文件包含三个子目录,分别是 dev、sys 和 usr。其中,usr 包含所有的用户目录,假设系统中有三位用户 Admin、Xiaohong 和 Xiaoming,那么,user 目录下包含相应的三个目录保存三位用户的数据信息。没有分支的节点,称为树叶节点,代表了一个文件。图中用户 Xiaoming 有名为"test"的 Python 文件。

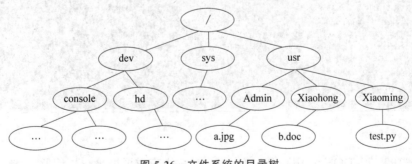

图 5-26　文件系统的目录树

用户对文件的操作通过文件系统提供的接口来完成。这些接口提供的服务包括两大类:一类是直接对文件自身的操作,不涉及文件内容,如创建文件、打开文件等;另一类则是对文件内容进行操作,如查找、修改、删除等。常见的文件操作有如下几种。

(1) 创建文件。每个文件配备一个文件控制块(file control block,FCB),用来记录文件的相关信息。在创建文件时,操作系统首先要为新文件分配所需的外存空间,创建新文件的文件控制块,并在文件系统的相应目录中建立目录项。

(2) 删除文件。操作系统要从目录中找到要删除的目录项,回收该文件的存储空间。

(3) 打开/关闭文件。打开文件之后,操作系统将文件的属性信息载入内存,方便后续的文件操作。文件使用完毕应当关闭文件,释放内存空间。

(4) 读/写文件。读操作将位于外存的文件数据读入内存缓冲区。写操作将内存数据写入到位于外存的文件中。

◆ 5.5 常用计算机操作系统

DOS 操作系统是最原始的操作系统之一。目前最常用的计算机操作系统包括 Windows、UNIX 和 Linux。此外,其他比较常用的操作系统还有 macOS、华为 HarmonyOS,以及用于移动设备的 iOS、Android 等。

5.5.1 磁盘操作系统

磁盘操作系统(disk operating system,DOS)是由美国微软公司研制开发的基于 Windows 的单用户、单任务操作系统,因此也称为 MS-DOS,如图 5-27 所示。通过 DOS,用户不需要熟悉机器的硬件结构,也不需要记忆机器指令,只需要通过 DOS 命令——这一类接近于自然语言的指令,即可实现对磁盘系统中的软硬件资源进行分配管理、合理调度。

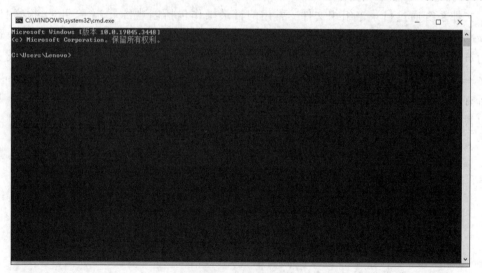

图 5-27 DOS 系统

1981—1995 年,DOS 在 IBM PC 兼容机市场中占有重要的地位。因此,后来的 DOS 作为一个广义的概念,包括了多种同 MS-DOS 兼容的系统,如 PC-DOS、数字研究公司 Digital Research 开发的 DR-DOS,以及其他公司研发的 DOS 兼容产品。

DOS 包括核心启动程序和命令程序两部分。其中,核心启动程序,也是构成 DOS 系统的基础部分,由 Boot 系统引导程序、输入/输出管理模块(IO.SYS)、文件管理模块(MSDOS.SYS)

和命令处理模块(COMMAND.COM)共四个部分构成。Boot 系统引导程序存储于磁盘 0 面 0 道 1 扇区,用于将后续三个功能模块,即输入/输出管理、文件管理和命令处理载入内存。输入/输出管理模块主要用于管理计算机的各类输入及输出设备,如磁盘、显示器、打印机等,对各类设备进行分配及控制。文件管理模块负责有序管理磁盘上的各类文件,包括对文件进行创建、读写、调用、删除、复制等各类操作。与 Windows 操作系统的长文件名管理不同,DOS 的文件管理中采用 8.3 的命名方式对文件命名,即主文件名为 8 个字符,后缀名为 3 个字符。命令处理模块则是接收用户通过键盘输入的各类命令,并对用户的命令进行分析,执行用户的需求。

5.5.2　Windows 操作系统

Windows 操作系统最初是美国微软公司为 IBM 计算机设计的以图形用户界面为基础的操作系统。相比于 DOS,Windows 操作系统提供了图形界面,使用户可以不再采用单纯的命令行方式输入命令操作计算机,而只需要拖动鼠标、单击图标去执行相应的命令,这一类的操作更加简单、容易。截止到目前,Windows 操作系统更新迭代超过 30 个版本,用户比较熟悉的版本包括 Windows XP、Windows 7、Windows 10、Windows 11 等。Windows 操作系统除了适用于计算机以外,也同样适用于服务器(1996 年微软公司推出 Windows Server 系列)、智能手机(2000 年微软公司推出 Windows Mobile 系列)、嵌入式系统等。

2021 年,微软公司正式推出 Windows 11。在这版的 Windows 操作系统中,许多功能进一步改进,例如,为用户提供全新的开始菜单、对软件图标进一步简化、设置面板采用分栏式布局等,其主要目的在于方便用户对计算机的操作,为用户提供更人性化的服务,使用户能够快速查询到自己所需的功能、跳转到自己所需要浏览的模块,提高用户的工作效率,为用户提供更加优美的界面和流畅的使用体验。

5.5.3　UNIX 操作系统

UNIX 操作系统最早出现在 1970 年,是一种面向多用户的交互式分时操作系统。作为最早出现的操作系统之一,UNIX 操作系统部分是开源的,其中大部分程序采用 C 语言进行编码,程序易于修改扩充,具有较强的可移植性和较高的可靠性。在使用形式上,用户除了可以通过终端利用 Shell 语言发布操作命令同系统进行交互之外,还可以利用面向用户程序的界面接收 UNIX 操作系统提供的服务。

UNIX 操作系统同样包括内核和外壳两部分。内核作为操作系统的核心,主要负责存储管理、文件管理、设备管理和进程管理等任务。内核程序由 C 语言和汇编语言编写完成,设计精巧简洁、占据内存空间很小,为外壳程序提供服务系统的调用,以保证整个操作系统能够高效率运行下去。外壳设定用户的工作环境,为用户提供各类操作命令,即 shell 命令,使用户可以通过这些命令使用计算机。相应的外壳程序中,除了系统库、解释 shell 命令的程序、支持程序设计的各种语言、编译处理用户命令的程序之外,还包括用户的实际应用程序等。

为了防止外壳程序直接访问或干扰内核程序的运行,UNIX 操作系统为不同层面的程序提供不同的运行环境,分别称为核心态和用户态。内核程序在核心态运行,称为系统程序;外壳程序在用户态运行,称为用户程序。

5.5.4 Linux 操作系统

Linux 操作系统继承了 UNIX 的特性,可以免费使用、自由传播,是一种类 UNIX 操作系统。1991 年,芬兰赫尔辛基大学的大二学生 Linus Torvalds 利用 UNIX 的核心思想,同时去除其中复杂烦琐的核心程序,编写出适用于一般计算机的、结构清晰、功能简便的操作系统,也就是最原始的 Linux 操作系统。由于 Linux 具有开源免费的特点,不同的公司、研究机构、甚至个人都可以在 Linux 内核的基础上,对其进行修改扩展,开发出不同的版本。目前较为熟知的 Linux 的发行版本有红旗 Linux、Ubuntu、Fedora、Debian 等。

在 Linux 操作系统中,系统中的所有资源包括命令、软件和硬件设备、进程等都被操作系统内核视为文件,每个文件特性和类型并不相同,用途也不相同。同 Windows 操作系统中的文件不同,Linux 操作系统中的文件系统采用层级式的树形目录结构。最顶层的根目录是"/",根目录下面包含其他创建的子目录。例如,"/boot"是 Linux 操作系统启动所需要的引导程序文件的目录。"/dev"是设备管理器目录,将硬件设备映射成对应的文件,相应的描述文件存放在该目录下。"/sys"存放了 Linux 内核相关的文件信息。

Linux 操作系统支持多用户多任务,每个用户有权处理自己的文件,各个用户之间的操作互不影响、互不干涉,多个程序也可以同时独立运行。Linux 操作系统同样适用于嵌入式系统和服务器。相比于 Windows 操作系统,Linux 操作系统具有较强的稳定性,出现故障的概率较小,因此在对计算机应用性能要求较高的领域具有广泛的应用。

◆ 5.6 云操作系统

云操作系统又称云计算操作系统,是以云计算和云存储技术为支撑,构建于服务器、存储系统、网络、主机等硬件之上,融合数据库、中间件等基础软件,用于管理海量资源的综合管理系统。在云操作系统中,利用云计算服务,将任务发送至多个处于不同地理位置的服务器进行分布式计算;同时,将用户数据存储在"云网络"中,实现异地使用存储资源,避免占用大量本地存储空间,为用户提供更高效的计算服务。

5.6.1 云操作系统的基本组成

云操作系统包括五大模块:大规模基础软硬件管理模块、虚拟计算管理模块、分布式文件系统、业务/资源调度管理模块、安全管理控制模块。

大规模基础软硬件管理模块主要负责云操作系统中的资源管理,对系统中的软件、硬件资源进行监控、管理和调度。

虚拟计算管理模块应用三种虚拟化技术——虚拟分拆、虚拟整合和虚拟迁移对资源进行分配从而实现计算功能,其中应用最为广泛的是虚拟分拆技术。该模块利用虚拟分拆技术,可以实现计算资源的同构化和可度量化。系统中的软件和硬件资源,由于出厂时期不同、出厂厂商不同,需要转换成同构的资源节点进行度量,从而实现任务的按需分配和按量计费。

传统的基于云计算的平台普遍采用共享存储的方式,而采用共享存储的方式部署的数据一旦失误操作,就会影响到构建于共享存储之上的所有虚拟机。因此,分布式文件系统能够将用户数据存储在大量廉价的普通存储设备上。有了冗余数据,采用分布式并发数据处理技术,每个存储节点都可以向用户提供数据访问服务。

业务/资源调度管理模块统计系统中业务负载,并对各业务的资源情况进行分析。为提高资源的有效利用率,能够根据系统的负载情况随时动态调整各业务和资源。同时考虑到系统中同时存在多个用户,每个用户所需的服务形态各不相同,如何实现资源的多用户共享、降低单位资源的成本,也是该模块的主要任务。

在云计算和云存储环境下,当众多用户共享同一资源时,如何保证数据安全和用户隐私,从而保证整个系统的信息安全,是一个关键问题。因此,安全管理控制模块不仅包括基础的软硬件安全设计,也包括系统架构、用户认证、数据加密等多个方面。

5.6.2　云操作系统特征

云操作系统具有网络化、安全、计算的可扩充性三大特征。

(1) 网络化。云操作系统的网络化体现在两个方面:一是从计算角度来看,利用"云网络"为用户提供云计算服务。整个平台中的服务器处于不同的地理位置。所有服务器的部署依据系统内部的拓扑结构,从而形成"云网络"。用户任务将被发送给多个服务器,期望能够以最有效的方式利用服务器的计算性能。各个服务器对自身分配到的任务进行处理,并返回处理结果。二是从存储角度来看,利用"云网络"为用户提供存储服务。用户的数据被分布存储在各大服务器上,既保证脱离本地机器时可以方便访问个人数据,又能方便数据同他人共享。

(2) 安全。即云计算和云存储通过多种措施保障用户的数据安全。例如,云操作系统内存的安全机制,保证了不同用户的数据、计算任务的隔离性。用户所接受的任何服务都是独立的、相互隔离的;用户不同任务的不同数据也是独立的,并没有任何内在的相关联系。多种数据加密措施保证用户在云网络中传输的数据安全。此外,云网络的冗余存放特性,使用户数据得以多重备份,存储在不同的服务器上。因此,无须担心数据局部损坏对用户数据安全造成影响。

(3) 计算的可扩充性。当用户本地硬件资源不够时,可以动态申请网络硬件资源提供相应的服务。软件计时服务,也将成为解决软件盗版问题的一种方案。由于云操作系统可以提供分布式计算,软件可被视为提供给用户的计时服务,任何完整的软件都无法被个人或单个网络节点获得,从而保障了软件资源的安全。

5.6.3　云操作系统实例

(1) VMware vSphere。VMware vSphere 是由 VMware 公司推出的虚拟化系统平台。vSphere 的体系架构主要包括两部分:ESXi 主机和 vCenter Server 服务器。前者对物理服务器进行资源汇总及虚拟化,从而形成资源池;后者对所有的 ESXi 主机资源进行管理分配。vSphere 为用户提供两类服务:应用程序服务和基础架构服务。vSphere 具有可用性、安全性和可扩展性三个特点,能为用户提供计算、存储、网络等多个方面的需求,使用户能够灵活选择构建和运维云计算环境的方式,从而完成用户任务。

(2) 浪潮云海 OS。浪潮云海 OS 作为首款国产的云计算中心操作系统,发布于 2011年。该操作系统基于 OpenStack 架构,具有开放性、融合性和安全性三大特点,支持分布式计算、分布式存储,能够为用户提供完整的数据中心解决方案,使用户可以在自己的业务环境中灵活选择所需的模块,部署整体解决方案。

(3) 华为 FusionSphere。FusionSphere 是华为自主创新研发的一款专门为云计算环境设计的云操作系统,主要包括基础软件 FusionCompute、虚拟化备份软件 eBackup 和容灾业务管理软件 UltraVR 三部分。其中,FusionCompute 作为虚拟化引擎,是 FusionSphere 的主要组成部分。FusionCompute 依靠虚拟化基础平台和云基础服务平台,利用相应的技术对包括计算资源、存储资源、网络资源等在内的各类资源进行虚拟化,同时管理调度各类虚拟资源,以降低用户业务的运行成本,并保证系统安全可靠。

(4) 飞天 Apsara。飞天 Apsara 是由阿里云自主研发的操作系统。它的内核部署于每个数据中心,由内核统一管理数据中心内的服务器集群,调度集群的计算资源和存储资源。此外,还负责安全管理、监控报警、跟踪诊断等任务。存储管理和资源调度这两个核心服务分别由盘古和伏羲两部分负责。此外,天基负责飞天系统的自动化运维服务,用于保障各个子系统安全可靠地运行。

◆ 5.7　人工智能操作系统

人工智能操作系统的理论前身为 20 世纪 60 年代末由斯坦福大学提出的机器人操作系统,具有通用操作系统所具备的所有功能,并且包括语音识别、机器视觉、执行器系统和认知行为系统。人工智能操作系统已经广泛地应用于家庭、教育、军事、宇航和工业等领域。

人工智能操作系统是一种基于人工智能技术的操作系统,它可以通过机器学习、深度神经网络等技术,实现更加智能化的操作和决策。人工智能操作系统的发展可以带来以下几个方面的优势。

(1) 自适应性。人工智能操作系统可以通过学习和分析用户的行为和偏好,自动调整和优化系统的设置和配置,从而提供更加个性化和智能化的服务。

(2) 智能决策。人工智能操作系统可以通过对数据的分析和处理,实现更加智能化的决策,如在安全管理、资源分配、任务调度等方面。

(3) 自主学习。人工智能操作系统可以通过不断学习和优化自身的算法和模型,提高自身的智能水平和应对能力。

(4) 人机交互。人工智能操作系统可以通过自然语言处理、图像识别等技术,实现更加智能化和自然化的人机交互方式,提升用户的使用体验。目前市场上已经有一些人工智能操作系统的开发,如谷歌的谷歌助手、苹果的 Siri、微软的 Cortana 等。随着人工智能技术的不断发展和应用,人工智能操作系统的发展前景也越来越广阔。

◆ 5.8　GPU 新发展

图形处理单元(graphics processing unit,GPU)是专门用于绘制图像和处理图元数据的特定芯片,后来渐渐加入了很多其他功能。GPU 芯片如图 5-28 所示。

GPU 是显卡(video card、display card、graphics card)最核心的部件,但除了 GPU,显卡还有扇热器、通信元件、与主板和显示器连接的各类插槽。对于个人计算机(personal computer,PC),生产 GPU 的厂商主要有两家。

（1）NVIDIA（英伟达）。是当今首屈一指的图形渲染技术的引领者和 GPU 生产商佼佼者。NVIDIA 的产品俗称 N卡,代表产品有 GeForce 系列、GTX 系列、RTX 系列等。

（2）AMD。既是 CPU 生产商,也是 GPU 生产商,AMD的显卡俗称 A 卡。代表产品有 Radeon 系列。

图 5-29 展示了 GPU 和 CPU 的提速对比。

GPU 的功能如下。

（1）图形绘制。是 GPU 最传统、最基础、最核心的功能,为大多数 PC 桌面、移动设备、图形工作站提供图形处理和绘制功能。

图 5-28　GPU 芯片

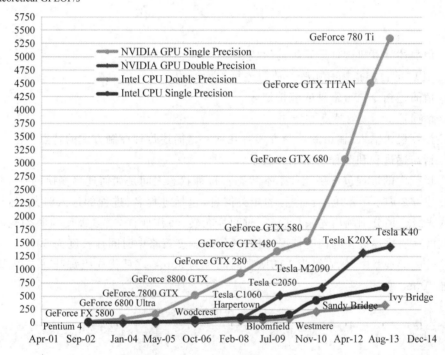

图 5-29　GPU 和 CPU 的提速对比

（2）物理模拟。GPU 硬件集成的物理引擎（PhysX、Havok）为游戏、电影、教育、科学模拟等领域提供了高性能的物理模拟,使以前需要长时间计算的物理模拟得以实时呈现。

（3）海量计算。计算着色器及流输出的出现,使各种可以并行计算的海量需求得以实现。

（4）人工智能运算。近年来,人工智能的崛起推动了 GPU 集成 AI Core 运算单元,反哺人工智能运算能力的提升,给各行各业带来了计算能力的提升。

（5）其他计算。音视频编解码、加解密、科学计算、离线渲染等都离不开现代 GPU 的并行计算能力和海量吞吐能力。

◆ 5.9 本章小结

本章介绍了计算机系统的基本组成部分,包括计算机硬件子系统和计算机软件子系统。首先,对计算机整个体系进行简单概述,并详细展示了计算机的基本组成和工作原理;其次,对计算机硬件子系统和软件子系统分别进行详细的论述,展示了每个构成部分的设计思路、原理和作用机制等。然后对计算机软件子系统中的操作系统进行详细的说明,论述了计算机操作系统的多个不同的功能,并列举了四种计算机操作系统的实例。最后,简单介绍了云操作系统,展示了云操作系统的基本组成、系统特征和系统实例。通过对本章内容的学习,希望读者对计算机系统的硬件及软件体系有一个明确的认知和理解,并掌握计算机操作系统的相关知识,以及对云操作系统有一个简单的了解。

◆ 5.10 习　　题

1. 请简述计算机硬件子系统的组成。

2. CPU 的性能指标有哪些? 请简述每种指标的含义。

3. 请简述指令执行常见的节拍划分。

4. 请简述 cache 的特点和作用。

5. 计算机中输入/输出的控制方式有几种? 请简述每种控制方式的特点。

6. 请简述进程和线程的区别和联系。

7. 运行中的进程包含哪几种基本状态? 每种状态之间是如何迁移变换的?

8. 表 5-2 展示了系统中各进程的相关信息,包括进程名、进程的进入时刻、运行所需时间和优先级。请分别利用先来先服务、时间片轮转、短作业优先、多级反馈队列轮转这四种进程调度算法描述进程的调度情况(时间片轮转调度策略中时间片长度为 50ms。多级反馈队列轮转调度策略中,优先级为 1 的队列时间片为 50ms,之后优先级每升高一级,时间片长度增加 10ms)。

表 5-2　系统中各进程的信息

进程名	进入时刻	运行所需时间	优先级
A	8:00	3h	3
B	8:10	10h	2
C	8:20	2h	1
D	9:30	1h	3
E	10:00	5h	4

9. 请列举几种常见的计算机操作系统。

10. 请简述云操作系统的特征,并结合具体实例进行阐述。

第6章

计算机网络及其应用

◆ 6.1 计算机网络基础

计算机技术与通信技术的密切联系与发展,促使计算机网络产生并得到了广泛应用。计算机网络是20世纪最重要的技术成果,在政治、军事、商业、医疗、远程教育、科研等领域有着广泛应用。计算机网络已遍布人们的日常生活,如今,几乎没有不需要通信的计算,也没有不需要计算的通信。

6.1.1 计算机网络的定义及特点

计算机网络通过通信设备及电线,把有独立功能的计算机连接在一起。计算机网络可以促进人们交流、分享资源,提高人们的生活品质,提升人们的信息处理能力。学习和熟练运用计算机网络技术,并将其运用于学习、生活、工作中,解决与信息有关的问题,是信息化时代人们所必备的能力。

6.1.2 计算机网络的发展历史

从20世纪60年代开始,计算机网络的发展经历了四个阶段。

第一个阶段:20世纪60年代末—70年代初,以终端为导向的计算机网络出现,这是局域网的雏形。

第二个阶段:20世纪70年代中期—70年代末,是局域网的发展期,局域网作为一种新的计算机组织体系而受到广泛的关注。

第三个阶段:20世纪80年代早期,是局域网发展的成熟期。在此阶段,局域网正朝着商品化、规范化的方向发展,并逐渐形成一个开放式的互联网络。

第四个阶段:20世纪90年代至今,随着互联网技术的不断发展,全球范围内的大规模互联网应运而生,并得到了广泛应用。

1946年,世界首台计算机诞生,计算机作为一种具有很强的科学计算能力的工具,在科研和大规模的工程计算中得到了广泛应用。由于计算机体积大、成本高、只能单机操作,其应用领域受到了限制,计算机的运算能力和应用潜能无法得到充分发挥,与计算需求有着极大的冲突。然而,那时通信技术比较先进,通信线路及通信设备也比较廉价。为了充分发挥计算机的算力与潜力,人们将带有收发功能的电传机与计算机连接起来,构成了一个高自动化的输入、输出终端。终端是一台没有处理和存储功能的计算机,主要承担着对用户数据的接收与处理。用户可以在终端上输入数据,并经由通信线路传送至远端计算机,计算机会将数据处理的结果反馈给用户终端。

　　尽管终端只是连接一个简单的信息处理设备,但是它开创了一种将计算机技术和通信技术结合起来的道路,即最初的互联网,第一代计算机网络(称为主从式网络,如图 6-1(a)所示)。

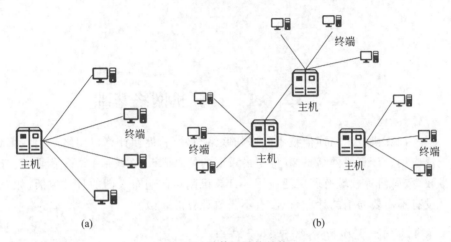

图 6-1　计算机网络结构
(a) 主从式网络;(b) 多级互联网络

　　用户终端对主机资源的需求不断增长,促使第一代计算机网络发生了变革,将通信任务与主机分离,从而产生了通信控制处理器(CCP),它的主要功能是完成所有的通信工作,并让主机专门进行数据处理,从而提高了系统的处理速度。

　　为了解决第一代计算机网络存在的问题,提高其可靠性和可用性,人们对多机互连的方式进行了探索,从而形成了第二代计算机网络。20 世纪 60 年代中期—70 年代中期,多处理机作为核心网络,它通过一条通信线路把多个主机连在一起,从而为最终用户提供服务。

　　第二代计算机网络是以计算机网络通信网为基础,通过计算机网络的架构与协议组成的早期计算机网络。最具代表性的是高级研究计划局网络(ARPANET),它包括了资源子网和通信子网,如图 6-2 所示。通信子网由通信设备、网络媒体等物理设备组成,而资源子网则是以主机、网络打印机、数据存储设备等网络资源设备为主。这两种子网在现代网络系统中也是不可或缺的。

　　20 世纪 80 年代,是以采用统一的网络架构和遵循开放、标准化的国际标准为特征的计算机局域网的发展和繁荣阶段。在第三代计算机网络之前,各厂商之间的网络协议和设备之间存在着互不相容、相互不能连接,甚至同一个厂商不同版本的产品也不能相互兼容的问题。1977 年,国际标准化组织(ISO)提出了 7 层的开放系统互联(open system interconnection,OSI)参考模型,并于 1984 年正式推出,推动了各厂商设备和协议的互连。20 世纪 90 年代以后出现的所有计算机网络都属于第四代计算机网络。随着数字通信和光纤接入的出现,第四代计算机网络应运而生。尤其是在 1993 年美国宣布建立国家信息基础设施(NII)之后,世界各国纷纷制定并建立了自己的 NII 网络,极大地推动了计算机网络技术的发展,使计算机网络进入了一个新的阶段。目前,以美国为核心的因特网已经形成,因特网已成为人类重要的知识宝库。

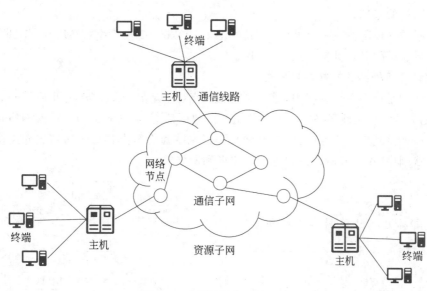

图 6-2　资源子网与通信子网

在今后的发展中,网络将结构更加开放,性能更好,更智能化。

6.1.3　计算机网络的分类

计算机网络的分类方式有许多种,同一网络也有许多不同的名称,而且在许多情况下,它们是可以互相转换的,如局域网、总线网络、以太网等。通过对计算机网络进行分类,可以加深对计算机网络的认识。

1. 按计算机网络的传输技术分类

网络技术的主要特征是由网络的传输技术决定的,因此,按照网络的传输技术来划分网络是非常重要的。在通信技术中,通信通道划分为广播和点对点两种。在网络中,信息的传递是通过通信通道进行的,而与之对应的计算机网络又分为广播式和点对点式两种。

在点对点式网络中,每个主机、两个节点交换机或主机和节点交换机之间都有一条物理信道。在广播式网络中,所有的网络计算机共用一个共同的公共通信通道。

2. 按传输速率分类

传输速率的单位为 b/s(比特/秒)。通常情况下,传输速度能达到 Kb/s～Mb/s 的网络称为慢速网络,能达到 Mb/s～Gb/s 的网络叫做高速网。网络的传输速率直接影响网络的带宽。带宽是用赫兹(Hz)来表示的传输信道的宽度。通常来说,带宽在 kHz～MHz 之间的网络叫做窄带网,在 MHz～GHz 之间的网络叫作宽带网。

3. 按传输介质分类

传输介质是将发送设备与接收设备相连接的一种物理媒介,按照其物理形式可以划分为有线网络和无线网络。有线网络通过有线媒介进行连接,通常使用双绞线、同轴电缆、光纤等。无线网络以空气为媒介,以电磁波为载体,以微波、红外、激光通信等通信技术为主。

4. 按计算机网络的规模和覆盖范围分类

按规模和覆盖范围分类,计算机网络可划分为局域网、城域网和广域网。局域网被限制在一个很小的区域,其距离一般不超过 10km,传输速率一般是 10Mb/s～2Gb/s。局域网是其他两类网络的基础。

城域网的规模限制在一个城市,一般为 $10\sim100km$,传输速率为 $2Mb/s\sim1Gb/s$。广域网跨越国界、洲际,乃至世界各地,如互联网。

5. 按计算机网络的拓扑结构分类

拓扑结构是指在一个网络中,通信线路和节点(电脑或通信设备)的几何结构。总体来说,可以划分为:总线型网络每个节点共用一条数据信道(见图 6-3(a));星形网络每个节点都点对点地连接到中央节点(见图 6-3(b));环形网络每个节点都通过通信媒介连接到一个闭合的环状网中(见图 6-3(c));并延伸出树形和网格等。

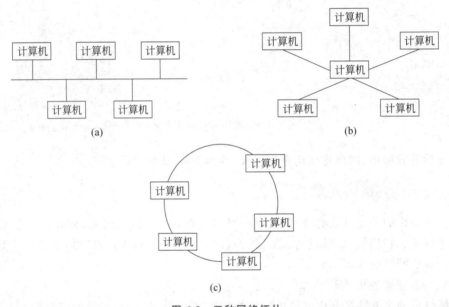

图 6-3　三种网络拓扑

(a) 总线型;(b) 星形;(c) 环形

6. 按计算机网络的服务模式分类

按服务模式分类,计算机网络可划分为点对点式网络、客户端/服务器、私有网络模式。在点对点式网络中,各台电脑之间的位置是相同的,不存在隶属关系,不存在专门的服务器或客户端。在客户端/服务器模式下,服务器是一台高性能电脑或者特定的设备,客户端则是一台用户计算机。它是一种由客户端发送请求并获取服务的服务模式,由多个客户端共享不同的资源。私有网络则增强了客户端/服务器的能力,它的分工更为明确,如文件打印,网络,邮件,域名服务器(DNS)等专用服务器。

7. 按计算机网络的管理性质分类

按管理性质分类,计算机网络可分为公用网络、专用网络和利用公用网组建的专用网络。公用网络是由电信部门或其他经营单位组建、管理和控制的,所有部门和个人都可以利用该网络中的传输和转接设备。专用网络是由各用户单位组建和运营的,不得向其他用户或部门提供。利用公用网组建的专用网络,可以直接租用电信公司的通信网络,配置一台以上的主机,为社会提供各种业务。

6.1.4　计算机网络体系结构与协议

计算机网络由地理位置不同的多个计算机系统通过通信信道和设备相互连接,要想实现信息的交流与共享,就需要使用通用的语言。交流的内容、方式、时间,都要按照双方都能接受的原则来进行。比如,在网络中,一台微型计算机与一台大型计算机的用户进行通信,因为两台计算机所使用的字符组不同,所以用户输入的指令并不能互相识别。为使通信顺畅,一般需要各终端转换其字符集中的字元(如将协议转换成标准字符集中的字符),以使其能够进行网络传输。在信息到达目标终端后,转换后的字符被还原成最终字符集中的字符,并对其进行显示和处理。当然,对于非兼容的终端,也需要进行一些调整,如显示格式、行长、行数、屏幕滚动方式等。这种惯例和变换一般称为虚拟终端协议。再比如,通信双方经常要就什么时候开始和怎样进行通信达成一致,这也是一种协议。因此,协议是指通信双方为实现通信而订立并使用的一种惯例或会话规则。建立在网络上进行信息交换的规则、标准或惯例,称为网络协议,是计算机网络的一个重要组成部分。

网络协议的构成主要包括 3 个方面。

(1) 语法:数据和控制信息的结构或者格式。

(2) 语义:数据和控制信息的含义。比如,需要发出什么样的控制信息、需要完成什么协议,以及需要做出什么应答。

(3) 同步:规定事件实现的顺序,即确定通信状态的变化和过程。如通信双方的应答关系。

简而言之,在协议的 3 个要素中,"做什么"指的是语法,"怎么做"指的是语义,"何时做"指的是同步。

把一个复杂的系统分为几个易于操作的子系统,再分而治之,这是一种很普遍的做法。分层是一种高效的系统分解方式,它通常以垂直分层模式来描述,其中每一层都是它下一层的用户,每一层都可以使用其下一层所提供的服务,也可以为它的上一层提供服务。在层次结构中,由上至下的层次是功能的分解;由下至上的层次是一种抽象,使得每个层次仅与它的上、下两层相互影响,从而屏蔽一些具体细节。通过这种方式,各层次的工作更为清晰,仅实现一项相对独立的功能。层次结构也有利于沟通、理解和标准化,而这种层次化的划分方式在网络协议中得到了广泛应用。

图 6-4 展示了 ISO/OSI 参考模型的逻辑架构,它是由 7 层协议组成的。

(1) 物理层(physical layer):指在邻近节点间进行比特流传输、故障检测及物理层的管理,它规定了包括物理连接介质在内的网络物理特征,以及为了建立、维护和拆除物理链路所需要的机械、电气、功能和规程特征。

(2) 数据链路层(data link layer):以物理层所提供的服务为基础,为邻近节点的各网层提供可靠的信息传输机制。通过对数据流的处理,实现了对数据流的响应、差错控制、数据流控制及传输次序控制,保证了数据的传输次序与原来的传输次序一致。

(3) 网络层(network layer):基于数据链路层提供的两个邻近节点间的数据帧传输,根据发送优先权、拥塞程度、服务质量和路由开销等因素,选取最优路径,使数据从源节点经多个中间节点传输至目标节点。

(4) 传输层(transport layer):负责确保数据从一个节点可靠、有序、无差错地传输到其

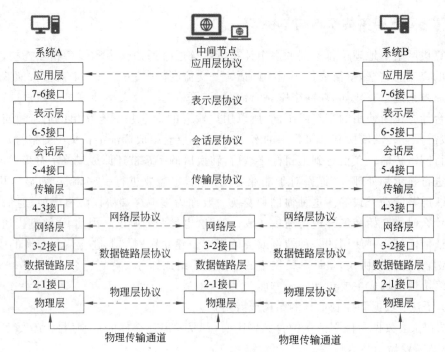

图 6-4　ISO/OSI 参考模型

他节点(两个节点可能不在相同的网络片段上)。在整个通信系统中,传输层是最重要、最关键的一层,它是整个通信系统中唯一的数据传输总体控制层。由于网络层不能保证数据的可靠性,同时用户也不能直接控制通信子网,因此可以采用传输层的方式来提高数据的传输质量。传输层既是负责数据通信的最高层,同时又是面向低 3 层的网络通信,以及面向高 3 层信息处理的中间层。传输层提供传输连接的建立、维护和拆除、服务质量的监控、端到端的透明数据传输、差错控制和业务控制。

(5) 会话层(session layer):会话一般是指两个实体间进行数据交换的连接。这一层提供了两个进程之间的建立、维护、同步和结束的会话连接,它可以把计算机的名称转化为一个地址,还可以进行会话的流量控制和交叉会话。

(6) 表示层(presentation layer):它可以被当成"翻译官",它的作用是处理用户信息的语法表达,也就是提供一种通用的语言,并提供格式化表示和数据加密。

(7) 应用层(application layer):是一个直接为应用或用户提供通用网络应用服务的接口。网络服务一般包括文件服务、电子邮件服务、打印服务、集成通信服务、目录服务、域名解析服务、网络管理、安全和路由连接服务。

总而言之,ISO/OSI 参考模型的第 1～第 3 层是基于网络的,包括了用于连接两个计算机的数据通信网的有关协议,以完成通信子网的功能。第 5～第 7 层是以应用为导向的,包括允许两个最终用户使用程序进行互动的协议,一般是一组由本地操作系统所提供的服务来执行资源子网的功能。中间的传输层为面向应用程序的 3 个上层屏蔽了有关网络底下 3 层的细节。从本质上来说,传输层基于底下 3 层所提供的服务,为上层的应用程序提供独立于网络的信息交流。

在 ISO/OSI 参考模型下,假定 A 系统的用户要将信息传输给 B 系统的用户,其通信流程如图 6-5 所示。A 系统的用户首先将数据输入应用层,然后将控制字段标头 AH 加到数据上,再送入表示层。表示层将信息进行必要的转换,加上标头 PH,然后将其送入会话层。会话层也在发送层中添加了标头 SH。传输层把长报文进行分段,再加上标头 TH 送入网络层。网络层将报文转换成报文分组,再加上组号 NH 送入数据链路层。数据链路层把该信息与标头和结尾标志(DH 和 DT)一起封装成帧,该数据帧在物理层以比特流的形式经由物理通道进行传输。这种将控制信息按层增加到原始信息的方法称为封包。B 系统收到信息后,按照 A 系统的反向操作,将控制信息一层一层地剥离,最终将原始数据送入 B 系统中。这种一层一层地去除与传输端各个层相关的控制信息的处理称为数据解封。每层传送的信息格式称为数据协议单元(PDU),每个 PDU 都是独立的。另外,只有物理层实现真正的通信,其他层都是虚拟的。

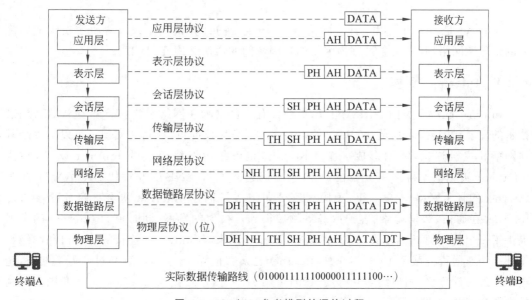

图 6-5 ISO/OSI 参考模型的通信过程

在以 ISO/OSI 参考模型为基础的数据传输中,假定参与数据传输的计算机 A、B 彼此知晓其所在的位置,并假定在网络传输时,信息能够知晓其所处地点,并且能够自行寻址至目标。事实上,这些被省略的机制和功能都与一些重要的网络概念有关。

(1)标识计算机。通常可以通过给计算机命名来进行标识。但是在计算机网络中,一般都是以地址来识别计算机的。ISO/OSI 参考模型是通过如物理地址(MAC 地址)、网络地址(IP 地址)及端口之类的物理地址来识别的。

(2)交换。传统的交换是数据链路层的概念。数据链路层的作用是将数据帧传送到网络中。网络内部是指该层的传输没有包含不同网络之间设备的寻址。帧是指数据传输的结构,一般由帧头和帧尾组成,帧头含有源地址和目的地址,帧尾一般含有校验信息,中间的内容就是用户的数据。而如今的交换,则是指数据链路在不同的网络之间进行数据传输。

(3)路由。路由是一个网络层的概念。网络层的作用是端到端的传送,而端到端的意思是,不管两台计算机之间相隔多远,中间隔着几个网络,都可以保证两台计算机之间的通信。路由是指通过多个网络将信息从源头传输到目标节点的过程。路由包括两种基本功能：以最短时间或者最短距离等选择最优路线，以及在网络上传输（也就是在路由器中进行数据的转发）。

以上提到的一些关键概念都是以地址为中心的，而引用说明，则能更好地理解它们："名字指明了我们要找的资源，地址指明了资源的位置，以及路由指示了我们该怎么去。"

ISO/OSI 参考模型仅仅是一个理想的结构，它存在着许多问题，比如它的结构过于复杂，某些功能在每个层上都会重复，从而造成了低效率。而且，要实现这种结构是很困难的，目前还没有一个厂商能够完全实现 ISO/OSI 参考模型。在实践中，ISO/OSI 参考模型的开放性网络结构在理论上的指导意义更大，同时也为人们描绘了一个理想的网络互联结构。

◈ 6.2 Internet 基础

Internet 是一个由数以千计不同类型、不同规模的计算机网络及计算机主机组成的庞大的全球性网络，其中文名可称为因特网。因特网的通信采用 TCP/IP。

6.2.1 Internet 概述

Internet 起源于美国 ARPANET，最初仅有 4 台电脑在网络上连接。随着 ARPANET 技术的发展和完善，尤其是 TCP/IP 的 Internet 通信协议问世以后，它实现了可以与多个其他网络和主机连接，从而形成一个子网际网，也就是由网络组成的 Internet work，称为 Internet。美国国家科学基金会在 1986 年出资建造了 NFSNET，并替代 ARPANET 成为 Internet 的骨干网络。1991 年，美国 3 家公司组成了商用 Internet 协会。商务的参与使 Internet 在通信、数据检索、客户服务等领域得到了极大的发展，同时也为 Internet 的发展提供了一个新的契机。自从 1983 年建立 Internet 以来，与 Internet 连接的计算机和网络数量都在快速增长。截至 1996 年 5 月，Internet 已遍布世界 160 个国家，超过 6 万个网络，超过 600 万台计算机，用户约 6000 万。1994 年 5 月，我国正式接入 Internet，此后我国互联网的发展速度非常快。截至 2017 年 6 月，全国互联网用户已达 7.51 亿。

从技术上来讲，Internet 是一个由许多不同的网络相互连接而组成的集合，从小型局域网、城域网到大型广域网，计算机主机包含各类手机（如智能手机、Pad 等）、个人电脑、专用工作站、服务器等。这些网络和电脑通过电话线、高速专用线、微波、卫星和光缆相互连接到一起，组成了遍布世界各地的互联网。

准确定义 Internet 很难，一是由于它的发展速度太快，难以界定；二是由于它的发展基本是自由化的，Internet 是一个没有警察、没有法律、没有国界、没有领袖的网络虚拟空间。简单来说，所有使用 TCP/IP 和 Internet 上的任意一台主机进行通信的计算机都可以称为 Internet 的一部分。

Internet 的出现，极大地改变了人们的生活、工作和学习方式，使人们对 Internet 的依赖程度越来越高。Internet 存在如下优势。

（1）Internet 之所以能迅速发展，主要是因为它具有灵活性和多样性。任何使用 TCP/IP 的计算机都能加入 Internet。TCP/IP 已经成为国际公认的标准。

（2）Internet 采用了当今最受欢迎的客户端/服务器（Client/Server）模式，极大地提高了网络信息服务的灵活性。在 Internet 中，服务的一方称为服务器，而获取服务的一方称为客户端。当服务器要执行对应的服务程式时,客户端也要执行对应的客户端程式。在利用 Internet 提供各类服务时,用户可以通过安装于本机的客户端程序,向安装有对应服务程序的主机发送要求,以获得所需信息。

（3）Internet 将网络技术、多媒体技术与超文本技术有机地结合在一起,充分反映了现代信息技术相互交融的时代潮流,为教学、科研、商业广告、远程医学诊断、气象预测等领域的发展提供了新的途径。多媒体、超文本技术要与互联网技术结合,方能充分发挥其优势。

（4）Internet 拥有大量的资源,其中大部分都是免费的。

（5）Internet 具有丰富的信息服务模式,是目前最强大的信息网络。现在,Internet 主要提供万维网(Web)服务,电子邮件(E-mail)服务,文件传输(FTP)服务,远程登录(Telnet)服务等。

Internet 在为人们提供大量的信息资源、丰富的服务、方便的通信工具的同时,也给人们带来了许多问题,尤其是信息网络的安全问题。Internet 的开放性、公开性和自治性,使得网络的安全问题始终没有得到人们的满意。除了安全问题,Internet 还有很多缺陷。例如,由于网络资源的分散,对网络资源的管理和查找造成了很大的困难;多样化的服务方式为用户提供了更多的灵活性,但也会让计算机知识相对匮乏的用户产生不便;而自由化的发展模式,虽然赢得了用户的青睐,但也使得某些原本不宜广泛传播的信息被大量转载。因此要正确认识现代科技的这把双刃剑,要辩证地看待 Internet。

用户在使用 Internet 的时候,首先要接入互联网。接入互联网是指与一个已经与 Internet 相连的主机或网络进行连接。在接入互联网之前,用户必须与 Internet 服务提供者(ISP)取得联系,如网络中心、电信局等。

6.2.2 TCP/IP

TCP/IP 是当前使用最广泛的通信协议,也是 Internet 的基本协议。与 ISO/OSI 参考模型类似,TCP/IP 也是一个层次结构,它包括网络接口层、网络层、传输层和应用层 4 个基于硬件层次的概念层。图 6-6 表示 TCP/IP 系统和 ISO/OSI 参考模型之间的对应关系,右侧为 TCP/IP 的层级。如图 6-8 所示,与 ISO/OSI 参考模型的 7 层协议相比,TCP/IP 的应用层包含了 ISO/OSI 参考模型的应用层和表示层,以及 ISO/OSI 参考模型会话层的一些

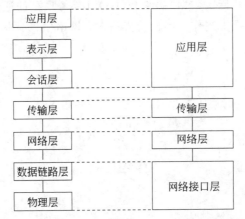

图 6-6 TCP/IP 体系结构与 ISO/OSI 参考模型对比

功能。然而,这种对应并不是绝对的,只能作为一个参考,毕竟 TCP/IP 的各个层次与 ISO/OSI 参考模型对应层的功能存在着一定的差异。

（1）网络接口层,又称数据链路层,属于 TCP/IP 的最底层,但 TCP/IP 并未对这一层进行严格的定义,仅要求主机使用某种特定的协议与网络进行连接,以便能够进行 IP 包的传输。

（2）网络层,又称 IP 层,负责机器间的通信,接收来自传输层的请求,传送具有特定目的地址的分组。该层将分组封装成 IP 数据报,填入数据报报头,利用路由算法来选择是直接向目标主机发送数据报还是发送给路由器,然后把数据报交给网络接口层的相应网络接口模块。IP 层还处理接收到的数据报,校验其正确性,使用路由算法决定在本地处理数据报还是进行转发。

（3）传输层。传输层的基本任务是实现机器间端口的通信,也就是端到端的通信。传输层负责对信息流进行控制,并为其提供可靠的传送服务,保证数据顺利、有序地送达。为此,传输层协议软件要进行协商,要让接收方返回确认信息,并让发送方重新发送丢失的数据包。传输层协议软件将传输的数据流划分为分组,然后将各分组和目标地址传递给下一层。

（4）应用层。该层属于最高层,用户可以调用应用程序来访问 TCP/IP 网络所提供的各种服务。应用程序处理数据的传送与接收。每个应用程序选择需要传输的服务类型,并按格式要求传送数据到传输层。

实际上,TCP/IP 是一个包含大量协议的协议群。TCP 和用户数据报协议（UDP）是两种常用的传输层协议,两者均以 IP 为网络层协议,TCP 是可靠的传送,而 UDP 则是不可靠的。TCP 和 UDP 的数据通过端系统和中间路由器的 IP 层进行传输。互联网控制报文协议（ICMP）是 IP 协议的附属协议,IP 层用其与其他主机或路由器进行错误消息和其他关键信息的交换。互联网组管理协议（IGMP）是一种将 UDP 数据报多播发送给多个主机的方法。地址解析协议（ARP）和逆地址解析协议（RARP）是网络接口层所使用的某些特殊协议,例如,以太网和令牌环网,用于 IP 地址与 MAC 地址间的转换。另外,TCP/IP 的应用层也有许多协议,如 Telnet、FTP、SMTP 等。

当一个应用通过 TCP 传输数据,就像 ISO/OSI 参考模型的通信流程一样,将数据一层一层地传输下去,直至数据被当作一串比特流输入到网络中,如图 6-7 所示。每个层都会为

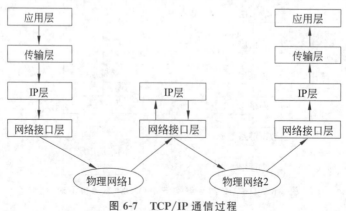

图 6-7　TCP/IP 通信过程

接收到的数据添加一定的头和尾信息,以确保数据能够通过网络准确地传输到目的地。TCP 传输到 IP 层的数据单位叫做 TCP 报文段包,简称 TCP 段。IP 层传输到网络接口层的数据单位,即 IP 数据报。在网络接口层上传输的比特流称为帧。更确切地说,在各层间传输的数据单位应该叫做分组,即在网络上传送的数据片段。在计算机网络中,将用户的数据分成不同的小块,每一小块叫做一组。在网络中,采用分组为单位进行数据传输,是为了更好地进行资源共享、错误检测和纠错。分组是指在不同协议和不同层使用不同名称的通用名称,如前面提到的各种名称。

把用户的数据分成几个组,然后分组进行传送和交换的形式,称为分组交换。分组交换技术被应用于 TCP/IP。在采用分组交换发送数据时,必须在分组前添加诸如分组序列号等控制信息及地址标识(分组头),并在网络中按照"存储—转发"的方式进行发送。到达目的地后,删除分组头,按照一定的次序将分组重新组合,还原为发送方的数据,然后传送给接收方。

实例 1:基于 TCP 的简单聊天应用

实例 1 将演示如何使用 Python 创建一个基于 TCP 的简单聊天应用。TCP 是一种可靠的、面向连接的协议,适用于实时通信。该应用程序允许两个用户通过网络连接,实时地进行文本消息的发送和接收。服务器端的代码(server.py)如下所示。

```python
#服务器端代码
import socket

#创建一个 TCP 套接字
server_socket = socket.socket(socket.AF_INET, socket.SOCK_STREAM)

#获取主机名和端口号
host = "0.0.0.0"          #使用 0.0.0.0 表示绑定到所有可用的网络接口
port = 12345

#绑定套接字到指定的主机和端口
server_socket.bind((host, port))

#监听连接
server_socket.listen(5)
print(f"等待连接在 {host}:{port} ...")

#接收客户端连接
client_socket, client_address = server_socket.accept()
print(f"连接来自 {client_address}")

while True:
    #接收客户端消息
    data = client_socket.recv(1024).decode('utf-8')
    if not data:
        break

    print(f"客户端: {data}")

    #发送响应
```

```
        response = input("你: ")
        client_socket.send(response.encode('utf-8'))

#关闭连接
client_socket.close()
server_socket.close()
```

　　服务器端代码：服务器端首先创建一个 TCP 套接字，并绑定到特定的 IP 地址和端口上，以监听客户端的连接。一旦有客户端连接，服务器将显示连接的来源，并进入一个无限循环，等待接收来自客户端的消息。接收到消息后，服务器将消息显示在控制台上，并等待服务器端用户输入响应消息。服务器端用户输入响应消息后，服务器将该消息发送回客户端。

　　客户端的代码(client.py)如下所示。

```
#客户端代码
import socket

#创建一个 TCP 套接字
client_socket = socket.socket(socket.AF_INET, socket.SOCK_STREAM)

#服务器主机名和端口号
server_host = "localhost"        #或者使用 "127.0.0.1"
server_port = 12345

#连接到服务器
client_socket.connect((server_host, server_port))

while True:
    #发送消息给服务器
    message = input("你: ")
    client_socket.send(message.encode('utf-8'))

    #接收服务器响应
    data = client_socket.recv(1024).decode('utf-8')
    print(f"服务器: {data}")

#关闭套接字
client_socket.close()
```

　　客户端代码：客户端创建一个 TCP 套接字，并尝试连接到服务器的 IP 地址和端口。连接成功后，客户端进入一个无限循环，允许用户输入消息并将其发送给服务器。客户端还接收服务器的响应消息，并将其显示在控制台上。这个示例演示了网络通信的基本原理，包括服务器端的监听和接收连接，以及客户端的连接和消息传输。

　　每个与互联网相连的计算机都拥有唯一的标识代码，也就是所谓的 IP 地址。IP 地址是一个 32 位的二进制数。为了方便记忆，可以把它分成 4 个部分，每个部分包含 8 位二进制数，用十进制数来表示，在每个部分之间用"."分开，这个方法称为"点分十进制"表示法。IP 地址包括网络号和主机号，根据地址类别，指定不同的位数(见图 6-8(a))。当网络中存在多个 IP 地址时，通过网络号来识别各个 IP 地址是否在同一网段，如果不在同一网段，则需要路由器的连接。网络号部分的二进制数不能全部是 1 或者 0。主机号是用来识别同一网段中不同计算机的地址,而主机号的二进制数也不可以全部是 1 或者 0。主机号全部位均为 0 表示本网段的网络地址,均为 1 表示本网段的广播地址。

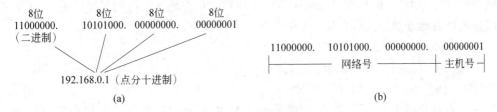

图 6-8　IP 地址的表示方法

(a) IP 地址的点分十进制表示;(b) IP 地址分配方式示例

如图 6-9 所示,IP 地址分为 5 个类别,依次为 A、B、C、D、E。其中,A、B、C 类地址是网络中常用的,D 类多用于多点广播,E 类是保留地址,主要用于研究。

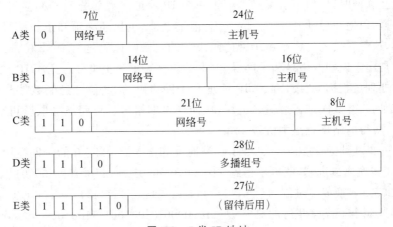

图 6-9　5 类 IP 地址

(1) A 类地址。A 类地址使用前 8 位作为网络号,而且第一位必须是 0,后 24 位则是主机号。该网络号的范围是 1～126(回环地址测试中使用的 127 开头地址为保留地址),而主机号的范围是 0.0.1～255.255.254。A 类地址每一个网段的主机号范围是 $2^{24}-2=16\,777\,214$。

(2) B 类地址。B 类地址使用前 16 位作为网络号,而且前两位必须是 10,后 16 位则是主机号。该网络号的范围是 128.0～191.255,而主机号的范围是 0.1～255.254。B 类地址每一个网段的主机号范围是 $2^{16}-2=65\,534$。

(3) C 类地址。C 类地址使用前 24 位作为网络号,而且前 3 位必须是 110,后 8 位则是主机号。该网络号的范围是 192.0.0～223.255.255,而主机号的范围是 1～254。C 类地址每一个网段的主机号范围是 $2^{8}-2=254$。

TCP/IP 规定,IP 地址的第一个字节用 1110 开头的地址都叫做多点广播地址,也就是 D 类地址。D 类地址的范围是 244.0.0.0～239.255.255.255,其中每一个 D 类地址都是主机组,总共有 28 位可以被用来表示主机组,因此可以同时拥有 25 亿多个主机组。在把数据传送到 D 类地址时,会尽量把数据传送给主机组中的每一位成员,但并不一定能保证数据全部送达。E 类地址是为了进行研究而保留的,所以在 Internet 上没有被使用的 E 类地址。E 类地址的第一个字节是用 11110 开始,所以 E 类地址的范围是 240.0.0.0~255.255.255.255。

根据使用用途的不同,IP 地址可分为两类:私有地址和公有地址。公有地址是指在广域网中所使用的地址,但是在局域网中也可以使用。私有地址只可用于局域网,除了私有地址以外的所有地址都是公有地址。私有地址的范围如下。

A 类:10.0.0.1~10.255.255.254。

B 类:172.16.0.1~172.31.255.254。

C 类:192.168.0.1~192.168.255.254。

在大规模的网络环境下,若以 A 类地址作为主机号标识,则整个网络中的主机都会被集中在同一个广播域内,从而造成不必要的带宽损耗。实际上,人们不会把那么多的主机放置在同一个网络中。一般情况下,系统管理员会对主机进行子网划分,将其划分为子网号和主机号。其优点是可以充分地利用地址,合理分配网络管理任务,简化网络的管理工作,改善网络的运行效率。

在接入互联网时,任何主机都必须配置一个 IP 地址。大部分系统都会将 IP 地址存储在磁盘文件里,以便在启动时读取。除了 IP 地址之外,主机还必须知道子网号的位数和主机号的位数,这是在接入过程中由子网掩码决定的。子网掩码是一个 32 位的二进制数,其中为 1 的值是用于识别网络号和子网号,剩下的位被表示为主机号。完成 IP 地址的网络号和主机号的处理过程称为"按位与",IP 地址和子网掩码的 32 位二进制数按从最高位到最低位的顺序对齐,并依次进行逻辑与运算,从而获得网络号。将网络号取反再与 IP 地址进行按位与后,所得的结果就是主机号。

假定有一个地址为 192.9.200.13 的 C 类地址和 255.255.255.0 的子网掩码,把 IP 地址 192.9.200.13 转换成二进制,就可以得到 11000000 00001001 11001000 00001101,把子网掩码 255.255.255.0 转换成二进制,得到 11111111 11111111 11111111 00000000。将两个二进制数字进行逻辑与运算,得到的结果是 11000000 00001001 11001000 00000000,也就是 192.9.200.0。将该网络号进行取反与 IP 地址进行按位与后,其结果为 00000000 00000000 00000000 00001101,也就是主机号为 13。利用 IP 地址,可以对主机进行网络接口的标识,从而实现对主机的访问。然而 IP 地址并不容易记忆,而且也没有任何意义,所以一般都会为主机起一个有意义、易于记忆的名称,以便用户在存取主机资源时,可以直接用指定的名称来命名。比如,一个与 IP 地址 210.22.9.197 对应的域名 www.sztu.edu.cn。不过,因为真正的主机在 Internet 上只有一个 IP 地址,所以,在用户输入了域名之后,客户端就会向保存着域名与 IP 地址映射表的域名服务器发送请求,以获取 IP 地址。

域名是一串用点隔开的名字组成,是 Internet 上的某一台计算机或计算机组的名字,用于在数据传输时对计算机进行定位(如 www.sztu.edu.cn,www.google.com 等)。所有域名均可包含英文和数字,每段长度最多为 63 个字符,且不区分大小写。最左边是级别最低的域名,右边是级别最高的。一个由多个标号组成的完整域名最多只能包含 255 个字符。

域名的级别划分,每个子域名由"."分隔,由上至下依次为顶级域、第二级域名、第三级域名和最终一级的主机名。顶级域名又分为国家顶级域名和国际顶级域名,如中国是 cn、美国是 us 等按照国家和区域划分;而后者则是按照机构的类别来划分的,如代表企业的 com、代表非营利组织的 org 等。第二级域名是指在顶级域名下面的一个域名,在国际顶级域名下面,它是一个域名注册者的在线名字,如 im、intel、google 等;在国家顶级域名下面,则是代表已登记公司名称的标志,如 com、edu、gov、net 等。第三级及以下的域名,可以依照实际的需要与意义来命名。比如域名 www.sztu.edu.cn,顶级域名是 cn,代表着中国;二级域名是 edu,代表着教育机构;sztu 则是自行命名的学校名;而 www 代表着这个域名对应 Web 的服务。

在 TCP/IP 中,域名系统包含一个分布式数据库,它提供 IP 地址与主机域名之间的映射信息。这里的分布式指的是一个站点无法拥有所有域名的映射信息。每个网站(如大学的系、校园)都有自己的域名数据库,运行服务器程序,供其他系统(客户端程序)查询这些映射信息,在域名和 IP 地址之间进行转换。域名服务器是一种特殊的服务器,全球仅有 13 个,它们存储域名服务器的地址信息,负责域名解析(如 comnet.org 等),其功能类似于电话系统,例如,广州市某单位的电话号码无法通过深圳电信查询,但深圳电信会通知用户查询 0755。

域名和 IP 地址之间的转换叫做域名解析。当用户使用域名来访问主机时,客户端会向域名服务器发出域名解析请求,以 UDP 数据报的形式向本地域名服务器发送请求。当本地域名服务器接收到请求时,首先会查询当地的存储记录,若有,那么本地域名服务器会直接将查询到的结果返回,也就是这个域名的 IP 地址。如果本地存储中没有此记录,本地域名服务器便会将此请求发送给根域名服务器,而根域名服务器会返回两个所查询域名的主域名服务器地址。本地域名服务器会向这两个主域名服务器发送域名解析请求,收到请求的主域名服务器会查询自己的存储记录,若没有,就会传回对应的下级域名服务器。这个步骤会不断重复,直至返回域名对应的 IP 地址为止。本地域名服务器会将传回的结果存储在缓存里,以便下次使用,也会向客户端传回结果。

◆ 6.3　Internet 应用

Internet 蕴含着丰富的信息资源。为了更好地利用 Internet 的信息资源,各种应用软件应运而生,用户可以使用 Internet,并从中获得更多的信息服务。Internet 的开放性、广泛性和自发性,使得 Internet 的信息资源具有无限的潜力。通过 Internet,人们可以做许多事,比如可以与远方的朋友快速、便捷地交流;可以将相隔千米的计算机中的数据快速地发送到自己的计算机中;可以直接和相关领域的专家联系,并就相关问题进行讨论。这一切都要感谢 Internet 提供的各种服务。

Internet 主要为用户提供万维网(Web)服务、电子邮件(E-mail)服务、FTP 服务、DNS 等。

6.3.1　万维网

万维网(world wide web,Web/WWW)是欧洲核物理研究中心(CERN)取得的一个令人兴奋的成就。

Web 依附于 Internet 的信息资源,它在逻辑上可以被看作是由超链接连接起来的超文本集合。在物理结构上是由浏览器(客户端)和 Web 服务器(或者 WWW 服务器)组成的。

超文本用于展示各种文本信息,其中的文本信息又可以包含一些能够链接到其他文本的超链接。超文本采用超链接的方式,把不同空间的文字资料组织在一起。超文本的出现使得原本的线性文字成了非线性的文字,它可以在各个方向上延伸。用户可以在任意的关键点停留,进入另一个链接中的文本,如图 6-10 所示。

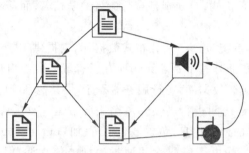

图 6-10 超文本的链接示例

超文本系统是一种提供超文本解读的软件系统,除了文本以外,还包括声音、图像、超链接等各种非文本信息。Web 通过超链接把全球的信息资源组织在一起,使得资源不但能以直线的方式,也能通过交叉的途径进行查询。Web 上的超媒体文本称为网页。机构或个人在万维网操作的初始网页称为"主页"或"首页"。

超文本标记语言(HTML)是一种用于描述 Web 文件的标签语言。HTML 称为超文本标记语言的原因是,它含有超链接和标签。通过单击超链接,可以让用户轻松地进入一个新的网页。HTML 是一种用标签符号标记页面上要展示的内容的规范和标准。网页文件本身也是一种文本文件,借由加入标签的方式,让浏览器知道该如何显示文字,例如,如何处理文字、如何排列布局、如何显示图片等。浏览器按照顺序读取页面文件,并按照标签来解释并展示它们所标注的内容。HTML 和它在浏览器中的显示情况如图 6-11 所示。

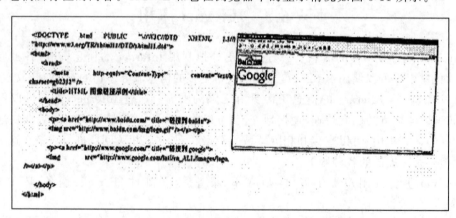

图 6-11 HTML 示例和其在浏览器中的显示情况

通过 Web 可以将互联网中的任意资源连接起来。比如,网络与 Telnet 相连,远程登录就会自动开始,而用户根本不需要了解具体的细节;当与个人网页相连时,Web 会以简洁的超文本格式展示个人的专题。Web 的神奇之处是资源可以被自动获取,而用户根本不需要知道它们的位置。

总体来说,Web 尝试把所有互联网的资源都组织到超文本文件中,并让用户可以轻松地访问这些内容。Web 可以通过读取文本文件的方式,来访问互联网上的各种资源。Web 服务的关键技术主要包括以下两方面。

1. 超文本传送协议

超文本传送协议(hypertext transfer protocol,HTTP)为浏览器与服务器之间的通信提供方式,并为用户提供与服务器互动所需遵循的相关规则。Web 服务器的 80 端口总是处于监听状态,时刻查询有没有浏览器向它发送建立连接的请求。一旦接收到建立连接的请求,并且客户端与服务端之间的 TCP 连接建立之后,那么浏览器便会向服务器请求浏览页面,然后服务器就会响应所请求的页面。通信完成之后,TCP 连接被释放。

2. 统一资源定位符

统一资源定位符(uniform resource locator,URL)是一种标识资源存放位置的简洁的表达方式。Internet 上的所有资源都拥有唯一的 URL 地址,而且使用同样的基础语法。URL 包括协议类型、主机名、端口号、路径区域文件名,表示方式通常是“<协议>://<主机名>:<端口号>/<路径>”。在这里,协议规定了传输协议,如 HTTP、FTP 等;主机名是指存储该资源的服务器的域名或 IP 地址;不同的传输协议都有可以省略的默认端口号,在输入 URL 时就无须输入端口号;路径是一个字符串,用“/”符号隔开,通常用于表示主机上的一个目录或文件的路径。

如 Internet 很多其他服务一样,Web 使用了如图 6-12 所示的客户端/服务器模式。要存取的网页存储在 Web 服务器中,客户端通过在浏览器输入网址的方式来请求该网页。这时,浏览器通过 URL 来定位页面的位置,然后将访问请求发送给服务器;服务器在收到访问请求之后,在客户端和服务器之间建立 TCP 连接,通过该连接将被请求的 Web 页面数据传送给客户端 Web 浏览器。服务器在收到请求后,会根据需要对某些数据进行解析和显示。在完成数据传输后,释放服务器与客户端之间的 TCP 连接。从 Web 的角度来看,世界上所有的东西要么是链接,要么是文档。因此,Web 浏览器最根本的工作就是阅读文档和链接。客户端 Web 浏览器只需要知道怎样与 Web 服务器相连,而真正的查找和返回页面则是由 Web 服务器来完成的。

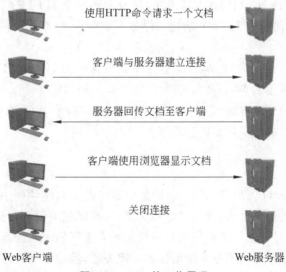

图 6-12　Web 的工作原理

实例 2：基于 HTTP 的简单 Web 服务器

实例 2 将演示如何使用 Python 创建一个基于 HTTP 的简单 Web 服务器。HTTP 是 Web 应用程序的基础，它允许客户端浏览器请求 Web 页面并从服务器接收响应。服务器端的代码（server.py）如下所示。

```python
from http.server import HTTPServer, BaseHTTPRequestHandler

#创建一个自定义的请求处理类
class SimpleHTTPRequestHandler(BaseHTTPRequestHandler):
    def do_GET(self):
        #设置响应状态码
        self.send_response(200)

        #设置响应头部
        self.send_header('Content-type', 'text/html')
        self.end_headers()

        #响应内容
        self.wfile.write(b'Hello, World! This is a simple web server.')

#创建 HTTP 服务器实例
server_address = ('', 8080)          #空字符串表示绑定到所有可用的网络接口
httpd = HTTPServer(server_address, SimpleHTTPRequestHandler)

#启动服务器
print('正在运行简单的 Web 服务器...')
httpd.serve_forever()
```

服务器端代码：服务器端使用 Python 的内置 http.server 模块创建 HTTP 服务器实例。自定义的请求处理类继承 BaseHTTPRequestHandler，用于处理客户端的 HTTP GET 请求。当服务器接收到 HTTP GET 请求时，它会发送一个 HTTP 响应，状态码为 200（表示成功），并附带一个简单的 HTML 响应。服务器监听 8080 端口，并一直运行以监听来自客户端的请求。

服务器一旦启动，便可以在 Web 浏览器中访问服务器，输入 URL：http://localhost：8080，将会打开一个简单的 Web 页面，显示 "Hello，World! This is a simple web server." 的消息。现在，已成功创建并运行了一个基于 HTTP 的简单 Web 服务器。可以根据需要修改服务器端代码，以提供不同的内容或服务。

6.3.2 电子邮件

电子邮件是 Internet 上最基础的一项服务。通过电子邮件，用户可以迅速地交换信息、查询信息，加入相关的信息公告，进行讨论和交流，以获得相关信息。

电子邮件的工作是通过计算机技术和通信技术来实现的。发送方标明了收件方的名字和邮件地址，发送方服务器将消息发送给接收方服务器，然后由接收方服务器将其发送到接收方的邮箱里。

下面是电子邮件的基本概念。

(1) 邮件用户代理(mail user agent,MUA),是一种协助用户读/写电子邮件的应用,接收用户输入的不同指令,将用户的信息传递给邮件传送代理;或通过邮局协议(POP)、Internet 报文存取协议(IMAP),将邮件从传送代理服务器传递到本地。常用的邮件用户代理,有 Foxmail、Outlook 等。

(2) 邮件传送代理(mail transfer agent,MTA),其任务是监听邮件用户代理的请求,主要负责服务器间的邮件传递,通过邮件的目标地址找到对应的邮件服务器并进行投递;同时将收到的邮件放进缓冲区,或将其投递给最终的投递程序。

(3) 邮件投递代理(mail delivery agent,MDA),其任务是将邮件发送到用户的邮箱中。Internet 统一采用 DNS 协议来解析资源的地址,因此互联网上所有的邮箱地址都采用同样的格式,就是"用户邮箱名@主机名",比如,在邮箱地址 handsomeGuy@sztu.edu.cn 中,"handsomeGuy"为用户邮箱名,"sztu.edu.cn"为主机名。图 6-13 显示了电子邮件系统的结构与工作流程。

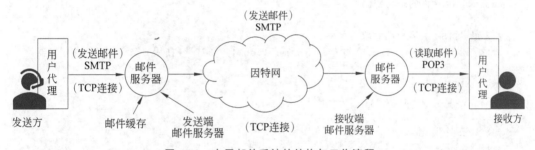

图 6-13　电子邮件系统的结构与工作流程

Internet 的电子邮件系统遵循简单邮件传输协议(SMTP),这是一种标准的发送电子邮件的互联网协议,它对主机间发送电子邮件的标准格式和链路层的传输机制进行了规范的约定。SMTP 一般用于从客户端向服务器发送电子邮件。

SMTP 是以存储转发为基础的简单邮件传输协议。如果用户不能直接将邮件传送到对方邮箱地址所指定的服务器,就会先去找一个邮件传输代理,然后将邮件投递给代理。当邮件传输代理收到邮件时,首先把邮件存储在自身的队列中;其次按照邮件的目的地址,查询到负责对应目的地址邮件传递的代理服务器,并将该邮件经网络发送至对应的邮件代理传输服务器;邮件传输代理服务器收到邮件后,会把它暂时保存在本地,直至收件人登录查看他们的邮箱。很明显,邮件投递是从服务器传递到服务器的,并且每一个用户都要有一个邮箱,也就是存储服务器邮件的空间,才能进行收发邮件。

每台带有邮箱的计算机系统都必须通过执行邮件服务器程序来接收邮件,并且把邮件送到正确的邮箱。TCP/IP 包括一个电子邮件远程存取协议,也就是邮局协议版本 3 (POP3)。POP3 是互联网上首个离线的电子邮件标准,允许用户的邮箱在特定的邮件服务器上。用户可以通过个人电脑访问邮箱的内容,POP3 能根据用户的操作,将邮件存储在邮件服务器中,或将邮件从服务器中删除。POP3 的默认 TCP 端口为 110。

一封邮件一般由以下几部分组成。

(1) 标题:包括有关发件人和接件人的信息。根据不同的电子邮件系统,邮件的标题内容可能会有所不同。通常,邮件的标题包括邮件的主题、发件人、收件人等。

（2）正文：电子邮件的正文是含有实际内容的文本,也可以包括一个签名或一个由发件人邮件系统自动生成的文本。

（3）附件：可以作为电子邮件的一部分附属文件。

实例 3：基于 SMTP 的简单邮件发送应用程序

实例 3 将演示如何使用 Python 创建一个基于 SMTP 的简单邮件发送应用程序。SMTP 是用于发送电子邮件的标准协议。客户端的代码(email_client.py)如下所示。

```python
import smtplib
from email.mime.text import MIMEText
from email.mime.multipart import MIMEMultipart

#配置发件人和收件人信息
sender_email = "你的邮箱@qq.com"
receiver_email = "接收者的邮箱@163.com"
password = "你的邮箱密码"

#创建一个 SMTP 客户端对象
smtp_client = smtplib.SMTP('smtp.gmail.com', 587)   #使用 Gmail 的 SMTP 服务器

#建立 SMTP 连接
smtp_client.starttls()

#登录到邮箱账号
smtp_client.login(sender_email, password)

#创建邮件对象
subject = "Python SMTP 示例"
message = MIMEMultipart()
message["From"] = sender_email
message["To"] = receiver_email
message["Subject"] = subject

#邮件正文
body = "这是一个使用 Python 发送的电子邮件示例。"
message.attach(MIMEText(body, "plain", "utf-8"))

#发送邮件
try:
    smtp_client.sendmail(sender_email, receiver_email, message.as_string())
    print("邮件发送成功!")
except Exception as e:
    print(f"邮件发送失败: {e}")

#关闭 SMTP 客户端连接
smtp_client.quit()
```

实例 3 首先配置了发件人和收件人的邮箱信息及发件人的密码。然后,它创建一个 SMTP 客户端对象,并连接到 Gmail 的 SMTP 服务器(可以根据需要使用其他 SMTP 服务

器)。接着,登录到发件人的邮箱账号。邮件的内容包括主题和正文,正文中包含了简单的文本消息。邮件对象使用 MIMEMultipart 和 MIMEText 类创建,并通过 as_string()方法转换为字符串格式,以便通过 SMTP 发送。最后,邮件被发送,如果发送成功,则显示"邮件发送成功!",否则显示"邮件发送失败"。

在终端中,通过以下命令来运行客户端代码:

```
python email_client.py
```

在运行之前,确保已经将以下变量替换为实际的信息。

sender_email：发件人邮箱地址。

receiver_email：收件人邮箱地址。

password：发件人的邮箱密码。

客户端代码将连接到指定的 SMTP 服务器(这里使用的是 Gmail 的 SMTP 服务器),登录邮箱账号,创建一个简单的邮件,然后发送。如果邮件成功发送,可以在终端看到"邮件发送成功!"的消息。

6.3.3　文件传输

FTP 是最早在 Internet 上提供的服务之一,目前仍然在广泛应用。FTP 使用户能够在两台计算机间进行文件的交换,同时也能保证数据的可靠性。FTP 还提供登录、目录查询、文件操作、命令执行和其他的会话控制。

FTP 的工作方式很简单,即如图 6-14 所示的客户端/服务器模式。FTP 客户端是请求端,而 FTP 服务器则是服务端。FTP 客户端根据用户的要求发送文件传输请求,FTP 服务器对此进行响应,二者共同完成了文件的传输。FTP 服务器所使用的 TCP 端口是 21,并且总是处于监听状态。如果 FTP 客户端要与 FTP 服务器进行连接,需要先与服务器端口 21进行 TCP 连接,FTP 服务器通过后,才能建立连接;在连接建立之后,该 TCP 连接将用于FTP 控制信息的传输和接收,因此称为控制连接。在此之后,用户可以通过连接将多种控

图 6-14　文件传输工作过程

制指令传输至 FTP 服务器,从而可以将 FTP 服务器中的文件复制到本地,或将本地文件复制到 FTP 服务器,前者称为"下载",后者则称为"上载"。当用户通过指令进行下载或上载,即 FTP 服务器与客户端间传输文件时,客户端会再与 FTP 服务器的 20 端口建立一条连接,这条连接称为数据连接。在传输完成后,将会关闭数据连接。因此,当数据传输开始时,客户端就会建立一条数据连接;当数据传输结束后,连接就会被立即释放。当客户端与 FTP 服务器的会话结束后,控制连接也会被关闭。

FTP 比 HTTP 要复杂得多。原因是,FTP 需要使用两个 TCP 连接,这两个 TCP 连接分别用于 FTP 客户端和服务器间的控制信息传输和数据传输。

FTP 有两种工作模式,一种是主动方式(PORT),另一种是被动方式(PASV)。

(1) 主动方式的工作过程。客户端将连接请求发送到 FTP 服务器的 21 端口,服务器接收该连接请求并建立一个控制连接。在控制连接上,客户端通过 PORT 指令通知服务器:"我已开启 XXX 端口,请你来连接我。"然后,FTP 服务器从 20 端口发送一个连接请求到客户端的 XXX 端口,并建立一个用于传输数据的数据连接。

(2) 被动方式的工作过程。客户端将连接请求发送到 FTP 服务器的 21 端口,服务器接收该连接请求并建立一个控制连接。在控制连接上,FTP 服务器通过 PASV 指令通知客户端:"我已开启 20 端口,请你来连接我。"然后,客户端将一个连接请求发送到 FTP 服务器的 20 端口,并建立一个用于传输数据的数据连接。

◇ 6.4　无线网络

6.4.1　无线网络概述

上述各网络与电话系统类似,均要求使用传输介质将通信设备与计算机连接。随着笔记本电脑的诞生,人们想让计算机与互联网的连接,就像使用移动电话那样,可以方便、自由地在办公室中行走,而不必再受到有线连接的束缚。从网络建设成本的角度来看,如果一座工厂的规模太大,想要把所有的计算机都用网线连接在一起,那可是一笔不小的开销。另外,当大批拥有笔记本电脑的用户在同一地点(如图书馆、会议大厅等)要求上网时,如果使用有线连接,则要占用许多接口和线路,而使用无线网路,更易于满足用户的需求。

目前,有一些常见的无线通信介质。

(1) 微波通信。载波频率在 300MHz～3000GHz 之间。高频率,能一次性传输海量数据。因为微波是沿直线传播的,所以它在地面上的传播距离很有限。

(2) 卫星通信。采用同步卫星作为中继站转发微波信号的一种特殊形式。卫星通信技术克服了地面微波通信的距离限制,实现了 3 颗同步卫星便可覆盖全球所有通信区域。

(3) 红外通信和激光通信。像微波通信那样,具有很强的方向性,都是沿着直线传播。但是在红外和激光通信中,要将发射信号分别转化成红外线和激光才能进行直线传播。微波、红外、激光等都要求在发射端和接收端之间形成一条视线通路,因此这些都被称为"视线媒体"。

6.4.2　无线网络的分类

无线网络包括无线个人网、无线局域网、无线城域网和无线广域网。

1. 无线个人网

无线个人网（wireless personal area network，WPAN）主要应用在个人的工作场所，通常只能在数米的范围内，能够与计算机同步传输文件、访问本地的外部设备，如打印机等。WPAN 一般用于解决"最后 10m"的通信需求，目前的主流技术是蓝牙（bluetooth）。蓝牙技术起源于爱立信（Ericsson）在 1994 年提出的一个概念，即无线连接和个人接入。目前，蓝牙通道的带宽是 1MHz，而异步非对称连接的最高传输速率是 723.2Kb/s，大部分蓝牙的传输距离都在 10m 左右。为满足将来的宽带多媒体业务需要，蓝牙 3.0＋HS 提供的传输速率高达 24Mb/s，支持 802.11 高速数据传输。

2. 无线局域网

无线局域网（wireless LAN，WLAN）就像它的名字一样，利用无线技术来替代传统的有线线路，从而形成一个局域网。WLAN 可以实现传统有线局域网的全部功能，是计算机网络和无线通信技术的融合。WLAN 可以实现固定、半移动和移动的网络终端远程接入互联网，并支持 2～54Mb/s 的传输速率。WLAN 经常用于解决"最后 100m"的通信需要，如企业网、驻地网等。1997 年 6 月，IEEE 发布 IEEE 802.11 标准，开始了 WLAN 的发展。IEEE 802.11 主要是针对办公室无线网络和校园网络用户的无线接入，用户终端的无线访问主要局限于数据访问，传输速率仅为 2Mb/s。它在传输速率、传输距离、安全性、EMC 能力和服务品质等方面都有很大的缺陷，因此促使了 IEEE 802.11x 系列标准的出现。其中最常用的一种是 IEEE 802.11b，它可以达到 11Mb/s 的传输速度，并且可以实现 5.5Mb/s、2Mb/s 和 1Mb/s 的速率调节；同时还具有 MAC 级的访问控制和加密机制，以达到与有线网络相同级别的安全保护；该标准还具有 40 位和 128 位的共享密钥算法，使其成为当前 IEEE 802.11x 系列标准的主要产品。而 IEEE 802.11b＋的传输速度则可以提高到 22Mb/s 的速度。IEEE 802.11a 工作在 5GHz 波段，其数据传输速度可提高至 54Mb/s。

现在，IEEE 802.11 系列由众多半导体设备厂商支持，并组成无线保真联盟（WiFi）。WiFi 本质上是一项商业认证，它表示通过 WiFi 认证的产品必须满足 IEEE 802.11 标准。WiFi 无疑是 IEEE 802.11 标准推广的一个主要动力。

3. 无线城域网

无线城域网（wireless MAN，WMAN）是一种宽带无线接入网，它的有效作用距离比 WLAN 要远，通常用于城市范围内各业务点与信息汇集点之间的信息交换和接入。有效覆盖范围为 2～10km，最远为 30km，数据传输速率最高可达 70Mb/s。目前 WMAN 主要采用 IEEE 802.16 系列标准，该标准于 2001 年 12 月通过，支持多种无线频段，如 1GHz、2GHz、10GHz 和 12GHz。借鉴 WiFi 模式，全球微波接入互操作性（WiMax）也由多家顶级制造商组成。WiMax 的目标是促进和认证采用 IEEE 802.16 标准的设备，使设备具有兼容性和互操作性，从而促进这些设备的市场推广。

4. 无线广域网

无线广域网（wireless WAN，WWAN）主要解决城市范围内信息交换无线接入的需求。无线广域网标准由 IEEE 802.20 和第三代移动通信系统（third-generation mobile system，3G）组成。IEEE 802.20 标准的初步设计目标是为高速移动用户提供高达 1Mb/s 的高带宽数据传输，如视频会议等。1985 年，国际电信联盟（ITU）提出 3G 的国际标准，即 IMT-2000。它的设计目标是在高速移动环境下支持 144Kb/s、步行慢行环境下支持 384Kb/s、室内环境下支持 2Mb/s 的数据传输，为用户提供包括语音、数据区多媒体等多种服务。宽带码分多路访问（WCDMA）、码分多路访问 2000（CDMA2000）、时分同步码分多路访问（TD-SCDMA）是 3G 三大主流无线接口标准。其中，WCDMA 标准主要起源于欧洲、日本，CDMA2000 主要由北美高通公司主导提出，中国提出 TD-SCDMA。基于无线传输技术与国际合作，完成 TD-SCDMA 标准，成为 CDMA TDD 标准的成员，是中国移动通信领域的一次创举，同时也为中国第三代移动通信的发展做出了贡献。

第四代移动通信技术（fourth generation of mobile communication technology，4G）是适应移动数据、移动计算和移动多媒体操作要求的移动通信技术。2012 年 1 月 18 日，国际电信联盟在 2012 无线电通信全会全体会议上正式审议通过了将 LTE-Advanced 和 WirelessMAN-Advanced（IEEE 802.16m）技术规范作为 IMT-Advanced（4G）的国际标准。由中国牵头制订的 TD-LTE-Advanced 和 FDD-LTE-Advanced 并列成为 4G 国际标准，这标志着中国在移动通信标准制定方面又一次登上了世界的前沿，为 TD-LTE 行业的进一步发展和国际化打下了坚实的基础。

与 3G 相比，4G 的信息传输级数要高出一个层次。与二、三代相比，四代对无线频率的利用效率大大提高，并且具有较好的抗信噪能力。4G 移动通信的下行链路和上行链路速率分别是 100Mb/s 和 30Mb/s。4G 集 3G 和 WLAN 于一体，它可以快速地传输数据及高质量的音频、视频、图像等。4G 的下载速率可以超过 100Mb/s，这是当前家庭宽带 ADSL（4Mb/s）的 25 倍，并且可以满足大多数用户对无线业务的需求。

◈ 6.5 物 联 网

6.5.1 物联网概述

物联网（IoT）就是物物相连的互联网。简单地说，任何东西，小到手表、钥匙、汽车、楼房，只要植入一块微型传感芯片，就能让物体"说话"。而在无线网络技术的帮助下，人们能够与物体"对话"，从而形成了物联网，它是继计算机、互联网之后，世界信息产业发展的第三次浪潮。物联网不仅仅是一个网络，也是业务和应用。因此，物联网的发展关键在于应用的创新。

首先，物联网的核心与基础依然是互联网，是以互联网为基础的扩展和延伸；其次，它的用户端扩展并延伸至任何物品与物品之间进行信息交换与通信。因此，物联网的定义就是利用 RFID、红外传感器、全球定位系统（GPS）、激光扫描仪等信息传感设备，根据协议的约定，将任何物品与互联网相连，并进行信息交换、通信，从而达到智能化的识别、定位、追踪、监控及管理。

从狭义上讲，物联网是将物品与物品进行互联，从而实现对物品的智能识别与管理；而从广义上讲，物联网就是将所有的事物都数字化、网络化，实现物品与物品、物品与人、人与现实世界之间的信息交换，再利用新的服务模式，将各种信息技术与人的社会行为相结合，使信息化在人类社会中达到一个更高的层次。

从通信对象、通信流程等方面来看，物联网的核心是物与物、人与物的互动。物联网的本质特点可以归纳为全面感知、可靠传送和智能处理。

（1）全面感知：利用射频识别、二维码、传感器等感知、捕捉、测量技术，在任何时间、任何地点收集并获得目标的信息。

（2）可靠传送：把物体与信息网络连接起来，通过各种通信网络，实现可靠的信息交换与共享。

（3）智能处理：通过各种智能计算技术，对大量的感知数据和信息进行分析、处理，从而达到智能决策与控制的目的。

6.5.2　物联网发展历史

物联网的概念最早是由美国麻省理工学院（MIT）于 1999 年创立的 Auto-ID 实验室（Auto-ID Labs）提出的网络无线射频识别系统（RFID），该系统利用信息传感器将所有物体与 Internet 相连，从而实现对物体的智能识别与管理。

早期的物联网主要应用于物流系统中，使用 RFID 技术代替条形码识别，从而达到对物流系统进行智能化管理的目的。随着科技的发展和应用的不断深入，物联网内涵也在不断地发生着改变。2005 年，国际电信联盟在突尼斯召开的信息社会世界峰会（WSIS）上正式确立了"物联网"的概念，之后又公布了《ITU 互联网报告 2005：物联网》，阐述了物联网的特点、相关技术、面临的挑战以及未来的市场机遇。

6.5.3　物联网体系架构

物联网作为一种网络，其系统体系结构也是层次化的，自下而上可分为感知层、网络层和应用层 3 层。

（1）感知层：主要收集物理数据，如各种物理量、身份识别、位置信息、音频、视频等。目前，传感器技术、RFID 技术、三维编码技术和多媒体信息采集技术是主要的数据采集技术。

（2）网络层：主要作用是实现大范围的信息交流，通过现有的多种通信网络和互联网，快速、准确、安全地将信息传递到世界各地，从而实现远距离、大范围的通信。

（3）应用层：主要实现物体信息的汇总、协同、共享、互通、分析、决策等功能，实现智能化的识别、定位、跟踪、监控、管理等功能，相当于物联网的控制、决策层。

6.5.4　物联网应用

物联网的核心技术包括传感器技术、RFID 标签技术、嵌入式系统技术。如果将物联网比作人的身体，那么传感器就是人的眼睛、鼻子、皮肤等感知器官；网络就是神经系统，用来传输信息；而嵌入式系统就是人类的大脑，将接收到的信息进行分类处理。

（1）传感器技术：在检测和自动控制中，传感器技术起着举足轻重的作用。传感器是一种设备，它需要能够感受到特定的测量值，并将其转化为可用的输出信号。传感器是信息采集的主要方式，它与通信技术、计算机技术一起组成了信息技术的三大支柱。到目前为止，绝大多数的传感器都能感受到模拟信号，将其转化为数字信号，然后由计算机来进行处理。

（2）RFID 标签技术：RFID 标签技术是一种通过无线射频信号进行自动识别并采集相关信息的无接触自动识别技术，不需要人为干预的情况下，可以在任何恶劣的环境中工作。

RFID 标签技术能对高速移动的目标进行识别,并能在同一时间内对多个电子标签进行识别,操作简单、快速。它结合了无线射频技术与嵌入式技术,在自动识别、物品物流管理等方面具有广泛的应用。

(3) 嵌入式系统技术:它是一种集计算机软硬件、传感器、集成电路和应用于一体的复杂技术。在经历了数十年的发展之后,以嵌入式为主要特点的智能终端已经无处不在。

◇ 6.6　网 络 安 全

6.6.1　网络信息安全概述

了解网络安全的基本知识,提升信息系统的安全防护能力。下面首先介绍网络信息安全的重要性,并对信息系统的脆弱性进行探讨。

1. 网络信息安全的重要性

随着信息技术的飞速发展,计算机网络已经渗透各国的政治、教育、金融、商业等各方面,可以说到处都是网络。资源共享与计算机网络安全是对立的关系,随着计算机网络资源的不断增加,信息安全的问题也越来越突出。

根据中国互联网络信息中心最新一期的中国互联网络发展情况统计报告,2018 年全球互联网用户总数已经突破 38 亿,截止到 2020 年 6 月末,中国网民数量已经达到 9.4 亿,互联网普及率达到 67%。

信息安全将直接关系到国家和人民的生活。1992 年,美国航空管理无意中挖断了一根电缆,4 个主要的空中交通控制中心被迫关闭 35 小时,成百架飞机被推迟或取消。2008 年 3 月,英国希思罗国际机场 5 号候机厅在启用当日,由于电子网络系统失灵,造成 5 号候机厅内一片混乱。

信息安全不仅关系到人民的生活,还关系到国家的政治、军队的命运、国家的主权和安全。有些国家在国家安全系统中加入了国家网络安全。信息安全空间将会是继国界、领海、领空三大防御体系和以空间为基础的第四防卫体系之后的第五防卫体系,即电子空间(cyber space),这是国际军事领域的战略演变。

2019 年 5 月,我国《信息安全技术网络安全等级保护基本要求》《信息安全技术网络安全等级保护测评要求》等核心标准正式发布,并于 2019 年 12 月 1 日正式实施,这标志着我国网络安全等级保护从 1.0 时代步入 2.0 时代。等级保护 2.0 把云计算、大数据、物联网等新业态也纳入了监管,同时纳入了《中华人民共和国网络安全法》中规定的重要事项,筑起了我国网络和信息安全的重要防线。

2. 信息安全的定义

引用国际标准化组织 ISO7498-2 标准中对于安全的定义:安全指的是将数据和资源受到攻击的可能性降到最低。

《中华人民共和国计算机信息系统安全保护条例》第 3 条对计算机信息系统的安全进行了规定:"计算机信息系统的安全保护,必须保障计算机及其相关的和配套的设备、设施(含网络)的安全,运行环境的安全,保障信息的安全,保障计算机功能的正常发挥,以维护计算机信息系统的安全运行。"

从根本上说,信息系统的硬件、软件、系统数据都得到了有效的保护,不会因为意外的故障或恶意的攻击而被破坏、修改或泄露,系统能够连续、可靠、正常地运行,而不会有任何的中断。从广义上说,任何与互联网有关的信息的保密性、完整性、可用性、可控性、非抵赖性等方面的技术与理论,都是信息安全领域的重要研究对象。

信息系统的安全性覆盖范围很广,涉及体系结构、安全管理等多个层面,而网络安全则是信息系统的重要组成部分,本书介绍与计算机网络相关的部分,所以后续的内容都用"网络安全"来描述。

网络安全的具体含义随着人们关注角度的变化而变化。从用户(个人、企业等)的角度来看,当他们通过互联网传送与个人或企业有关的信息时,需要保密、完整和真实,以防止被他人或竞争对手利用窃听、假冒或篡改等方式侵害用户的权益和隐私;从网络运行或管理人员的角度来看,希望能够对网络信息的读取、写入等操作进行有效的保护和控制,以防止网络后门、病毒、非法访问、拒绝服务、非法使用网络资源、非法控制等,阻止和防范网络黑客的入侵;从国家安全、保密的角度出发,要对非法、有害、涉及国家秘密的资料进行筛选、封锁,以防止涉密资料外泄,造成社会危害、使国家遭受重大损失。

6.6.2　网络安全的基本要素

网络安全是指在保证网络信息保密性、完整性和可用性的前提下,采取多种技术手段和管理手段来保障整个网络的正常运行。在电子商务等领域中,对信息的安全性也有了更高的要求。

1. 保密性

保密性(confidentiality)就是不能被未经授权的人进行未经授权的访问,也就是说,未经授权的人即使得到信息也不能知道该信息的具体内容,从而不能被利用。保密性是为了防止未经授权的使用者接触到保密的信息,也为了防止未经授权的使用者知道该信息的内容,以保证该信息不会被未经授权的机构或程序公开。

2. 完整性

完整性(integrity)是指只有经过授权的使用者,才可以对实体或程序进行修改,并可以判定该程序是否被修改。通常采用存取控制的方法来防止恶意操作,同时采用消息摘要算法验证信息是否存在篡改行为。

3. 可用性

可用性(availability)用于衡量网络系统的物理、网络、系统、数据、应用和用户等诸多要素,是整个网络系统的可靠性指标。允许使用者在任何时候都可以获得必要的信息,而攻击者也不能占用所有资源来妨碍权限使用者的工作。利用访问控制权限技术,防止未经授权的用户接入,实现了对静态信息的可视化和对动态信息的处理。

4. 可控性

可控性(controllability)主要是指对涉及信息安全的活动(包括使用加密的非法通信)进行监控和审核,以控制其在允许范围内的信息流动和行为。使用授权机制,可以对信息的传播范围、传播内容进行控制,必要时还能恢复密钥,从而实现对网络资源和信息的控制。

5. 不可否认性

不可否认性(non-repudiation)是对已发生的安全问题提供调查的基础和方法。利用审计、监控、防抵赖等安全机制,使攻击者、破坏者、抵赖者"逃不脱",为网络安全问题的调查提供了依据和方法,从而达到信息的可复审,通常采用数字签名等技术来实现不可否认性。

6.6.3　网络系统脆弱的原因

1. 网络环境的开放性

由于网络系统具有开放、快速、分散、互连、虚拟和脆弱等特点,因而容易受到攻击。因为互联网的使用者可以随意浏览任意网页,没有时间、空间的约束,而且信息的传播速度非常快,所以像病毒这样的有害信息可以在网络上快速传播。由于网络基础设施、终端设备的数目繁多、分布范围广泛,各类信息系统相互连接,让使用者的身份、位置难以辨别,形成了一个巨大而又错综复杂的虚拟环境。此外,由于网络软件与协议的技术缺陷,使得攻击者得以利用这些缺陷。这些特性使得网络空间的安全管理成为一个十分棘手的问题。

互联网是跨越国界的,也就是说,对互联网的攻击,不但可以来自本地的使用者,也可能从网络上的其他计算机中发起。互联网是一个虚拟的世界,因此无法知道网络的另一端究竟是谁。

在网络建设的早期,仅仅是为了方便和开放性而忽略了整体的安全,因此,任何个人和团体都可以访问。互联网受到的破坏和攻击有多种情况,比如,攻击物理传输线路或网络通信协议和应用程序;有可能攻击软件,也有可能攻击硬件。

2. 协议本身的脆弱性

网络传输与通信协议密不可分,但在不同层次和不同层面上存在着各种缺陷。许多攻击都是针对 TCP/IP 的,其中表 6-1 展示了几种攻击案例。

表 6-1　针对 TCP/IP 等协议的攻击

层	协议名称	攻 击 类 型	攻击利用漏洞
网络层	ARP	ARP 欺骗	ARP 缓存更新机制
	IP	IP 欺骗	IP 层数据包是不需要认证的
	ICMP	ICMP Flood 攻击	Ping 机制
传输层	TCP	SYN Flood 攻击	TCP 三次握手协议
	UDP	UDP Flood 攻击	UDP 非面向连接机制
应用层	FTP、SMTP	监听	明文传输
	DNS	DNS Flood 攻击	DNS 递归查询
	HTTP	慢速连接攻击	HTTP 会话保持

3. 操作系统的缺陷

操作系统是计算机系统最基本的软件,如果没有操作系统的安全保护,那么电脑系统和资料的安全性就会受到很大的影响。操作系统的安全问题十分关键,目前有许多针对操作系统的攻击手段,都是针对其漏洞展开的。操作系统存在以下三大缺陷。

(1)系统模型自身存在缺陷。这种情况在系统设计的早期就已经存在,不能通过对操作系统的源代码进行修正来解决。

（2）操作系统程序的源代码存在程序错误（bug）。操作系统也是计算机程序，每个程序都有 bug，包括操作系统。比如，冲击波病毒是专门针对 Windows 系统 RPC 缓冲区溢出漏洞的。发布了源代码的操作系统更容易被攻击，因为攻击者会对它们的源代码进行分析，从而发现它们的弱点。

（3）未正确地配置操作系统程序。很多操作系统的预设安全性不高，做安全设置也很麻烦，对用户安全知识的认知要求也很高，很多人都不具备这种能力，如果配置不合理，可能会导致系统的安全问题。

网络安全形势日趋严峻的主要原因之一就是漏洞的大量出现和不断快速增加的补丁。不仅仅是操作系统，其他应用系统也是如此。举例来说，仅 2020 年 4 月，微软就发布了 113 个漏洞补丁，包括 Windows、IE、Office 和 Web 应用程序等。实际应用软件可能存在更多的安全漏洞。

4. 应用软件的漏洞

随着技术的发展，人们的工作和生活都离不开电脑，应用软件的数量也在不断增加，安全问题日益突出。目前，很多网络攻击都是利用应用软件的弱点来进行的。应用软件具有以下特征：开发者众多、应用程序个性化、功能导向等。

当软件在开发和运行的过程中由于没有充分地考虑安全性而遭到了攻击，那么攻击者就可以达到获取隐私、窃取信息乃至对计算机进行攻击的目的。比如，当一个应用软件将用户密码保存为明文时，攻击者可以利用该漏洞，从而获得明文密码；当软件出现缓冲区泄漏时，可以被攻击者通过溢出攻击的方式获取其系统的访问许可；当用户登录软件的安全验证强度过低时，攻击者可能会冒充合法用户登录；如果软件不严格地删除用户的输入，那么当黑客攻击软件时，系统可能会执行删除命令，从而导致系统受到破坏。同时，应用软件的维护对于系统维护工程师来说也是一件非常困难的事情。

5. 人为因素

很多企业和使用者在网络安全意识薄弱、思想麻痹的情况下，都会对安全造成一定的影响。

6.6.4　信息安全的发展历程

在科技进步的同时，信息安全技术也在飞速发展。对信息安全的要求也从最初的信息通信保密发展到了信息系统的保障。从整体上看，我国的信息安全技术经历了 4 个发展阶段。

1. 通信安全阶段

20 世纪 40—70 年代，通信技术尚不成熟，对于电话、电报、传真等信息交换时的安全问题，主要采用加密技术来解决信息的保密问题，其核心内容是确保信息的隐私性与完整性，而有关的安全理论和技术也仅限于加密，因此，目前的信息安全可以称为通信安全（ComSEC）。在此阶段，最具代表性的活动就是 1949 年克劳德·香农发表的《保密系统通信理论》，把加密技术引入了科学界；1976 年惠特菲尔德·迪菲和马丁·赫尔曼在论文《密码学的新方向》中，首次介绍了公钥密码体系；美国国家标准学会于 1977 发布了数据加密标准（DES）。

在那个时候，美国政府以及几家大型企业都意识到了计算机系统的脆弱性。然而，由于计算机的应用并不广泛,加之美国政府把它作为一个非常敏感的问题来加以管理,所以对计算机安全的研究也仅仅停留在一个相对狭小的领域。

2. 计算机安全阶段

20 世纪 80 年代,随着计算机的广泛使用,计算机及网络技术的应用已步入实用、大规模发展的阶段,各个独立的计算机通过通信网络进行互联与共享,信息的安全性也日益成为关注的焦点。目前,对安全性的担忧正逐步发展到以保密性、完整性和可用性为目的的计算机安全(CompSEC)阶段。

这一阶段的标志是由美国国防部于 1983 年制定的《可信计算机系统评价准则》(TCSEC),对计算机安全产品进行评估,并对其生产和使用起到了一定的指导作用。1985年美国国防部再版的《可信计算机系统评价准则》为计算机系统安全性评估提供了一项权威的安全评定标准。

这一阶段的重点在于确保计算机系统软硬件和信息的保密性、完整性和可用性。信息安全威胁发展到非法访问、恶意代码、密码攻击等。

3. 信息技术安全阶段

20 世纪 90 年代,主要的信息安全威胁发展到网络攻击、病毒攻击、信息对抗攻击等,网络安全的重点在于保证信息的存储、处理、传输以及信息系统的安全,保证合法用户的服务,限制非授权用户的服务,并采取必要的防御措施,即转变到信息技术安全(ITSEC)阶段,强调信息的保密性、完整性、可控性和可用性。

这一阶段的主要标志是美国国防部在 1993—1996 年以 TCSEC 为基础提出的《信息技术安全性评估通用准则》,简称 CC 标准。国际标准化组织于 1996 年 12 月采用 CC 标准,并将其作为国际标准 ISO/TEC 15408 发布。2001 年,我国将 ISO/TEC 15408 等同转化为GB/T 18336—2001《信息技术 安全技术 信息技术安全性评估准则》(现已作废,被 GB/T 18336—2015 替代)。

4. 信息保障阶段

20 世纪 90 年代末,随着电子商务等行业的迅速发展,网络安全也产生了一些其他的规则与目标,如可控性、抗抵赖性、真实性等。这时,对安全提出了新的要求,可控性,就是对信息和信息系统进行安全监督和管理;抗抵赖性,是指确保行为人不能否认其行为。信息安全已经转变成从总体上来评估体系构建的信息保障,即网络信息系统安全阶段。

在这个阶段,公开密钥加密技术得到了迅速的发展,著名的 RSA 公开密钥加密算法得到了广泛应用。此时,人们开始使用防火墙、防病毒软件、漏洞扫描、入侵检测系统、公钥基础设施(PKI)、虚拟专用网(VPN)等安全产品。

在这一阶段,各国对信息安全的关注程度前所未有,纷纷制定了各自的信息安全保障体系。美国国家安全局于 1998 年制订了《信息保障技术框架》(IATF),并提出了"深度防御策略",该策略涵盖了基础设施防御、区域边界防御、计算环境防御以及支撑性基础设施防御。

面对国际网络空间日益严峻的形势,我国立足国情,创新驱动,不断解决网络空间受制约的问题。"十三五"规划明确提出要建立国家网络安全与保密技术保障体系,坚持纵深防御,构建坚实的网络安全保障体系。

6.6.5　网络安全所涉及的内容

很多互联网普通用户会认为"网络安全"只是用于防御黑客和病毒。其实,网络安全是一门交叉学科,涉及多方面的理论和应用知识,除了数学、通信、计算机等自然科学领域外,还涉及法律、心理学等社会科学领域,是一个多领域的复杂系统。

《信息安全技术网络安全等级保护基本要求》(QS2.0)是在 2019 年发布的,其中包含了安全通用要求和安全扩展要求,具体内容如表 6-2 所示。

表 6-2　《信息安全技术网络安全等级保护基本要求》的详细内容

要 求 类 型	详 细 内 容	
安全通用要求	技术部分	物理和环境安全
		网络和通信安全
		设备和计算安全
		应用和数据安全
	管理部分	安全策略和管理制度
		安全管理机构和人员
		安全建设管理
		安全运维管理
安全扩展要求	云计算安全扩展要求、移动互联网安全扩展要求、物联网安全扩展要求、工业控制系统安全扩展要求	

1. 物理和环境安全

保障各类计算机信息系统的物理安全是保障整个计算机信息系统安全的先决条件。物理安全是指保护计算机、网络设备和其他媒介免遭地震、水灾、火灾等环境事件,也包括人为操作失误、错误、计算机犯罪等行为导致的破坏。

1) 物理安全

(1) 设备安全:主要是防盗、防毁、防电磁信息泄露、防线路截获、防电磁干扰、电源保护等。

(2) 物理访问控制安全:建立存取控制机制来控制和限制所有对信息系统的存取、存储器及通信系统设备的物理访问。

2) 环境安全

为保证信息处理设施正常、连续地运行,必须考虑火灾、停电、爆炸物、化学品等问题,并要考虑环境温度、湿度是否适宜,必须建立环境状况监测机制,监测可能影响信息处理设施的环境状况。

2. 网络和通信安全

网络建设的目的是保证网络的保密性、网络数据传输的完整性、网络的可用性。

根据 GB/T 22239—2019《信息安全技术网络安全等级保护基本要求》,网络与通信安全着重于网络的总体安全,并将其划分为网络架构、通信传输、边界防护、访问控制、入侵防御、恶意代码和垃圾邮件防范、安全审计和集中控制几个安全子项,如表 6-3 所示。

表 6-3　网络和通信安全的组成

网络和通信安全子项	举　　例
网络架构	设计安全的拓扑、链路备份、IP 划分
通信传输	设置防火墙等安全设备、数据加密（如 VPN 等）
边界防护	对内部用户非授权连接到外部网络的行为进行限制或检查，限制无线网络的使用等
访问控制	访问控制功能的设备包括网闸、防火墙、路由器和三次路由交换机等
入侵防御	入侵检测系统等
恶意代码防范	在关键网络节点处对恶意代码进行检测和防护
垃圾邮件防范	在关键网络节点处对垃圾邮件进行检测和防护
安全审计	各系统配置日志，提供审计机制
集中管控	集中检测、集中审计和集中管理

3. 设备和计算安全

设备和计算安全是指设备、网络设备、安全设备和终端设备的安全保障，通常是由相应的安全配置和安全策略来实现的，其中包含了各个设备的操作系统自身的安全性及安全管理和配置。

设备和计算安全的终极目标是：对节点设备进行防护和安全配置；提供防护、管理和审计等功能，以保证系统的重要资源和敏感资料得到保护；保证数据处理和系统运行时的保密性、完整性和可用性，一旦出现安全事故，可以快速、有效地回溯，从而降低损失。

4. 应用和数据安全

应用安全，顾名思义，就是保证应用系统使用过程和结果的安全。

目前，针对应用系统的攻击越来越多，应用系统的安全性难以保证的主要原因有两个：第一，对应用系统的安全意识不强；第二，应用系统过于灵活。在网络安全、系统安全、数据安全等技术实现方面，存在着许多固定的规则，而应用安全则不同，客户的应用往往都是独一无二的。

数据的安全性主要由两部分组成：一是数据自身的安全性，主要是利用加密技术来主动地保护数据，如数据的保密性、数据完整性等；二是数据存储的安全性，主要是利用数据存储技术来保护数据，如磁盘阵列、数据备份、异地容灾等。

应用和数据安全的组成如表 6-4 所示。

表 6-4　应用和数据安全的组成

应用和数据安全子项	举　　例
应用安全	应用系统平台安全
	应用软件安全
数据安全	数据的保密性
	数据的完整性
	数据的备份和恢复

5. 管理安全

安全是一个整体,而一个完整的安全解决方案除了包括物理安全、网络安全、系统安全、应用安全等技术外,还包括了以人为中心的安全战略和管理支撑。网络安全的关键在于人的管理,而非技术。

在此,必须讲一讲"木桶原理",即木桶的容量取决于最短的一片木板,而一个系统的安全强度则取决于最脆弱部分的安全。再先进的科技装备,只要在安全管理方面存在不足,就保障不了安全。在互联网安全领域,专家们都同意"30%的科技,70%的管理"这一理念。

同时,网络安全是一个动态的过程,这是由于制约安全各个方面的因素都是动态的。比如,Windows 操作系统常常会发布安全漏洞,在没有被发现之前,用户会以为他们的系统是安全的,而事实上,这个系统正面临着危险,因此需要及时地进行补丁更新。

相对来说,安全指的是根据使用者的实际情况,在实用与安全之间寻求平衡。从整体上讲,网络安全是一个多层面的、复杂的、不断发展的动态过程。网络安全本质上是一个系统工程,它不仅要有效地防止外来攻击,还要建立健全的内部安全保障体系,包括防病毒攻击、实时检测、防黑客攻击等。因此,网络安全的解决方案不仅要针对某些安全风险进行预防,还要包括针对各类潜在的安全隐患进行全面的预防;同时,它也是一个可以根据网络安全需要而不断改善和完善的动态解决方案。

实例 4：基于 Python 的简单端口扫描器

实例 4 将演示如何使用 Python 的 socket 模块来创建一个简单的端口扫描器,用于检测目标主机上开放的端口。端口扫描是网络安全中的一项常见活动,用于发现目标主机上运行的服务和端口。这个实例将帮助读者了解如何编写一个基本的端口扫描器,以及如何通过测试不同的端口来检查目标主机上的服务。服务器端的代码(your_scan_script.py)如下所示。

```python
import socket

#定义要扫描的目标主机和端口范围
target_host = "目标主机的 IP 地址或主机名"
target_ports = [80, 443, 22, 21, 8080]  #要扫描的端口列表

#创建一个函数来扫描端口
def scan_ports(target_host, target_ports):
    try:
        #获取目标主机的 IP 地址
        target_ip = socket.gethostbyname(target_host)

        #遍历要扫描的端口列表
        for port in target_ports:
            #创建一个套接字对象
            client = socket.socket(socket.AF_INET, socket.SOCK_STREAM)

            #设置连接超时时间
            client.settimeout(1)

            #尝试连接到目标主机的端口
```

```
        result = client.connect_ex((target_ip, port))

        #检查连接结果
        if result == 0:
            print(f"端口 {port} 开放")
        else:
            print(f"端口 {port} 关闭")

        #关闭套接字连接
        client.close()

    except socket.error:
        print("无法连接到目标主机")

#调用端口扫描函数
scan_ports(target_host, target_ports)
```

在实例 4 中，首先定义了要扫描的目标主机的 IP 地址或主机名，以及要扫描的端口列表。然后，创建了一个名为 scan_ports 的函数，它遍历要扫描的端口列表，尝试连接到每个端口，并根据连接结果确定端口是否开放。请确保将 target_host 替换为要扫描的目标主机的实际 IP 地址或主机名，并在 target_ports 列表中列出要扫描的端口号。在终端中，通过以下命令来运行端口扫描器代码：

```
python your_scan_script.py
```

运行后，扫描器开始扫描目标主机上列出的端口，并输出每个端口的状态（开放或关闭）。这个实例将帮助读者了解如何使用 Python 来编写一个基本的端口扫描器，以帮助检测目标主机上的开放端口和服务。但请注意，在实际应用中，要进行端口扫描，需要遵守合法性和法律规定，以避免违法行为。

6.6.6　信息安全的职业道德

21 世纪，随着信息化水平的不断提高，计算机在社会各个领域的应用越来越广泛，计算机信息系统的安全问题已经成为人们关注的主要课题之一。随之出现的计算机犯罪日益猖獗，对国家安全、社会稳定、经济建设和公民的合法权利造成了极大的危害。

从国家的角度来说，应制定并完善我国的信息安全法律法规，建立健全的信息安全调查制度，加强对信息安全的宣传；从公民的角度来说，要养成良好的职业行为习惯，成为一名遵纪守法的公民。

发达国家对电脑安全的重视始于 1970 年，瑞典于 1973 年颁布《数据法》，成为全球第一部与电脑安全有关的法律。美国于 1983 年发布了《可信计算机系统评价准则》（简称橙皮书）。橙皮书将电脑的安全等级从低到高分为 D、C、B、A 4 级。D 级暂无子级划分；C 级有 C1、C2 两个子级，C2 的防护能力要强于 C1；B 级从低到高分为 3 个等级：B1、B2、B3；A 级别暂无子级划分。

我国颁布的有关计算机安全的法律法规有：《中华人民共和国保守国家秘密法》于 1988 年颁布，《中华人民共和国计算机信息网络国际联网管理暂行规定》于 1996 年颁布，《计算机信息网络国际联网安全保护管理办法》于 1997 年颁布,《计算机信息系统安全保护等级划分准则》于 1999 年颁布,《计算机软件保护条例》于 2001 年颁布。

《中华人民共和国刑法修正案(七)》中增加了以下内容:制作、提供专门用于侵入计算机信息系统的木马程序及利用传播木马程序获取他人存储、处理或者传输的数据,情节严重的行为分别以按侵入计算机信息系统程序罪和非法获取计算机信息系统数据罪论处。

目前,高校的计算机和信息技术相关专业均开设了与信息安全有关的课程。安全技术包括密码学、黑客攻击、访问控制、审计、安全脆弱性分析等。这些技术在保证信息系统安全、稳定运行的前提下,也与计算机信息安全法规和职业道德密不可分。本节主要介绍了有关信息安全的相关知识,旨在增强读者对计算机的安全意识与观念;避免使用某些工具、技术非法入侵他人计算机、公司的网络,不触犯法律,要做一个遵纪守法的公民。

◇ 6.7 本 章 小 结

本章深入探讨了计算机网络及其应用的关键概念和原理,为读者提供了深入了解现代信息通信系统的基础知识。首先介绍了计算机网络的基础,包括其定义、特点、发展历史、分类及体系结构与协议,这一部分帮助读者建立了对计算机网络的基本认识,为后续内容打下了坚实的基础。随后,探讨了 Internet 的基础知识,包括 Internet 的概述和 TCP/IP,这对于理解全球互联网的运作方式和底层协议非常重要。本章还详细介绍了 Internet 应用,特别是 Web、电子邮件和文件传输。这些应用是互联网的重要组成部分,为用户提供了各种信息传输和交流方式,丰富了人们的数字生活。无线网络和物联网也是本章的重要话题,介绍了无线物联网的概念和分类,以及物联网的概述、发展历史、体系架构和应用领域。这些内容揭示了互联网未来的发展趋势,尤其是在连接物理世界和数字世界之间建立更紧密联系的方面。最后,深入探讨了网络安全,包括网络信息安全的概述、基本要素、脆弱性原因、发展历程、涉及内容及职业道德。网络安全是互联网世界中的一个关键挑战,本章提供了对于保护网络和信息的重要见解。总之,本章为读者提供了对于计算机网络和相关应用的全面理解,为进一步研究和实践提供了坚实的基础。掌握这些知识有助于更好地理解和参与现代信息社会的发展。

◇ 6.8 习   题

1. 以传输速率为标准,网络可以分为哪几种类型。传输速率如何影响网络的带宽?

2. 简要说明常用的 5 种网络拓扑结构,它们各自有哪些特点。

3. 什么是 ISO/OSI 七层模型和 TCP/IP 四层模型?简述为什么现代通信网络过程中使用 TCP/IP 四层模型,而不使用 ISO/OSI 七层模型呢?并简述 TCP/IP 模型不完美之处。

4. 什么是 TCP/IP,它的全名是什么?简要描述 TCP 和 IP 在计算机网络通信中的作用。

5. TCP 和 UDP 是 TCP/IP 中的两种主要传输协议,它们之间的主要区别是什么?在什么情况下应该使用 TCP,而在什么情况下应该使用 UDP?

6. 一台计算机的 IPv4 地址为 10.1.65.29,子网掩码为 255.255.254.0,请问这个 IP 地址属于 A 类、B 类还是 C 类? 同时请计算出这台计算机的网络号、子网号和主机号。

7. 什么是 URL? 请解释 URL 的基本结构,包括协议类型、主机名、端口号、路径等各个组成部分的作用。

8. 电子邮件地址的常见格式是什么。请解释电子邮件地址中的用户邮箱名和主机名是如何组成的,举例说明一个典型的电子邮件地址。

9. 什么是 SMTP? 它的作用是什么,特别是在电子邮件的发送过程中? 为什么 SMTP 是互联网上发送电子邮件的标准协议?

10. 什么是 WLAN? 请简要介绍 IEEE 802.11 标准系列,并介绍一个 WLAN 的典型用途。

11. 物联网的基本概念是什么。它如何使物体之间能够相互连接和交流?

12. 物联网的应用领域有哪些。请举例说明物联网在物流、农业、健康等领域的具体应用场景。

13. 什么是网络环境的开放性,以及它如何导致网络系统脆弱? 举例说明开放网络环境可能引发的安全问题。

14. 为什么操作系统的缺陷可能导致网络系统脆弱? 提供一个实际案例说明操作系统漏洞可能对网络安全产生的影响。

15. 请解释物理和环境安全在网络安全中的作用。为什么保护物理设备和网络环境对于维护网络安全至关重要? 举例说明可能的威胁和保护措施。

16. 设备和计算安全是什么意思,为什么它们对于网络安全至关重要? 列举一些设备和计算安全方面的最佳实践或措施。

第7章

数据库系统与数据分析

在当今信息化社会,处处离不开数据,更离不开数据处理。例如,在银行办理存款、取款、贷款等业务时,不仅需要保存具体的金额、操作的类型,还需要保存每位客户的相关信息,包括姓名、年龄、性别、身份证号、住址、联系方式、照片等。除了存储数据,银行工作人员还需要进行相关操作,例如,找出所有 VIP 客户的相关信息,并对 VIP 客户进行相关服务;根据客户的身份证号,查找相应客户的所有信息等。此外,还需要确保数据的安全,例如,客户能够查询自己的银行流水;柜台工作人员和高层管理人员应该具有不同的权限;即使在系统崩溃时也应当保障数据的安全等。随着计算机技术的迅速发展,人们对信息处理的要求不断提高,促使了数据库技术的产生。数据库技术为用户提供了非常简便的使用方法,目前,数据库技术已经成为现代计算机信息系统和应用系统开发的核心技术。

随着计算机领域中其他新兴技术的发展,数据库技术也在不断发展。面对传统数据库技术的不足和缺陷,人们自然而然地想到借鉴其他新兴的计算机技术,从中吸取新的思想、原理和方法,将其与传统的数据库技术相结合,形成数据库领域的新技术,如数据挖掘、大数据分析。

本章主要介绍数据库及数据库管理系统的基本概念、数据库方法及关系数据库标准语言 SQL、数据库领域的新技术,以及 Python 程序设计示例。

◇ 7.1 数据库及数据库管理系统的基本概念

数据库的概念有两层意思:①数据库是一个能够合理保管数据的"仓库",是一个供用户存放事务数据的实体。"数据"和"库"这两个概念结合成为数据库;②数据库是数据管理的新方法,是能更好地组织数据、维护数据、控制数据和利用数据的新技术。设计数据库系统的目的是管理大量信息,而对数据的管理既要定义信息存储结构,又要提供信息操作机制。此外,数据库系统还需要保证所存信息的安全性,避免可能产生的异常结果。本节介绍数据库技术的产生和发展、数据库系统的组成,以及数据库管理系统。

7.1.1 数据库技术的产生和发展

从商业计算机的出现开始,信息处理就一直推动着计算机的发展。事实上,数据处理任务的自动化早于计算机的出现。早在 20 世纪初,人们就使用美国统计专家霍列瑞斯(Herman Hollerith)发明的穿孔卡片来记录美国人口普查的数据,然后用机械系统来处理这些卡片并列表显示结果。后来,穿孔卡片被广泛用作计算机数据的输入手段。数据库技术的主要发展如图 7-1 所示。

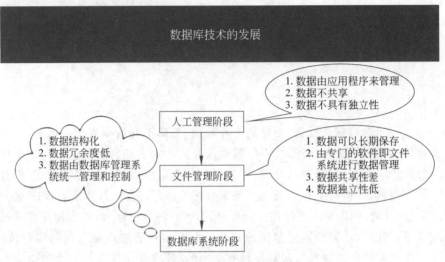

图 7-1   数据库技术的主要发展

20 世纪 50 年代中期以前的数据管理称为人工管理阶段。在这个阶段,计算机的外存只有纸带、卡片、磁带,计算机主要用于科学计算,在计算某一问题时将数据输入,用完就释放,数据量较少,一般不需要将数据长期保存。人工管理阶段主要有以下特点。

1) 数据由应用程序来管理

数据的逻辑结构需要由相应的应用程序来规定,除此之外,应用程序还需要设计物理结构(包括存储结构、存取方法、输入方式等),导致开发者的负担很重。

2) 数据不共享

数据是面向应用的,一组数据只能面向一个应用程序。当多个应用程序使用相同的数据时,必须各自定义,无法互相利用、互相参照,因此应用程序之间有大量的冗余数据。

3) 数据不具有独立性

数据依赖于应用程序,数据和程序是不可分割的,因此,数据的逻辑结构或物理结构发生变化后,需要开发者做相应的修改。

20 世纪 50 年代后期—60 年代中期的数据管理称为文件系统阶段。在这个阶段,计算机的应用范围已经逐渐扩大,硬件有了磁盘、磁鼓等直接存取的存储设备,软件有了操作系统,在操作系统的支持下,人们设计开发了一种专门管理数据的软件,即文件系统。文件系统阶段的计算机不仅用于科学计算,还大量用于信息管理。文件系统阶段主要有以下特点。

1) 数据可以长期保存

数据可以长期保存在外存上,可以反复地进行查询、修改、插入和删除等操作。

2) 由专门的软件即文件系统进行数据管理

数据由文件系统进行管理,组织形成具有一定结构的记录,并以文件的形式存储在存储设备上,由文件系统提供存取方法。程序只需要使用文件名就可以进行相关的数据处理,不需要管理数据的物理存储,因此,开发者可以将精力集中在算法上。数据在存储结构上的改变不一定反映在程序上,极大地节省了维护程序的工作量。

3）数据共享性差

在文件系统中，文件仍面向应用程序，也就是说，一个文件对应一个应用程序。当不同应用程序使用相同的数据时，也必须建立各自的文件，而不能共享相同的数据，因此数据的冗余度仍然很大。此外，由于相同数据的重复存储、各自管理，给数据的修改和维护带来了困难，容易造成数据的不一致性。

4）数据独立性低

数据由文件系统管理，以文件的形式存储在存储设备上，应用程序可以通过文件名进行数据读取等相关操作，使得应用程序与数据之间有了一定的独立性。然而，文件系统中的文件是为某一特定的应用程序服务的，文件的逻辑结构适用于该应用程序，不一定适用于其他应用程序，因此想增加一些新的应用会很困难，系统不容易扩充。此外，一旦数据的逻辑结构发生改变，就必须修改应用程序，修改文件结构的定义。而应用程序的改变，如应用程序改用不同的高级语言等，也会引起文件数据结构的改变。数据与程序之间的独立性较低，文件系统仍然是一个不具有弹性的无结构的数字集合，即文件之间是孤立的。

20 世纪 60 年代后期以来的数据管理称为数据库系统阶段。随着计算机技术的发展，数据管理的规模越来越大，数据量急剧增长，多种应用、多种语言共享数据的需求越来越强烈。此时，硬件有了大容量磁盘，硬件价格下降，软件价格上升，维护系统软件及应用程序所需的成本有所增加。数据处理方式也有了新的需求，如要求联机实时处理、提出分布式处理等。在这种背景下，以文件系统作为数据管理手段已经不能满足需求。为了解决多用户、多应用共享数据的需求，数据库技术应运而生，专门用于统一管理数据的软件系统出现了，也就是数据库管理系统。数据库管理系统克服了传统的文件系统管理方式的缺陷，提高了数据的一致性、完整性，减少了数据冗余。与人工管理和传统的文件系统阶段相比，现代数据库系统阶段的数据管理主要有如下特点。

（1）数据结构化。数据和程序之间彼此独立，数据及其关联按照数据模型组织到结构化的数据库中。

（2）数据冗余度低。数据面向所有的应用，不再面向某个特定的应用程序，相同的数据可以为多个应用程序和多个用户共同使用，从而实现了数据的共享，避免了数据的不一致性，可以有效地减少数据的冗余。

（3）数据由数据库管理系统统一管理和控制。

7.1.2　数据库系统的组成

数据库系统，也称为数据库应用系统，它由计算机硬件、数据库管理系统、数据库、应用程序和用户等部分组成，如图 7-2 所示。

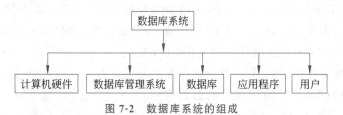

图 7-2　数据库系统的组成

1. 计算机硬件

计算机硬件是数据库系统赖以存在的物质基础,是存储数据及运行数据库管理系统的硬件资源,主要包括主机、存储设备、I/O 通道等。大型数据库系统一般都建立在计算机网络环境下。

为了让数据库系统获得良好的运行效果,应该对影响计算机技术性能指标的 CPU、内存、磁盘、I/O 通道等硬件设备采用较高的配置。

2. 数据库管理系统

数据库管理系统(data base management system,DBMS)是指负责数据库存取、维护、管理的系统软件。数据库管理系统统一管理和控制数据库中的数据资源,因此,用户的应用程序与数据库的数据相对独立。DBMS 是数据库系统的核心,其功能的强弱是衡量数据库系统性能优劣的主要指标。

DBMS 运行在相应的系统平台上,也就是说,需要在操作系统和相关系统软件的支持下才能有效地运行。

3. 数据库

前面提到过,数据库是一个能够合理保管数据的"仓库"。数据库系统以一定的组织方式将相关数据组织在一起,这些存储在外部存储设备上的相关数据集合能为多个用户共享、与应用程序相互独立。和文件系统阶段类似,数据库中的数据也是以文件的形式存储在存储设备上,它是数据库系统的操作对象和结果。数据库中的数据具有集中性和共享性:集中性是指把数据库看成性质不同的数据文件的集合,其数据的冗余度很小;共享性是指多个不同用户使用不同的语言,为了不同的应用目的可以同时存取数据库中的数据。

数据库中的数据由 DBMS 统一管理和控制,用户对数据库的各种操作都是通过 DBMS 实现的。

4. 应用程序

应用程序是在 DBMS 的基础上,由用户根据应用的实际需求所开发的、处理特定业务的程序。应用程序的操作范围通常只是数据库的一个子集,也就是用户所需要的那部分数据。

5. 用户

用户是指管理、开发、使用数据库系统的所有人员,通常包括数据库管理员(data base administrator,DBA)、应用程序员(application programmer)和终端用户(end user)。数据库管理员负责管理、监督和维护数据库系统的正常运行;应用程序员负责分析、设计、开发和维护数据库系统中运行的各类应用程序;终端用户是在 DBMS 与应用程序的支持下,操作使用数据库系统的普通人员。在不同规模的数据库系统中,用户的人员配置根据实际情况有所不同,不过大多数用户都属于终端用户。在小型数据库系统中,尤其是在微型计算机上运行的数据库系统中,通常由终端用户担任 DBA 角色。

综上所述,数据库中的数据,是存储在存储设备上的数据文件的集合;每个用户均可以使用其中的部分数据,不同用户使用的数据可以重叠,同一组数据可以为多个用户共享;DBMS 为用户提供对数据的存储组织和操作管理的功能;用户通过 DBMS 和应用程序实现对数据库系统的操作与应用。

7.1.3　数据库管理系统的功能及特点

DBMS 是对数据进行管理的大型系统软件,它是数据库系统的核心组成部分,用户在数据库系统中的一切操作,包括数据定义、查询、更新(包括插入、删除和修改)及各种控制,都是通过 DBMS 进行的。DBMS 就是把抽象的逻辑数据处理转换成计算机中具体的物理数据的处理软件,这给用户带来很大的便利。

数据库管理系统的主要功能包括数据定义功能、数据操纵功能、数据库运行管理功能、数据库的建立和维护功能、数据通信接口及数据组织、存储和管理功能。

(1) 数据定义功能:DBMS 提供数据定义语言(data define language,DDL),定义数据的模式、外模式和内模式三级模式结构,定义模式/内模式和外模式/模式二级映像,定义有关的约束条件。例如,为保证数据库安全而定义用户口令和存取权限;为保证正确的语义而定义完整性规则等;DBMS 提供的结构化查询语言(SQL)提供的 create、drop、alter 等语句可分别用来建立、删除和修改数据库。

用 DDL 定义的各种模式需要通过相应的模式翻译程序转换为机器内部的代码表示形式,保存在数据字典(data dictionary,DD)(或称为系统目录)中。数据字典是 DBMS 存取数据的基本依据,因此,DBMS 中应包括 DDL 的编译程序。

(2) 数据操纵功能:DBMS 提供数据操纵语言(data manipulation language,DML)实现对数据库的基本操作,包括检索、更新(包括插入、修改和删除)等。因此,DBMS 也应包括 DML 的编译程序或解释程序。DML 有两类:一类是自主型或自含型,这一类属于交互式命令语言,语法简单,可独立使用;另一类是宿主型,它把对数据库的存取语句嵌入在高级语言(如 Fortran、Pascal、C 等)中,不能单独使用。SQL 就是 DML 的一种。例如,DBMS 提供的结构化查询语言 SQL 提供查询语句(SELECT)、插入语句(INSERT)、修改语句(UPDATE)和删除语句(DELETE),可分别实现对数据库中数据记录的查询、插入、修改和删除操作。

(3) 数据库运行管理功能:对数据库的运行进行管理是 DBMS 运行的核心。DBMS 通过对数据库的控制以确保数据正确有效和数据库系统的正常运行。DBMS 对数据库的控制主要通过 4 个方面实现:数据的安全性控制、数据的完整性控制、多用户环境下的数据并发性控制和数据库的恢复。

(4) 数据库的建立和维护功能:数据库的建立包括数据库初始数据的装入与数据转换等,数据库的维护包括数据库的转储、恢复、重组织与重构造、系统性能监视与分析等。这些功能分别由 DBMS 的各个应用程序来完成。

(5) 数据通信接口:DBMS 提供与其他软件系统进行通信的功能。一般,DBMS 提供了与其他 DBMS 或文件系统的接口,从而使该 DBMS 能够将数据转换为另一个 DBMS 或文件系统能够接受的格式,或者可接收其他 DBMS 或文件系统的数据,实现用户程序与 DBMS、DBMS 与 DBMS、DBMS 与文件系统之间的通信。通常这些功能要与操作系统协调完成。

(6) 数据组织、存储和管理功能:DBMS 负责对数据库中需要存放的各种数据(如数据字典、用户数据、存取路径等)进行组织、存储和管理工作,确定以何种文件结构和存取方式合理地组织这些数据,以提高存储空间利用率和对数据库进行增、删、查、改的效率。

DBMS 是由许多程序所组成的一个大型软件系统,每个程序都有自己的功能,共同完成 DBMS 的一个或几个工作。一个完整的 DBMS 通常应该由语言编译处理程序、系统运行控制程序、系统建立、维护程序和数据字典等部分组成。其中,语言编译处理程序包括 DDL 编译程序及 DML 编译程序。系统运行控制程序负责数据库系统运行过程中的控制与管理,主要包括系统总控程序、安全性控制程序、完整性控制程序、并发控制程序、数据存取和更新程序及通信控制程序。系统建立、维护程序主要包括装配程序、重组程序、系统恢复程序。数据字典用来描述数据库中有关信息的数据目录,包括数据库的三级模式、数据类型、用户名和用户权限等有关数据库系统的信息,起着系统状态目录表的作用,帮助用户、DBA 和 DBMS 自身使用和管理数据库。

在数据库系统中,DBMS 与操作系统、应用程序、硬件等协同工作,共同完成对数据的各种存取操作。其中,DBMS 起着关键的作用,对数据库的一切操作,都要通过 DBMS 来完成。

DBMS 对数据的存取通常需要以下几个步骤。

(1) 用户使用某种特定的数据操作语言向 DBMS 发出存取请求。

(2) DBMS 接受请求并将该请求解释转换成机器代码指令。

(3) DBMS 依次检查外模式、外模式/模式映像、模式、模式/内模式映像及存储结构定义。

(4) DBMS 对存储数据库执行必要的存取操作。

(5) 从对数据库的存取操作中接收结果。

(6) 对得到的结果进行必要的处理,如格式转换等。

(7) 将处理的结果返回给用户。

上述的存取过程中还包括安全性控制、完整性控制,以确保数据的正确性、有效性和一致性。

DBMS 提供的数据库方法的主要优点如下。

(1) 程序-数据独立:将数据描述(元数据)与使用该数据的应用程序分离,数据描述集中存储在知识库中。

(2) 计划的数据冗余:好的数据库设计企图将以前单独的数据文件整合成一个单独的逻辑结构。理想情况下,一个基本事实只在数据库中存放一次。

(3) 改进的数据一致性:通过清除和控制数据冗余,可以极大地减少数据不一致的机会,还带来了节省数据存储空间的好处。

(4) 改进的数据共享:数据库被设计为一个共享的合作资源,授权的内部和外部用户被允许使用数据库,每个用户(或用户组)通过一个或多个数据库用户视图的方式使用数据库。

(5) 增强的应用开发能力:假定数据库和相关数据的获取与维护应用已经被设计和实现,应用开发人员不需要考虑文件设计和底层的实现细节,可以集中精力在新应用的特殊功能上。此外,数据库管理系统提供了多个高层工具,如表格和报表生成器,能自动完成数据库设计与实现的高级语言,因此数据库方法可以极大地减少新应用的开发代价和时间。

(6) 强化标准:当数据库方法在管理的支持下实现时,数据库管理功能将被授权以统一的权威和责任来建立和强化数据标准,包括命名惯例、数据质量标准等,数据库给数据库管理员提供了一套强大的工具来开发和强化这些标准。

（7）改进的数据质量：数据库方法提供了多种工具和处理手段来改进数据质量，包括完整性约束和清洗数据。

（8）改进的数据访问和响应能力：使用关系数据库，一个没有编程经验的终端用户也能检索和显示数据。

（9）减少程序维护：在数据库环境下，数据与使用它的程序更加独立。在一定范围内，无论是修改数据或是修改使用数据的应用程序都不需要修改另一个要素，因此，能有效地减少程序的维护工作。

（10）改进的决策支持。

上述给出了数据库方法的 10 个主要潜在优点，但是，数据库方法也会有附加的成本代价和风险，如下所述。

（1）新的专业化人员：要雇佣并培训数据库的设计和实现人员，提供数据库管理服务和增设对新人进行管理的人员。进一步讲，由于技术的迅速变革，新人需要不断接受培训和升级。

（2）启动和管理开销及复杂度：多用户的数据库管理系统是一个很大很复杂的软件，其启动开销很高，需要经过培训的人员去安装和操作，而且还要有周期性的维护和支持开销。安装这样一个系统可能还需要升级组织中原有的硬件和数据通信系统，还需要常规的培训以适应系统的新版本和升级。另外，需要更成熟、高代价的数据库软件以提供安全功能，从而保证共享数据的升级正确。

（3）转换开销：组织中原有的基于文件处理和/或最早数据库技术之上的应用转换到更现代的数据库技术需要一定的开销。

（4）显示的备份和恢复需求：共享数据库必须总是正确和可用的，这就需要开发综合的过程以提供数据的备份和故障后的数据库恢复。在目前环境下，这一点就显得更加重要和紧急，现代数据库管理系统通常比文件系统能提供更多备份和恢复任务。

（5）组织冲突：共享数据库对数据定义需要和数据拥有者有一致的意见，并且要负责做精确的数据维护。经验表明，在数据定义等相关的一些观点上往往存在冲突，并且通常也很难解决。

7.1.4　MySQL 简介

目前流行的数据库管理系统有许多种，大致可分为小型桌面数据库、大型商业数据库、开源数据库、Java 数据库等。随着 Linux 操作平台的逐渐主流化，以 MySQL 公司为代表的一系列开源数据库厂商变得越来越引人注目，包括最受欢迎的 MySQL 和最先进的开源数据库 PostgreSQL。本书主要介绍 MySQL。

MySQL 是一款单进程多线程、支持多用户、基于客户端/服务器（client/server，C/S）的关系数据库管理系统。它是开源软件，可以从 MySQL 的官方网站（http://www.mysql.com/）下载该软件。MySQL 以快速、便捷和易用为主要发展目标。

1. MySQL 的优势

（1）成本低：开放源代码，任何人都可以修改 MySQL 数据库的缺陷；社区版本可以免费使用。

（2）性能良：执行速度快，功能强大。

（3）值得信赖：YAHOO、谷歌、YouTube、百度等众多公司都在使用 MySQL，Oracle 公司接手并顺应市场潮流和用户需求，致力于打造完美的 MySQL。

（4）操作简单：安装方便快捷，有多个图形客户端管理工具（MySQL Workbench、Navicat、MySQL-Front、SQLyog 等客户端）和一些集成开发环境。

（5）兼容性好：可安装于 Windows、UNIX、Linux 等多种操作系统；跨平台性好，不存在 32 位和 64 位机不兼容、无法安装的问题。

MySQL 从无到有，技术不断更新，版本不断升级，与其他的大型数据库（如 Oracle、DB2 等）相比，虽然存在规模小、功能有限等方面的不足，但这丝毫没有影响它受欢迎的程度。

2. MySQL 的系统特性

MySQL 数据库管理系统具有以下一些系统特性。

（1）使用 C 和 C++ 语言编写，并使用了多种编译器进行测试，保证了源代码的可移植性。

（2）支持多线程，可充分利用 CPU 资源。

（3）优化的 SQL 查询算法，能有效地提高查询速度。

（4）提供 TCP/IP、ODBC 和 JDBC 等多种数据库连接途径。

（5）支持 AIX、FreeBSD、HP-UX、Linux、macOS、Novell Netware、OpenBSD、OS/2 Wrap、Solaris、Windows 等多种操作系统平台。

（6）既能够作为一个单独的应用程序应用在 C/S 网络环境中，也能够作为一个库嵌入其他的软件中。

（7）支持大型数据库，可以处理拥有上千万条记录的大型数据库，数据类型丰富。

（8）支持多种存储引擎。

3. MySQL 的发行版本

根据操作系统的类型来划分，MySQL 数据库大致可以分为 Windows 版、UNIX 版、Linux 版和 macOS 版。

根据 MySQL 数据库的开发情况，可将其分为 Alpha、Beta、Gamma 和 Generally Available(GA) 等版本。

（1）Alpha：处于开发阶段的版本，可能会增加新的功能或进行重大修改。

（2）Beta：处于测试阶段的版本，开发已经基本完成，但是没有进行全面的测试。

（3）Gamma：该版本是发行过一段时间的 Beta 版，比 Beta 版要稳定一些。

（4）Generally Available：该版本已经足够稳定，可以在软件开发中应用了。有些资料将该版本称为 Production 版。

MySQL 数据库根据用户群体的不同，分为社区版（community edition）和企业版（enterprise）。

MySQL 数据库对普通用户是免费开源（选择 GPL 许可协议）的，通常称为社区版；对企业用户采取收费（非 GPL 许可）的方式。

社区版和企业版之间的区别：企业版可享受到 MySQL AB 公司的技术服务；社区版没有官方的技术支持，但可以通过官网论坛提问以找到解决方案。两者在功能上是相同的。

4. MySQL 5.7 的新增亮点

MySQL 数据库凭借其易用性、扩展力和性能等优势,成为全世界最受欢迎的开源数据库。世界上许多大流量网站都依托 MySQL 数据库来支持其关键业务的应用程序,其中包括 Facebook、谷歌、Ticketmaster 和 eBay。MySQL 5.7 在原来版本的基础上改进并新增了许多功能。以下从 4 个方面简单介绍 MySQL 5.7 数据库中的亮点。

(1) 通过提升 MySQL 优化诊断来提供更优的查询执行时间和诊断功能。

(2) 通过增强 InnoDB 存储引擎来提高性能处理量和应用的可用性。

(3) 通过 MySQL 复制新功能以提高扩展性和高可用性。

(4) 增强的性能架构(performance-schema)。

5. MySQL 的工作流程

MySQL 的工作流程如图 7-3 所示。

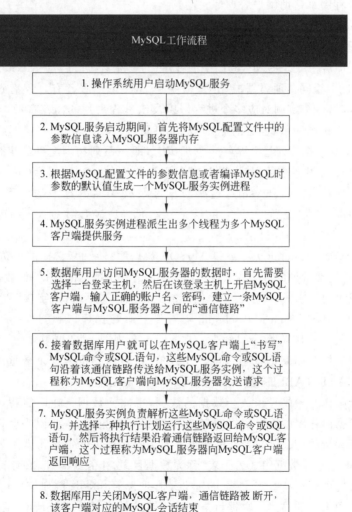

图 7-3　MySQL 的工作流程

6. MySQL 系统构成

MySQL 数据库系统由多个组件构成,通常包括以下几个部分:MySQL 数据库服务、MySQL 客户程序和工具程序,以及服务器语言 SQL。本节只介绍 MySQL 数据库服务和 MySQL 客户程序和工具程序,SQL 将在后面的章节介绍。

MySQL 数据库服务主要由 MySQL 服务器、MySQL 实例和 MySQL 数据库 3 个部分组成,通常简称 MySQL 服务,对应官方技术文档中的"MySQL Service""MySQL Server"或"MySQL Database Server"等说法。

(1) MySQL 服务器。又称 MySQL 数据库服务,它是保存在 MySQL 服务器硬盘上的一个服务软件。通常是指 mysqld 服务器程序,它是 MySQL 数据库系统的核心,所有的数据库和数据表操作都是由它完成的。其中的 mysqld_safe 是一个用来启动、监控和(出问题时)重新启动 mysqld 的相关程序。如果在同一台主机上运行了多个服务器,通常需要用 mysqld_multi 程序来帮助用户管理好它们。

(2) MySQL 实例。MySQL 实例是一个正在运行的 MySQL 服务,其实质是一个进程,只有处于运行状态的 MySQL 实例才可以响应 MySQL 客户端的请求,提供数据库服务。同一个 MySQL 服务,如果 MySQL 配置文件的参数不同,启动 MySQL 服务后生成的 MySQL 实例也不相同。通常是指 mysqld 进程(MySQL 服务有且仅有这一个进程,不像 Oracle 等数据库,一个实例对应多个进程),以及该进程占用的内存资源。对应官方技术文档中的"MySQL instance",也有的称为"mysqld 进程"。

(3) MySQL 数据库。通常是一个物理概念,即一系列物理文件的集合。一个 MySQL 数据库可以创建出很多个数据库,默认情况下至少会有 4 个数据库(information_schema、performance_schema、test、mysql),这些数据库及其关联磁盘上的一系列物理文件构成 MySQL 数据库。通常提到的 data 目录是指存储 MySQL 数据文件的目录,默认是指/data/mysqldata/3306/data 目录。

① information_schema 数据库是 MySQL 数据库自带的,它提供了访问数据库元数据的方式,也就是通常所说的 Metadata。Metadata 是关于数据的数据,如数据库名或表名、列的数据类型或访问权限等,用于表述该信息的其他术语包括"数据字典"和"系统目录"。

在 MySQL 中,information_schema 被看作一个数据库,确切地说是信息数据库。在 information_schema 中,有数个只读表。它实际上是视图,而不是基本表,因此,无法看到与之相关的任何文件。如果想看到它包含什么信息,只需要进入这个数据库,然后逐一执行 "SHOW CREATE TABLE<表名>"查看每一个表的功能。

数据目录(catalog)是一组关于数据的数据,也叫元数据。在高级程序设计语言中,程序所用到的数据由程序中的说明语句定义,程序运行结束了,这些说明也就失效了。DBMS 的任务是管理大量的、共享的、持久的数据。有关这些数据的定义和描述必须长期保存在系统中,通常就把这些元数据组成若干表,称为数据目录,由系统管理和使用。

数据目录的内容包括基表、视图的定义及存取路径(索引、散列等)、访问权限和用于查询优化的统计数据等的描述。数据目录只能由系统定义并为系统所有,在初始化时由系统自动生成。数据目录是被频繁访问的数据,同时又是十分重要的数据,几乎 DBMS 的每一部分在运行时都要用到数据目录。如果把数据目录中所有基表的定义全部删去,则数据库中的所有数据,尽管还存储在数据库中,但将无法访问。因此,DBMS 一般不允许用户对数据目录进行更新操作,而只允许用户对它进行有控制的查询。

② performance_schema 数据库是 MySQL 5.5 中新增的,它主要是针对性能的,用于收集数据库服务器的性能参数并提供以下功能。

- 提供进程等待的详细信息,包括锁、互斥变量、文件信息。
- 保存历史事件的汇总信息,为判断 MySQL 服务器性能做出详细的依据。
- 添加或删除监控事件点都非常容易,并可以随意改变 MySQL 服务器的监控周期。

③ test 数据库是测试库。

④ mysql 数据库是 MySQL 数据库中的一个数据库名称,是创建 MySQL 数据库时自动创建的,主要存储一些系统对象,如用户、权限、对象列表等字典信息。

MySQL 客户程序和工具程序主要负责与服务器进行通信,主要内容如下。

(1) mysql:用于把 SQL 语句发往服务器并查看其返回结果的交互式程序,位于/mysql_software/bin 目录下。通过它连接数据库、查询和修改对象、执行维护操作。

(2) mysqladmin:用于完成关闭服务器或在服务器运行不正常时检查其运行状态等工作的管理性程序。

(3) mysqlcheck、isamchk、myisamchk:用于对数据表进行分析和优化,当数据表损坏时,还可以用它们进行崩溃恢复工作。

(4) mysqldump 和 mysqlhotcopy:用于备份数据库或者把数据库复制到另一个服务器的工具。

◇ 7.2　数据库方法及关系数据库标准语言 SQL

在计算机化的数据处理来源首次可用时,还没有数据库。为了商业应用可以使用,计算机必须存储、操作和检索大型数据文件,因此产生了文件处理系统。然而,当商业应用变得更加复杂时,传统文件处理系统的缺点和局限性就显现出来了,如程序-数据相关、数据冗余、有限的数据共享、冗长的开发周期、过多的程序维护等。为了克服传统文件处理系统的缺陷,采用了数据库方法。在这一节里,介绍一些数据库方法相关的核心概念,然后介绍关系数据库标准语言 SQL。

7.2.1　数据模型

为了建立数据库并使数据库能够适应用户需求,需要合适地定义数据库。数据模型抓住了数据之间关联的本质,并应用在数据库概念化和设计的不同抽象层次中。典型的数据模型由实体、属性和联系组成,最常用的数据建模方式是实体-联系模型。

实体是现实世界中可以相互区分的对象。在观念世界中,人们把凡是可以相互区别的客观事物和概念统一抽象为实体。实体可以是实际存在的客观事物,如一位雇员、一位学生、一台计算机、一张桌子等,也可以是抽象的,如一个概念。具有相同类型和相同性质(或属性)的实体集合构成实体集。

属性是实体集中每位成员具有的描述性性质,是对实体特征的描述,每个属性都有其取值范围,称为域。每个实体都由若干属性描述其特征,例如,实体“学生”包括学号、姓名、出生年月、入学时间、联系电话等特征。同一实体集中,每个实体的属性及域是相同的,但属性的取值可能不同。

实体之间往往存在各种关系,如一个客户可以和一个公司有多个订单,这种实体间的关系抽象为联系。如图 7-4 所示,实体间的联系可分为 3 类。

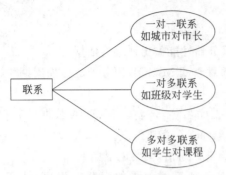

图 7-4 实体间的 3 类联系

（1）一对一联系:如果 A 中的任一实体至多对应 B 中的一个实体,并且 B 中的任一实体也至多对应 A 中的一个实体,则称 A 与 B 是一对一联系。例如,乘客与机票之间、城市与市长之间都是一对一联系。

（2）一对多联系:如果 A 中至少有一个实体对应 B 中的一个以上实体,而 B 中的任一实体至多对应 A 中的一个实体,则称 A 与 B 是一对多联系。例如,班级对学生、餐桌对餐椅等都是一对多联系。

（3）多对多联系:如果 A 中至少有一个实体对应 B 中的一个以上实体;反过来,B 中也至少有一个实体对应 A 中一个以上的实体,则称 A 与 B 是多对多联系。例如,老师与学生、学生与课程等都是多对多联系。

实体关系(entity relationship,E-R)模型认为世界是由一组被称为实体的基本对象与其之间的联系所构成的,表述了实体、实体间的联系及实体间联系的属性,E-R 模型有助于将现实世界中的对象和相互关联映射到概念世界。

7.2.2 关系数据库

关系数据库是通过文件(又称关系)中的公共字段建立实体之间的联系。关系数据库以关系模型为基础,可以看作是许多表的集合,每张表代表一个关系。

关系模型以表格的形式表示数据。关系模型基于数学理论建立,因此有坚实的理论基础。关系模型由以下 3 个部分组成:数据结构、数据处理、数据完整性。关系模型涉及的基本概念如下。

（1）关系:命名的二维数据表格。关系(或表格)由一些命名的列和若干未命名的行组成。

（2）关系框架:关系的逻辑结构,即表的第一行称为关系框架。

（3）属性:关系中命名的列。表的每一列称为一个属性。

（4）元组:表中除第一行之外的每一行称为关系的一个元组,它由属性的值组成。

（5）超关键字:关系中能唯一标识每个元组的属性集合。

（6）候选关键字:能唯一标识每个元组的极小属性集合。

（7）主键:被选用的能唯一识别每一行的一个或一组属性。

（8）外部关键字:关系的一个外部关键字是其属性的一个子集,这个子集是另一个关系的超关键字。

例如,表 7-1 给出了一个学生关系的示例,其中"学号""名字"等属于属性,第一行是关系框架,第二行是关系的一个元组,学号是超关键字,也是候选关键字,还可以作为主键。

表 7-1　学生关系

学　　号	名　字	出 生 年 月	入 学 时 间
202101103109	马浩	2003 年 9 月	2021 年 9 月
202101103110	陈永	2002 年 12 月	2021 年 9 月
…	…	…	…

要注意的是,不是所有的表格都是关系。关系的几个特性可以将其与非关系表格区分开来,这些特性可以概括如下。

(1) 数据库中的每个关系(或表格)都有唯一的名称。

(2) 每行与每列交叉点的条目是原子的(或单值的)。表中每个属性在每行只有一个值,关系中没有多值属性。

(3) 每一行都是唯一的,关系中没有相同的两行。

(4) 每个表格中的每个属性(或列)都有唯一的名称。

(5) 列的顺序(从左到右)无关紧要。改变关系中列的顺序不会更改关系的意义或影响关系的使用。

(6) 行的顺序(从上到下)无关紧要。和列一样,关系中行的顺序可以被更改为任何顺序。

关系模型包含了一些类型的约束或者用来限制可接受的数据值和操作的规则,其目的是有利于维护数据库中数据的正确性和完整性。主要的完整性约束如下。

(1) 域完整性约束(域约束):主要规定属性值必须取自值域及属性能否取空值。域完整性约束是最基本的约束。

(2) 实体完整性约束:用来保证每个关系都有主键并且主键的所有值都是合法的,它规定组成关键字的属性不能取空值,否则无法区分和识别元组。

(3) 引用完整性约束(参照完整性):维护两个关系的行之间一致性的规则,考虑不同关系之间或同一关系的不同元组之间的制约。引用完整性约束规定外部关键字取空值或者引用一个实际存在的候选关键字。

(4) 用户自定义完整性约束:数据库设计者根据数据的具体内容定义语义约束,并提供检验机制。

7.2.3　关系数据库标准语言——SQL

SQL 是结构化查询语言(structured query language)的缩写,尽管它被称为查询语言,但其功能包括数据查询、数据定义、数据操纵和数据控制 4 个部分。SQL 简洁方便、功能齐全,是目前应用最广的关系数据库语言。

SQL 是目前最成功、应用最广的关系数据库语言,其发展主要经历了以下几个阶段。

(1) 1974 年,由 Chamberlin 和 Boyce 提出,当时称为 SEQUEL(structured english query language)。

(2) 1976 年,IBM 公司对 SEQUEL 进行了修改,将其用于 System R 关系数据库系统中。

(3) 1981 年,IBM 推出了商用关系数据库 SQL/DS。由于 SQL 功能强大、简洁易用,得到了广泛应用。

（4）如今，SQL 广泛应用于各种大、中型数据库，如 Sybase、SQL Server、Oracle、DB2、MySQL、PostgreSQL 等；也用于各种小型数据库，如 FoxPro、Access、SQLite 等。

随着关系数据库系统和 SQL 应用的日益广泛，SQL 的标准化工作也在紧张地进行着，三十多年来已制定了多个 SQL 标准。

（1）1982 年，美国国家标准研究所（American National Standards Institute，ANSI）开始制定 SQL 标准。

（2）1986 年，ANSI 公布了 SQL 的第一个标准 SQL—86。

（3）1987 年，国际标准化组织正式采纳了 SQL—86 标准为国际标准。

（4）1989 年，ISO 对 SQL—86 标准进行了补充，推出了 SQL—89 标准。

（5）1992 年，ISO 推出了 SQL—92 标准（又称 SQL2）。

（6）1999 年，ISO 推出了 SQL—99 标准（又称 SQL3），它增加了对象数据、递归和触发器等的支持功能。

（7）2003 年，ISO 推出了 ISO/IEC 9075:2003 标准（又称 SQL4）。

SQL 之所以能够成为标准并被业界和用户接受，是因为它具有简单、易学、综合、一体等鲜明的特点，主要包括以下几个方面。

（1）SQL 是类似于英语的自然语言，语法简单，且只有为数不多的几条命令，简洁易用。

（2）SQL 是一种一体化的语言，它包括数据定义、数据查询、数据操纵和数据控制等方面的功能，可以完成数据库活动中的全部工作。

（3）SQL 是一种非过程化的语言，用户不需要关心具体的操作过程，也不必了解数据的存取路径，即用户不需要一步步地告诉计算机"如何去做"，而只需要描述清楚"做什么"，SQL 语言就可以将要求交给系统，系统自动完成全部工作。

（4）SQL 是一种面向集合的语言，每个命令的操作对象是一个或多个关系，结果也是一个关系。

（5）SQL 既是自含式语言，又是嵌入式语言。自含式语言可以独立使用交互命令，适用于终端用户、应用程序员和 DBA；嵌入式语言使其嵌入在高级语言中使用，供应用程序员开发应用程序。

（6）SQL 具有数据查询（query）、数据定义（definition）、数据操纵（manipulation）和数据控制（control）4 种功能。

使用 SQL 命令创建数据表和查询数据，具体内容如下。

（1）使用 SQL 命令创建数据表。

可以使用 CREATE TABLE 语句创建数据表，其基本语法格式为：

```
CREATE TABLE <表名> (<列定义>[{,<列定义>|<表约束>}])
```

其中：

① <表名>最多可有 128 个字符，如 S，SC，C 等，不允许重名。

②<列定义>的书写格式为，<列名><数据类型>[DEFAULT] [{<列约束>}]。

③ DEFAULT，若某字段设置有默认值，则当该字段未输入数据时，以该默认值自动填入。

④ 在 SQL 中用如下格式来表示数据类型及它所采用的长度、精度和小数位数,其中 N 代表长度,P 代表精度,S 表示小数位数。

```
BINARY(N)——BINARY (10)
CHAR(N)——CHAR(20)
NUMERIC(P,[S])——NUMERIC(8,3)
```

但有的数据类型的精度与小数位数是固定的,对采用此类数据类型的字段而言,不需要设置精度与小数位数。例如,如果某字段采用 INT 数据类型,其长度固定是 4,精度固定是 10,小数位数则固定是 0,这表示该字段能存放 10 位没有小数点的整数,存储大小是 4 个字节。

例 7.1 用 SQL 命令建立一个职工表 WORKER。

```
CREATE TABLE WORKER
(SNo VARCHAR(6),
SN NVARCHAR(10),
Sex NCHAR(1) DEFAULT '女',
Age INT,
Dept NVARCHAR(20))
```

执行该语句后,便创建了职工表 WORKER。该数据表中含有 SNo、SN、Sex、Age 及 Dept 共 5 个字段,它们的数据类型和字段长度分别为 VARCHAR(6)、NVARCHAR(8)、NCHAR(2)、INT 及 NVARCHAR(20)。其中,Sex 字段的默认值为'女'。

上述例 1 为创建基本表的最简单形式,还可以对表进一步定义,如主键、空值等约束的设定,使数据库用户能够根据应用的需要对基本表的定义作出更为精确和详细的规定。

(2) 使用 SQL 命令查询数据。

数据查询是数据库中最常用的操作。SQL 提供 SELECT 语句,通过查询操作可得到所需要的信息。关系(表)的 SELECT 语句的一般格式为:

```
SELECT [ALL|DISTINCT][TOP N [PERCENT][WITH TIES]]
<列名>[AS 别名1][{,<列名>[ AS 别名2]}]
FROM<表名>[[AS] 表别名]
[WHERE<检索条件>]
[GROUP BY <列名1>[HAVING <条件表达式>]]
[ORDER BY <列名2>[ASC|DESC]]
```

查询的结果仍是一个表。SELECT 语句的执行过程是,根据 WHERE 子句的检索条件,从 FROM 子句指定的基本表中选取满足条件的元组,再按照 SELECT 子句中指定的列,投影得到结果表。如果有 GROUP 子句,则将查询结果按照与<列名1>相同的值进行分组。如果 GROUP 子句后有 HAVING 短语,则只输出满足 HAVING 条件的元组。如果有 ORDER 子句,查询结果还要按照 ORDER 子句中<列名2>的值进行排序。

可以看出,WHERE 子句相当于关系代数中的选取操作,SELECT 子句则相当于投影操作,但 SQL 查询不必规定投影、选取操作的执行顺序,它比关系代数更简单、功能更强大。

无条件查询是指只包含"SELECT...FROM"的查询,这种查询最简单,相当于只对关系(表)进行投影操作。

例 7.2 查询表 WORKER 全体职工的职工号、姓名和年龄。

```
SELECT SNo, SN, Age
FROM WORKER
```

例 7.3　查询表 WORKER 职工的全部信息。

```
SELECT *
FROM WORKER
```

用"＊"表示表 WORKER 的全部列名,而不必逐一列出。

上述查询均为不使用 WHERE 子句的无条件查询,又称投影查询。在关系代数中,投影后自动消去重复行;而 SQL 中必须使用关键字 DISTINCT 才会消去重复行。

另外,利用投影查询可控制列名的顺序,并可通过指定别名来改变查询结果列标题的名字。

例 7.4　查询 WORKER 全体职工的姓名、职工号和年龄。

```
SELECT SN Name, SNo, Age
FROM WORKER
```

或

```
SELECT SN AS Name, SNo, Age
FROM WORKER
```

其中,Name 为 SN 的别名。在 SELECT 语句中可以为查询结果的列名重新命名,并且可以重新指定列的次序。

当要在表中找出满足某些条件的行时,则需要使用 WHERE 子句指定查询条件。WHERE 子句中,条件通常通过 3 个部分来描述。

① 列名。

② 比较运算符。

③ 列名、常数。

常用的比较运算符包括"＝""＞""AND""OR""NOT""IN"等。

◆ 7.3　数据库领域的新技术

随着计算机领域中其他新兴技术的发展,数据库技术也在不断发展。面对传统数据库技术的不足和缺陷,人们自然而然地想到借鉴其他新兴的计算机技术,从中吸取新的思想、原理和方法,将其与传统的数据库技术相结合,形成数据库领域的新技术,从而解决传统数据库存在的问题。本节主要介绍以下 3 类技术:分布式数据库、数据仓库与数据挖掘技术、大数据技术。

7.3.1　分布式数据库

以前的数据库一般采用集中式数据库,也就是集中在中心场地的一台计算机上,统一存储及维护的数据库。这种数据库无论是物理还是逻辑上都是集中存储在一个容量足够大的外存储器上,它的基本特点包括:集中控制处理效率高,可靠性好;数据冗余少,数据独立性高;易于支持复杂的物理结构去获得对数据的有效访问。

随着数据库应用的不断发展,人们逐渐地意识到过分集中化的系统在处理数据时有许多局限性。例如,不在同一地点的数据无法共享;系统过于庞大、复杂,显得不灵活且安全性较差;存储容量有限,不能完全适应信息资源的存储要求等。正是为了克服系统的这种缺点，人们采用数据分散的方法，即把数据库分成多个，建立在多台计算机上，这种系统称为分散式数据库系统。

由于计算机网络技术的发展，把分散在各处的数据库系统通过网络通信技术连接起来，这样形成的系统称为分布式数据库（distributed database）系统。近年来，分布式数据库已经成为信息处理中的一个重要领域，它的重要性还将持续增加。

分布式数据库是一组结构化的数据集合，它们在逻辑上属于同一系统，而在物理上分布在计算机网络的不同节点上。网络中的各个节点（又称场地）一般都是集中式数据库系统，由计算机、数据库和若干终端组成。数据库中的数据不是存储在同一场地，这就是分布式数据库的"分布性"特点，也是与集中式数据库的最大区别。

表面上看，分布式数据库的数据分散在各个场地，但这些数据在逻辑上却是一个整体，如同一个集中式数据库。因此，在分布式数据库中有了全局数据库和局部数据库两个概念。所谓全局数据库就是从系统的角度出发，逻辑上的一组结构化的数据集合或逻辑项集；而局部数据库是从各个场地的角度出发，物理节点上的各个数据库，即子集或物理项集。这是分布式数据库的"逻辑整体性"特点，也是与分散式数据库的区别。

分布式数据库可以建立在以局域网连接的一组工作站上，也可以建立在广域网（又称远程网）环境中。但分布式数据库系统并不是简单地把集中式数据库安装在不同的场地，而是具有自己的性质和特点：自治与共享、冗余的控制、分布事务执行的复杂性、数据的独立性。

分布式数据库系统在实现共享时，其利用率高、有站点自治性、能随意扩充、可靠性和可用性好、有效且灵活，就像使用本地的集中式数据库一样。分布式数据库已广泛应用于企业人事、财务和库存等管理系统，百货公司、销售店的经营信息系统，电子银行、民航订票、铁路订票等在线处理系统，国家政府部门的经济信息系统，大规模数据资源等信息系统。

此外，随着数据库技术深入各应用领域，除了商业性、事务性应用以外，在以计算机为辅助工具的各个信息领域，如计算机辅助技术（computer-aided design，CAD）、计算机辅助制造（computer-aided manufacturing，CAM）、计算机辅助软件工程（computer-aided software engineering，CASE）、办公自动化（Office automation，OA）、人工智能及军事科学等，同样适用分布式数据库技术，而且对数据库的集成共享、安全可靠等特性有更多的要求。为了适应新的应用，一方面要研究克服关系模型的局限性，增加更多面向对象的语义模型，研究基于分布式数据库的知识处理技术；另一方面可以研究如何弱化完全分布、完全透明的概念，组成松散的联邦型分布式数据库系统。这种系统不一定保持全局逻辑一致，而仅提供一种协商谈判机制，使各个数据库维持其独立性，但能支持部分有控制的数据共享，这对 OA 等信息处理领域很有吸引力。

总之，分布式数据库技术有广阔的应用前景。随着计算机软、硬件技术和计算机网络技术的不断发展，分布式数据库技术也将不断地向前发展。

7.3.2　数据仓库与数据挖掘技术

20 世纪 80 年代初—90 年代初，联机事务处理（on line transaction processing，OLTP）一直是关系数据库主流的应用。然而，应用需求在不断地变化，当联机事务处理系统应用到一定阶段的时候，企业家们便发现单靠联机事务处理系统已经不足以获得市场竞争的优势，需要对自身业务的运作以及整个市场相关行业的态势进行分析，进而做出有利的决策。这种决策需要对大量的业务数据（包括历史业务数据）进行分析才能得到。这种基于业务数据的决策分析，称为联机分析处理（online analytical processing，OLAP）。如果说传统联机事务处理强调的是更新数据库（向数据库中添加信息），那么联机分析处理就是从数据库中获取信息、利用信息。因此，著名的数据仓库专家 Ralph Kimball 写道，人们花了二十多年的时间将数据放入数据库，如今该是将它们拿出来的时候了。

数据仓库（data warehouse，DW）是近年来信息领域发展起来的数据库新技术，随着企事业单位信息化建设的逐步完善，各单位的信息系统产生越来越多的历史信息数据，如何将各业务系统及其他档案数据中有分析价值的海量数据集中管理起来，在此基础上，建立分析模型，从中挖掘出符合规律的知识并用于未来的预测与决策中，是非常有意义的，这也是数据仓库产生的背景和原因。

数据仓库的定义大多依照著名的数据仓库专家 W. H. Inmon 在其著作 *Building Data Warehouse* 中给出的描述：数据仓库就是一个面向主题的（subject-oriented）、集成的（integrate）、相对稳定的（non-volatile）、反映历史变化（time variant）的数据集合，通常用于辅助决策支持（DSS）。从其定义的描述可以看出，数据仓库有以下几个特点：面向主题、集成的、相对稳定的、反映历史变化。

数据仓库系统通常是对多个异构数据源的有效集成，集成后按照主题进行重组，包含历史数据。存放在数据仓库中的数据通常不再修改，用于做进一步的分析型数据处理。数据仓库系统的建立和开发，是以企事业单位的现有业务系统和大量业务数据的积累为基础，数据仓库不是一个静态的概念，只有把信息适时地交给需要这些信息的使用者，供他们做出改善其业务经营的决策，信息才能发挥作用，信息才是有意义的。因此，把信息加以整理归纳和重组，并及时提供给相应的管理决策人员，是数据仓库的根本任务。数据仓库的开发是全生命周期的，通常是一个循环迭代的开发过程。一个典型的数据仓库系统通常包含数据源、数据存储与管理、OLAP 服务器及前端工具与应用 4 个部分。

随着数据收集和数据存储技术的快速进步，使得收集及存储数据的设备越来越便宜，不仅仅是组织机构可以积累海量数据，就连个人都可以随时收集海量数据。这些海量数据如果不进行处理，就会成为数据垃圾，而从海量数据中提取有用信息的需求，又促使了数据挖掘（data mining）的产生。数据挖掘就是从大量数据中获取有效的、新颖的、潜在有用的、最终可理解模式的非平凡过程，简单地说，数据挖掘就是从大量数据中提取或"挖掘"知识，又称数据库中的知识发现（knowledge discovery from database，KDD）。

若将数据仓库比作矿井，那么数据挖掘就是深入矿井采矿的工作。数据挖掘不是一种无中生有的魔术，也不是点石成金的炼金术，若没有足够丰富完整的数据，将很难期待数据挖掘能挖掘出什么有意义的信息。

数据挖掘的任务可以分为两类：预测任务与描述任务。预测任务是根据其他属性的值（说明变量/自变量），预测特定属性的值（目标变量/因变量）；描述任务则导出概括数据中潜在联系的模式（相关、趋势、聚类、轨迹和异常）。

数据挖掘的主要任务如图 7-5 所示。

预测建模是构造模型，使目标变量预测值和实际值的误差达到最小，以便能够使用模型预测未知数据的相关信息。根据预测的目标变量的不同，预测建模可以分为回归任务及分类任务。回归任务用于预测连续的目标变量，如预测股票未来的价格；分类任务则用于预测

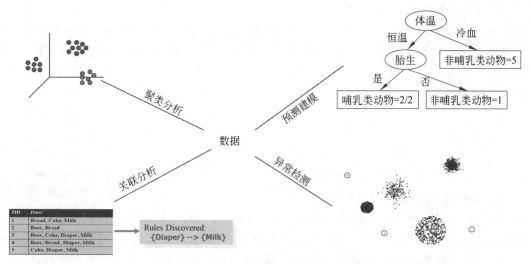

图 7-5　数据挖掘的主要任务

离散的目标变量,如预测一个用户是否会买书。

聚类分析旨在发现紧密相关的观测值组群,与属于不同簇的观测值相比,使得属于同一簇的观测值相互之间尽可能类似。例如,文档聚类是将每篇文章表示为词-频率对(w,c)的集合,其中 w 是词,c 是在文章出现的次数,根据这些数据对文章进行聚类。

关联分析是用于发现描述数据中强关联特征的模式。所发现的模式通常用蕴含规则或特征子集的形式表示。由于搜索空间是指数规模的,关联分析的目标是以有效的方式提取最有趣的模式,如找出具有相关功能的基因组、识别一起访问的 Web 页面、理解地球气候系统不同元素之间的联系等。典型的购物篮分析就是通过分析杂货店收集的销售数据,发现顾客经常同时购买的商品,以此提供一些销售策略。

异常检测用于识别其特征显著不同于其他数据的观测值,即异常点/离群点。异常检测算法的目标是发现真正的异常点,而避免将正常的对象标注为异常点,因此,需要具有高检测率以及低误报率,如可以检测欺诈、网络攻击、疾病的不寻常模式、生态系统扰动等。信用卡欺诈检测是异常检测的典型应用,可以通过构造用户合法交易的轮廓,判断新交易是欺诈还是正常。

数据挖掘的一般步骤包括:数据收集、数据清理及数据预处理、建立模型、模型评估、应用模型。为了更好地说明,举一个简单的例子——如何让计算机识别苹果和香蕉?(如图 7-6～图 7-8 所示)

第一步:数据收集

假设有一批水果,已经知道这些标签(苹果、香蕉),现在选取两个特征:颜色和形状,收集数据。

图 7-6　如何让计算机识别苹果和香蕉(1)

得到以下数据集：

样本 ID	颜色	形状	标签
1	红	圆形	苹果
2	黄	长形	香蕉
3	黄	长形	香蕉
…	…	…	…
n	红	圆形	苹果

第二步：数据清理及数据预处理

这一步包括处理不一致数据、重复样本、遗漏值等问题，也包括特征提取、抽样等预处理方式。在这里，假设第一步收集的数据没有什么问题，只是建模算法只能处理数值数据，于是进行了以下转换：红、长形和苹果转为1，黄、圆形和香蕉转为0。得到以下数据集：

样本 ID	颜色	形状	标签
1	1	0	1
2	0	1	0
3	0	1	0
…	…	…	…
n	1	0	1

第三步：建立模型

这一步采用数据挖掘算法进行建模。在这里，假设使用算法得到了两个模型：

模型1：标签＝1－形状

模型2：标签＝颜色

第四步：模型评估

这一步主要是对第三步得到的模型进行评估。在这个例子里，模型1和模型2的训练精度都是100%。哪个模型更好？一般而言，可以将数据集分为训练集和验证集，用训练集训练，用验证集的模型性能指标评估模型的好坏。在这里，根据第一步得到的数据，两个模型都是好的。但是如果数据集包含以下数据：

图 7-7　如何让计算机识别苹果和香蕉（2）

那么，模型1的性能应该是更好的。

第五步：应用模型

挑选模型后，对于新的数据输入（即收集的颜色和形状），则可使用模型进行预测。例如新的样本为颜色 1，形状 1，那么第三步构建的模型 1 则会输出对应的标签：

图 7-8　如何让计算机识别苹果和香蕉（3）

7.3.3　大数据技术

IBM 前首席执行官郭士纳指出，每隔 15 年 IT 领域便会迎来一次重大变革。截至目前，共发生了三次信息化浪潮。第一次信息化浪潮发生在 1980 年前后，其标志是个人计算机的产生，当时信息技术所面对的主要问题是实现各类数据的处理。第二次信息化浪潮发生在 1995 年前后，其标志是互联网的普及，当时信息技术所面对的主要问题是实现数据的互联互通。第三次信息化浪潮发生在 2010 年前后，随着硬件存储成本的持续下降、互联网技术和物联网技术的高速发展，现代社会每天正以不可想象的速度产生各类数据，如电子商务网站的用户访问日志、微博中评论和转发的信息、各类短视频和微电影、各类商品的物流配送信息、手机通话记录等。这些数据或流入已经运行的数据库系统，或形成具有结构化的各类文件，或形成具有非结构化特征的视频和图像文件。据统计，谷歌每分钟进行 200 万次搜索，全球每分钟发送 2 亿封电子邮件，12306 网站春运期间一天的访问量为 84 亿次。总之，人们已经步入一个以各类数据为中心的全新时代——大数据时代。

从数据库的研究历程看，大数据并非一个全新的概念，它与数据库技术的研究和发展密切相关。20 世纪 70—80 年代，数据库的研究人员就着手超大规模数据库（very large database）的探索工作，并于 1975 年举行了第一届 VLDB 学术会议，至今，该会议仍然是数据库管理领域的顶级学术会议之一。20 世纪 90 年代后期，随着互联网技术的发展、行业信息化建设水平的不断提高，产生了海量数据（massive data），于是，数据库的研究人员开始从数据管理转向数据挖掘，尝试在海量数据上进行有价值数据的提取和预测工作。20 年后，数据库的研究人员发现他们所处理的数据不仅在数量上呈现爆炸式增长，种类繁多的数据类型也不断挑战原有数据模型的计算能力和存储能力，因此，学者纷纷使用"大数据"来表达现阶段的数据科研工作，并随之产生了一个新兴领域和职业——数据科学和数据科学家。

对大数据的概念，尚无明确的定义，但人们普遍采用大数据的 4V 特性来描述大数据，即数据量大（volume）、数据类型繁多（variety）、数据处理速度快（velocity）和数据价值密度低（value）。

目前，大数据所涉及的关键技术主要包括数据的采集和迁移、存储和管理、处理和分析、安全和隐私保护。

数据采集技术将分布在异构数据源或异构采集设备上的数据通过清洗、转换和集成技术，存储到分布式文件系统中，成为数据分析、挖掘和应用的基础。数据迁移技术将数据从关系数据库迁移到分布式文件系统或 NoSQL 数据库中。NoSQL 数据库是一种非结构化的新型分布式数据库，它采用键值对的方式存储数据，支持超大规模数据存储，可以灵活地定义不同类型的数据库模式。

数据处理和分析技术利用分布式并行编程模型和计算框架,如 Hadoop 的 Map Reduce 计算框架和 Spark 的混合计算框架等,结合模式识别、人工智能、机器学习、数据挖掘等算法,实现对大数据的离线分析和大数据流的在线分析。

数据安全和隐私保护是指在确保大数据被良性使用的同时,通过隐私保护策略和数据安全等手段,构建大数据环境下的数据隐私和安全保护。

需要指出,上述各类大数据技术多传承自现阶段的关系型数据,如关系数据库上的异构数据集成技术、结构化查询技术、数据半结构化组织技术、数据联机分析技术、数据挖掘技术、数据隐私保护技术等。同时,大数据中的 NoSQL 数据库本身含义是 Not Only SQL,而非 Not SQL。它表明大数据的非结构化数据库和关系型数据处理技术在解决问题上各具优势,大数据存储中的数据一致性、数据完整性和复杂查询的效率等方面还需要借鉴关系数据库的一些成熟解决方案。因此,掌握和理解关系数据库对于日后开展大数据相关技术的学习、实践、创新具有重要的借鉴意义。

目前,大数据技术的应用已经非常普遍,涉及的领域包括传统零售业、金融业、医疗业和政府机构等。

在传统零售行业中,用户购物的大数据可用于分析具有潜在购买关系的商品,经销商将分析得到的关联商品以搭配的形式进行销售,从而提高相关商品的销售率。这类应用的经典案例是"啤酒和尿布"的搭配,两种产品看似是无关的,但是从购买记录中发现,购买啤酒的用户通常会购买尿布,如果将两者就近摆放,则会综合提高两种商品的销售数量。

在金融业中,每日股票交易的数据量具有大数据的特点,很多金融公司纷纷成立金融大数据研发机构,通过大数据技术分析市场的宏观动向并预测某些公司的运营情况。同时,银行可以根据区域用户日常交易情况,将常用的业务放置在区域内 ATM 机器上,方便用户更快捷地使用所需的金融服务。

在医疗行业中,各类患者的诊断信息、检查信息和处方信息可用于预测、辨别和辅助各种医疗活动。代表性的案例如"癌症的预测"。研究发现,很多症状能够用于早期的癌症预测,但由于传统医疗数据量较小,导致预测结果精度不高。随着大数据技术与医疗大数据的深度结合,越来越多有意义的癌症指征被发现并用于早期的癌症预测中。

在政府机构中,其掌握的各类大数据对政府的决策具有重要的辅助作用。出租车 GPS 信息以前只用于掌握出租车的运行情况,目前这一数据可用于预测各主要街道的拥堵情况,从而对未来的市政建设提供决策依据。再有,药店销售的感冒药数量不仅可用于行业的基本监督,还可用于预测当前区域的流感发病情况等。

以上各行业的大数据应用表明,大数据技术已经融入人们日常生活的方方面面,并正在改变着人们的生活方式。未来,大数据技术将会与领域结合得更加紧密,任何决策和研究的成果必须通过数据进行表达,数据将成为驱动行业健康、有序发展的重要动力。

除了上述数据库新技术外,数据库技术的研究领域还可分为数据库管理系统软件的研制、数据库设计和数据库理论的研究。

通过上述对数据库系统的介绍,可以得出这样的结论:传统的数据库技术和其他计算机技术相互结合、相互渗透,使数据库中新技术层出不穷;数据库的许多概念、技术内容、应用领域甚至某些原理都有了重大的发展和变化。新的数据库技术不断涌现,它们提高了数据库的功能、性能,并使数据库的应用领域得到了极大的发展。这些新型的数据库系统共同构成了数据库系统的大家族。

◇ 7.4　Python 程序设计示例

7.4.1　Python 数据库程序设计示例

本节展示利用 Python 对 MySQL 数据库中的数据表进行操作。利用 Python 在本地建立数据库并存入数据,需要用到 PyMySQL 模块。PyMySQL 是从 Python 连接到 MySQL 数据库服务器的接口,它实现了 Python 数据库 API v2.0,并包含一个纯 Python 的 MySQL 客户端库。PyMySQL 的目标是成为 MySQLdb 的替代品。在使用 PyMySQL 之前,需要确保安装了 PyMySQL 模块。

利用 Python 操作 MySQL 数据库的基本模式是首先连接 MySQL 的某个数据库,然后获得该连接上的游标,利用游标执行各种 SQL 语句,对所连接的数据库中的表进行各种操作。以下是此处主要用到的一些函数。

(1) connect(host,user,passwd,db,charset)函数:打开数据库连接,其中,host 为主机地址;user 为 MySQL 的用户名;passwd 为 user 的密码;db 为要连接的数据库,可以不指定;charset 为字符的编码设置。

(2) cursor()函数:获取数据库操作的游标。

(3) execute(sql)函数:执行字符串 sql 中的 SQL 语句。

(4) commit()函数:将执行过的 SQL 语句提交到数据库执行,即同步到本地数据库。

(5) select_db(db)函数:选择名为 db 的数据库。

(6) fetchall()函数:查询并获取多条数据,该函数接收全部的返回结果行(多条记录)。

(7) fetchone()函数:该方法获取下一个查询结果集。结果集是一个对象(单条记录)。

以表 7-1 学生关系为例,拟将数据表建在 MySQL 的 studentadmin 数据库中。首先,利用 Python 在 MySQL 中创建数据库。

```
#导入 pymysql 模块
>>>import pymysql
#以 root 用户连接本机上的 MySQL 数据库,登录密码是 123456,字符集为 UTF-8
>>>conn=pymysql.connect(host='localhost',user='root',passwd='123456aA_',
charset='utf8')
#获得该连接上的游标
>>>cursor=conn.cursor()
#创建 studentadmin 数据库
>>> cursor.execute('CREATE DATABASE IF NOT EXISTS studentadmin')
```

其次,创建数据库后,可以在该数据库中创建数据表。

```
>>>conn=pymysql.connect(host='localhost',user='root',passwd='123456',
database='studentadmin',charset='utf8')
>>>cursor=conn.cursor()
#创建学生数据表 student
```

```
>>>cursor.execute("DROP TABLE IF EXISTS student")
>>>sql="""CREATE TABLE IF NOT EXISTS student (studentID varchar(12), studentname
varchar(12), birthdate varchar(10), enrollmenttime varchar(10))"""
>>>cursor.execute(sql)
#在数据表中插入数据
>>> sql="insert into student values ('202301103109','马浩','2003年9月','2023年
9月')"
>>>cursor.execute(sql)
```

假设表 7-1 中的数据已经全部填入,可以利用查询语句来查询表中的数据。

```
#查询并逐条显示所有 2021 年 9 月入学的学生信息
>>> sql="select * from student where enrollmenttime='2023年9月'"
>>>cursor.execute(sql)
>>>records=cursor.fetchall()
>>>for record in records:
        print(record)
```

查询结果如图 7-9 所示。

('202301103109', '马浩', '2003年9月', '2023年9月')

图 7-9　查询结果

7.4.2　Python 数据挖掘程序设计示例

本节展示利用 Python 进行数据挖掘的程序设计示例。利用 Python 进行数据挖掘,可以使用 Pandas 和 Scikit-learn 等模块。Pandas 是一个强大的数据分析工具,它提供了快速、灵活且富有表现力的数据结构,旨在使处理关系型或标记型数据变得简单而直观。Scikit-learn 是一个用于机器学习的 Python 库,它提供了简单而高效的工具来进行数据挖掘和数据分析。在使用这些模块之前,需要确保安装了它们。利用 Python 进行数据挖掘的基本模式是先读取并处理数据,然后构建并训练机器学习模型,最后使用模型进行预测或分类。以下是此处主要用到的一些函数。

(1) pd.read_csv()函数:用于读取 CSV 文件中的数据。

(2) data.drop()函数:用于删除数据帧中的指定列或行。

(3) pd.concat()函数:用于连接多个数据帧。

(4) train_test_split()函数:用于划分训练集和测试集。

(5) DecisionTreeClassifier()函数:用于构建决策树分类器。

(6) fit()函数:用于训练模型。

(7) predict()函数:用于预测测试集。

(8) accuracy_score()函数:用于计算分类准确率。

(9) confusion_matrix()函数:用于计算混淆矩阵。

下面是一个简单的 Python 数据挖掘程序设计示例,它使用了 Pandas 库来读取和处理数据,使用了 Scikit-learn 库来构建和评估机器学习模型。

```
import pandas as pd
from sklearn.model_selection import train_test_split
from sklearn.tree import DecisionTreeClassifier
from sklearn.metrics import accuracy_score

#读取数据
data = pd.read_csv('data.csv')

#分离特征和标签
X = data.drop('label', axis=1)
y = data['label']

#划分训练集和测试集
X_train, X_test, y_train, y_test = train_test_split(X, y, test_size=0.2)

#构建决策树分类器
clf = DecisionTreeClassifier()

#训练模型
clf.fit(X_train, y_train)

#预测测试集
y_pred = clf.predict(X_test)

#计算准确率
accuracy = accuracy_score(y_test, y_pred)
print(f'Accuracy: {accuracy}')
```

7.4.3　Python 大数据分析程序设计示例

本节展示利用 Python 进行大数据分析的程序设计示例。利用 Python 进行大数据分析,可以使用 Pandas 和 PySpark 等模块。PySpark 是 Apache Spark 的 Python API,它提供了一个高性能的分布式计算框架,用于处理大规模数据。在使用这些模块之前,需要确保安装了它们。利用 Python 进行大数据分析的基本模式是首先读取并处理大规模数据,然后使用分布式计算框架进行计算和分析,最后输出结果。以下是此处主要用到的一些函数。

（1）pd.read_csv()函数:用于读取 CSV 文件中的数据。

（2）SparkSession.builder.appName().getOrCreate()函数:用于创建 Spark 会话。

（3）SparkContext.parallelize()函数:用于将数据分布到多个节点上进行并行计算。

（4）RDD.reduceByKey()函数:用于对键值对 RDD 进行聚合操作。

（5）SparkConf().setAppName().setMaster()函数:用于创建 Spark 配置对象,其中 setAppName()用于设置应用程序名称,setMaster()函数:用于设置主节点 URL。

（6）SparkContext(conf)函数:用于创建 Spark 上下文对象,其中 conf 为 Spark 配置对象。

（7）SQLContext(sc)函数:用于创建 SQL 上下文对象,其中 sc 为 Spark 上下文对象。

（8）HiveContext(sc)函数:用于创建 Hive 上下文对象,其中 sc 为 Spark 上下文对象。

（9）dataFrame.write.parquet(path)函数：用于将数据帧写入 Parquet 文件，其中 path 为文件路径。

（10）sqlContext.read.parquet(path)函数：用于从 Parquet 文件中读取数据，其中 path 为文件路径。

下面是一个简单的 Python 大数据分析程序设计示例，它使用了 PySpark 库来处理大规模数据。

```python
from pyspark import SparkConf, SparkContext
from pyspark.sql import SQLContext

#创建 Spark 配置对象
conf = SparkConf().setAppName('BigDataAnalysis').setMaster('local')
#创建 Spark 上下文对象
sc = SparkContext(conf=conf)

#创建 SQL 上下文对象
sqlContext = SQLContext(sc)

#读取数据
data = sqlContext.read.parquet('data.parquet')

#对数据进行分组和聚合操作
result = data.groupBy('column_name').agg({'column_name': 'sum'})

#输出结果
result.show()
```

◇ 7.5 本章小结

本章属于数据库技术的入门教程，讲述了数据库的基本概念、数据库方法、关系数据库标准语言、数据库管理系统及 Python 程序设计示例。

数据管理技术的发展主要经历了 3 个阶段：人工管理阶段、文件系统阶段、数据库系统阶段。数据库系统主要包括计算机硬件、数据库管理系统、数据库、应用程序和用户等几部分。数据库管理系统（DBMS）是对数据进行管理的大型系统软件，数据库管理系统的主要功能包括数据定义功能、数据操纵功能、数据库运行管理功能、数据库的建立和维护功能、数据通信接口及数据组织、存储和管理功能。MySQL 是一款受欢迎的关系数据库管理系统，具有成本低、性能好、值得信赖、操作简单等特点。

关系数据库是通过文件中的公共字段建立实体之间的联系。关系数据库以关系模型为基础，可以看作是许多表的集合，每张表代表一个关系。SQL 是目前应用最广的关系数据库语言，其功能包括数据查询、数据定义、数据操纵和数据控制 4 个部分。

随着新兴信息技术的发展和影响，数据库领域的新技术包括分布式数据库、数据仓库与数据挖掘、大数据技术等。

利用 Python 可以对 MySQL 数据库中的数据表进行操作。利用 Python 使用 MySQL 数据库的基本模式是首先连接 MySQL 的某个数据库，然后获得该连接上的游标，利用游标执行各种 SQL 语句,对所连接的数据库中的表进行各种操作。使用 Python 可以进行数据挖掘操作及大数据分析等操作。

通过本章的学习,读者应该更加清楚地认识到人们为何需要通过数据库技术来解决绝大部分信息的存储与管理问题,并掌握基本的数据库设计、操作等。

◇ 7.6　习　　题

1. 简述数据库系统的组成。
2. 简述数据库管理系统的功能。
3. 实体之间存在哪几种关系。
4. 简述数据挖掘的几种任务。

第 8 章

探秘人工智能

◇ 8.1　人 工 智 能

8.1.1　人工智能的发展类型

人工智能是一门研究如何使计算机具备智能行为的学科领域。它涉及模拟和复制人类智能的理论、方法、技术和应用,旨在使计算机能够执行类似于人类进行推理、学习、感知、理解和决策等智能任务。

1. 人工智能的定义

人工智能可以被定义为一种使计算机系统具备类似于人类智能能力的科学和工程领域。它涵盖多个子领域,包括机器学习、自然语言处理、计算机视觉和专家系统等。人工智能的目标是使计算机能够感知环境、理解语言、学习知识、推理思维、做出决策,并不断在实践中总结经验,从而不断提高其性能。

2. 人工智能的背景

人工智能的起源可以追溯到 20 世纪 50 年代,当时科学家们开始研究如何模拟人类的思维和智能行为。早期的人工智能研究主要集中在符号推理系统和专家系统等知识驱动的方法上,但由于计算能力和数据不足,进展有限。

随着计算机技术的快速发展和大数据时代的到来,人工智能取得了显著的进展。机器学习的兴起使得计算机可以从数据中自动学习和改进,从而提高了人工智能系统的性能。深度学习,作为机器学习的一个分支,通过构建神经网络模型实现了对复杂数据的高效处理和分析。

同时,计算能力的提升和存储成本的下降,使得人工智能算法可以在大规模数据上进行训练和推理,从而实现更准确的预测和决策。云计算和分布式计算技术的发展,为人工智能的计算需求提供了强大的支持。

此外,人工智能在多个领域取得了重要的应用突破。例如,自动驾驶技术的发展使得汽车可以实现智能导航和自主决策;语音助手和智能机器人的出现改变了人机交互方式;医疗诊断和药物研发领域的人工智能应用有望提高医疗水平和生命质量。

8.1.2　人工智能的发展历史

随着计算机科学的发展,人工智能在过去几十年中取得了巨大的进步。人工智能的历史可以追溯到 20 世纪 50 年代,这段时间被认为是人工智能研究的起点。

在下文中,将详细介绍人工智能发展的三次浪潮,揭示每次浪潮的关键节点和特点,以及人工智能技术如何逐步发展并影响我们的生活。

1. 第一次人工智能浪潮(20 世纪 50 年代—70 年代初)

(1) 1950 年,英国科学家艾伦·图灵提出了图灵测试,作为评估机器是否具备人类智能的标准之一。

人工智能的历史发展可以追溯到 20 世纪 50 年代,具体而言,是在 1950 年,英国科学家艾伦·图灵提出了著名的图灵测试。这个测试的目的是评估一台机器是否能够表现出与人类智能相媲美的能力。图灵测试设计了一个情境,其中一个人类评判者通过电报与一台机器及另一个人类进行对话。如果评判者无法确定哪个是机器而哪个是人类,那么这台机器就通过了测试,被认为具备了人类智能的特征。

图灵测试的提出激发了人们对人工智能的研究与探索,引发了人们对机器智能的思考和探讨。图灵的观点是,如果机器能够通过对话与人类进行交互,并且在这个过程中表现出与人类相似的智能,那么这台机器就可以被认为具备了智能。

然而,尽管图灵测试成为评估人工智能的标准之一,实际上要构建一台能够通过图灵测试的机器并不容易。在当时的技术条件下,计算能力和数据量都非常有限,机器无法达到人类智能的水平。因此,在图灵测试提出后的几十年间,人工智能研究进入了一段相对低迷的时期。

(2) 1956 年,达特茅斯会议举行,标志着"人工智能"这一概念的诞生。

在人工智能的发展历程中,1956 年的达特茅斯会议被认为是一个具有重要意义的里程碑。这次会议于 1956 年夏季在美国新罕布什尔州的达特茅斯学院举行,汇集了来自不同领域的研究者和科学家,旨在探讨和讨论人工智能这一新兴领域的研究方向和前景。

达特茅斯会议标志着人工智能作为一个独立的学科诞生。会议的参与者包括数学家、计算机科学家、神经生理学家和心理学家等,他们共同关注如何利用计算机来模拟人类智能的方方面面。

在会议期间,研究者们提出了一系列的概念和方法,包括逻辑推理、问题解决、语言处理和机器学习等。他们希望通过这些方法和技术,使计算机能够具备像人类一样的智能和推理能力。

尽管当时的计算机技术和硬件条件十分有限,但达特茅斯会议的召开促进了人工智能领域的早期研究和探索。会议的成果为后来的人工智能发展奠定了基础,并对该领域的后续研究和应用产生了深远的影响。

从达特茅斯会议开始,人工智能逐渐成为一个独立的研究领域,并在接下来的几十年里经历了多次浪潮和突破。如今,人工智能已经渗透各个领域,包括医疗、交通、金融、娱乐等,并为社会带来了巨大的改变和创新。达特茅斯会议的举行可以说是人工智能历史上一个具有标志性的时刻,为这一领域的发展奠定了重要的基础。

(3) 在这一浪潮中,人工智能研究充满了乐观的氛围,但受限于计算能力和数据的不足,人工智能研究陷入了知识表示和推理的瓶颈。

这一时期人工智能研究充满了乐观的氛围。在这段时间里,科学家们对于能够创造出具备人类智能的机器充满了期望,他们相信通过计算机和算法的发展,人工智能一定可以实现。

然而，尽管存在着巨大的乐观主义，第一次人工智能浪潮也面临着一些挑战和限制。其中一个主要的限制是计算能力和数据的不足。当时的计算机技术非常有限，远远无法满足复杂的人工智能任务的需求。此外，可用的数据量也非常有限，这限制了机器学习和模型训练的效果。

在计算能力和数据不足的情况下，人工智能研究陷入了知识表示和推理的瓶颈。知识表示是指如何将人类的知识和经验以适合计算机处理的方式进行表示，以便机器能够理解和应用这些知识。推理则是指机器如何基于已有的知识和规则进行逻辑推理和解决问题。

由于计算能力和数据的限制，第一次人工智能浪潮的研究者们在知识表示和推理方面遇到了困难。他们尝试使用逻辑符号等形式化方法来表示和推理知识，但这些方法在处理实际世界的复杂问题时往往效果不佳。同时，缺乏足够的数据也限制了机器学习和数据驱动方法的应用。

尽管第一次人工智能浪潮在某种程度上遇到了困难和挫折，但这段时间的研究为后来的人工智能发展奠定了基础。它促使研究者们认识到了人工智能领域面临的挑战，并为未来的研究提供了重要的借鉴和经验。随着计算能力和数据的不断提升，第二次和第三次人工智能浪潮到来，人工智能研究取得了更大的突破，并为现代人工智能的发展铺平了道路。

2. 第二次人工智能浪潮（20 世纪 80 年代—90 年代末期）

（1）20 世纪 80 年代—90 年代末期，专家系统等一系列人工智能程序的出现，能够解决特定领域的问题，如医学诊断和气象预报。

在第二次人工智能浪潮期间，人工智能研究出现了一系列重要的进展，专家系统是其中的一项重要成果。专家系统是一种基于知识表示和推理的人工智能程序，旨在模拟领域专家的知识和推理能力，以解决特定领域的问题。专家系统利用规则和逻辑推理来处理和解决复杂的问题，它能够从领域专家的知识中提取规则和推理机制，并利用这些规则进行问题求解和决策。这使得专家系统在特定领域的问题上表现出了很高的准确性和效率。

在第二次人工智能浪潮期间，专家系统得到了广泛的应用。例如，在医学领域，专家系统被用于医学诊断，通过模拟医学专家的知识和决策过程，帮助医生进行疾病诊断和治疗方案的选择。在气象学领域，专家系统被用于气象预报，通过模拟气象学家的知识和经验，提供天气预报和灾害预警等信息。

此外，在第二次人工智能浪潮期间，还涌现出了其他一些重要的技术和方法。例如，机器学习在这一时期得到了进一步发展，包括基于统计的方法和神经网络的应用。这些技术和方法扩展了人工智能的应用范围，并为模式识别、语音识别和自然语言处理等领域的研究提供了新的工具和思路。

（2）机器学习和神经网络技术取得进展，IBM 公司的超级计算机"深蓝"在 1997 年击败国际象棋冠军加里·卡斯帕罗夫。

在第二次人工智能浪潮期间，机器学习和神经网络技术取得了显著的进展，这些进展为人工智能的发展提供了重要的推动力。其中，IBM 公司的超级计算机"深蓝"在 1997 年击败国际象棋冠军加里·卡斯帕罗夫的比赛是一个具有里程碑意义的事件。

机器学习是一种让计算机通过数据和经验自动学习和改进的技术。在第二次人工智能浪潮期间，机器学习得到了广泛的研究和应用。研究者们通过设计算法和模型，使计算机能够从大量的数据中自动学习模式和规律，并利用这些学习结果来执行预测、分类和决策等任务。

神经网络是机器学习中一种受到启发的模型,模拟了人脑神经元之间的连接和信息传递过程。神经网络具有处理复杂数据和模式识别的能力,在第二次人工智能浪潮期间得到了广泛的研究和应用。研究者们通过设计不同结构和训练方法的神经网络,使其能够在图像识别、语音识别、自然语言处理等领域取得重大突破。

1997 年,IBM 公司的超级计算机"深蓝"在国际象棋比赛中击败了当时的国际象棋世界冠军加里·卡斯帕罗夫。这一事件引起了全球范围内的广泛关注,被视为人工智能在复杂决策和策略游戏中取得的重要成就。深蓝的胜利展示了机器学习和计算能力的强大潜力,并为人工智能的发展和应用带来了巨大的推动力。

"深蓝"的胜利标志着人工智能在特定领域的应用取得了突破,同时也为后续人工智能领域的研究和发展带来了新的动力。它证明了机器学习和智能系统在处理复杂决策和问题上的潜力,并为后来的人工智能研究和应用奠定了基础。

(3) 然而,专家系统的实用性受到限制,人们对其过度期望后逐渐失望,进而引发了人工智能的第二次低潮。

尽管专家系统等人工智能技术取得了一定的成就,但其实用性受到了一些限制。这导致了人们对于人工智能过度期望,随后又逐渐失望,进而引发了人工智能的第二次低潮。

专家系统在特定领域的问题上表现出了很高的准确性和效率,但它们也存在一些局限性。其中一个主要的限制便是知识获取的问题。构建一个专家系统需要获取领域专家的知识,并将其转化为规则和推理机制。这个过程需要投入大量的时间和人力,并且可能存在知识获取困难和知识表示的不完备性等问题。

此外,专家系统往往缺乏通用性和灵活性。它们在解决特定领域的问题上表现出色,但很难适应新的问题或跨领域的应用。这便限制了专家系统在实际应用中的扩展性和适应性。由于专家系统的局限性,使得人们对人工智能的期望逐渐提高,并期望它能够解决各种复杂的问题。而当专家系统无法满足这些期望时,人们对人工智能逐渐失去了信心,这导致了人工智能的第二次低潮。

这一低潮期并非完全否定了人工智能的价值,而是促使研究者们重新审视人工智能的方法和技术。在随后的研究和发展中引入了新的方法和思路,如基于统计的机器学习、深度学习和大数据等,为人工智能的第三次浪潮奠定了基础。这些技术的出现和发展重新点燃了人们对人工智能的兴趣,并推动了人工智能领域的快速发展。

3. 第三次人工智能浪潮(2010 年至今)

2010 年年初,人工智能进入第三次浪潮,得益于大数据、云计算和人工智能硬件的发展。

在 2010 年年初,人工智能进入了第三次浪潮,这一浪潮得益于大数据、云计算和人工智能硬件的发展,这些因素共同推动了人工智能的快速发展和广泛应用。

首先,大数据的出现为人工智能提供了丰富的数据资源。随着互联网的普及和数字化的加速发展,大量的数据被生成和积累。这些数据包含了各个领域的信息,包括图像、文本、音频等。通过对这些数据的分析和挖掘,可以揭示其中的模式、规律和知识,为人工智能的学习和决策提供支持。

其次,云计算的发展为人工智能提供了强大的计算和存储能力。云计算技术将计算资源集中管理和共享,使得人工智能算法和模型可以在分布式的计算环境下高效运行。这为人工智能的训练和推理过程提供了更大的规模和更快的速度。

此外,人工智能硬件的发展也为第三次人工智能浪潮做出了重要贡献。传统的 CPU 在处理人工智能任务时存在一定的局限性,而 GPU 和专用的人工智能芯片(如 ASIC 和 FPGA)的出现,提供了更高的计算性能和能效比。这些专用硬件加速了人工智能算法的运行,使得深度学习等复杂模型可以在实践中得以应用。

第三次人工智能浪潮的兴起,推动了人工智能在各个领域的广泛应用。例如,在图像识别领域,深度学习模型在大规模数据集上的训练取得了突破性的成果,使得图像识别的准确性大幅提升;在自然语言处理领域,机器翻译、语音识别和文本生成等任务也取得了显著的进展。此外,人工智能还在医疗、金融、交通、物流等领域得到广泛应用,为提高效率、优化决策和创新服务带来了新的可能性。

第三次人工智能浪潮的关键特点是数据驱动和端到端学习。通过大数据的分析和挖掘,人工智能系统可以从数据中学习到更复杂的模式和规律。而端到端学习则强调通过端到端的优化,直接从输入到输出进行学习和决策,减少了对传统人工设计的依赖。

自从第三次人工智能浪潮开始以后,人工智能技术在自动驾驶汽车、语音助手、图像识别和推荐系统等多个领域取得了巨大的成功。

在自动驾驶汽车领域,人工智能技术被广泛应用于感知、决策和控制系统。通过利用传感器和摄像头等感知设备获取环境数据,并结合深度学习和机器学习算法进行实时的数据分析和决策,自动驾驶汽车能够进行道路标志、行人、车辆等的识别,并做出相应的决策和控制。这项技术的发展为实现安全、高效和智能的自动驾驶提供了坚实的基础。

语音助手是另一个领域,人工智能技术在其中取得了巨大的成功。语音助手利用自然语言处理、语音识别和机器学习等技术,能够理解并回应用户的语音指令。它们能够帮助用户进行语音搜索、提供日程安排、播放音乐、控制家居设备等,为人们提供了便捷和智能的交互方式。

图像识别是人工智能技术的另一个重要应用领域。通过深度学习等技术,图像识别系统能够准确地识别和分类图像中的对象和场景。这项技术在人脸识别、物体检测、医学影像分析等方面取得了显著的进展。例如,人脸识别技术被广泛应用于安全领域、手机解锁和人脸支付等场景,增强了识别和验证的准确性和便捷性。

推荐系统也是人工智能技术成功应用的领域之一。通过分析用户的历史偏好、行为和兴趣,推荐系统能够给用户提供个性化的推荐内容,如电影、音乐、商品等。这项技术在电商平台、音乐和视频流媒体服务等领域得到了广泛应用,提高了用户体验和销售效果。

这些成功案例证明了人工智能技术在自动驾驶汽车、语音助手、图像识别和推荐系统等领域的巨大潜力和实用性。随着人工智能技术的不断进步和应用范围的扩大,我们期待可以在更多领域看到人工智能的创新和突破。

8.1.3 人工智能的应用领域

随着人工智能概念的提出,其应用领域不断扩展和深化,已经广泛渗透各行各业,覆盖了多个领域。本节将重点介绍人工智能在自动驾驶汽车、语音助手、图像识别等领域的应用。

1. 自动驾驶汽车

自动驾驶汽车是人工智能技术在交通运输领域的重要应用之一。它利用传感器、摄像头和雷达等设备获取实时的环境信息,并结合深度学习和机器学习算法进行感知、决策和控制。这使得自动驾驶汽车能够准确地识别道路、检测障碍物、规划最优路径并控制车辆行驶。通过这些功能,自动驾驶汽车能够大幅提高交通安全性,减少人为错误和事故风险,同时提升行车效率,减少交通堵塞和排放量。这项技术还有助于改善出行体验,并为老年人和身体不便的人群提供更便捷的交通选择。

在实际产品方面,已经有一些具体的自动驾驶汽车产品问世。例如,特斯拉的 Autopilot 系统提供了自动驾驶辅助功能,包括自动驾驶巡航控制、车道保持辅助和自动泊车等;Waymo 是全球首个商业化自动驾驶服务的公司,他们开发了无人驾驶出租车服务;同时,苹果的 CarPlay 和 NVIDIA 的 DRIVE 平台也提供了一定程度的自动驾驶辅助功能。这些产品代表了自动驾驶汽车领域的一些实际应用,它们在不同程度上实现了自动驾驶技术,并推动着自动驾驶汽车的发展和普及化。随着技术的不断进步和法规的完善,预计未来会有更多的自动驾驶汽车产品问世。

2. 语音助手

语音助手已经在多个实际产品中得到广泛应用,包括 Siri、Google Assistant、Amazon Alexa、Microsoft Cortana 和小爱同学等。这些语音助手利用自然语言处理、语音识别和机器学习等先进技术,能够理解并回应用户的语音指令,为用户提供丰富的功能和便捷的交互体验。

Siri 是苹果公司开发的语音助手,最早引入 iPhone 4S 手机中。它通过语音识别技术将用户的语音指令转换为文字,并能够进行语义理解,提供语音搜索、日程管理、音乐播放等功能。用户可以通过与 Siri 的对话来发送短信、查询天气、获取地图导航等。

Google Assistant 是谷歌开发的语音助手,主要用于安卓(Android)系统设备。它利用自然语言处理和机器学习技术,能够回答用户的问题并提供实时信息。Google Assistant 与谷歌其他服务集成,如日历、邮件和地图等,使用户能够通过语音指令轻松完成各种任务。

Amazon Alexa 是亚马逊开发的语音助手,内置于 Amazon Echo 智能音箱中。它具备强大的语音识别和自然语言处理能力,用户可以通过与 Alexa 的对话,控制智能家居设备、设置闹钟、订购商品等。Alexa 还支持与许多第三方应用程序和服务的集成,为用户提供更多的功能和服务选择。

Microsoft Cortana 是微软开发的语音助手,可在 Windows 操作系统和 Microsoft 设备上使用。它提供语音搜索、日历管理、电子邮件管理等功能,并与其他 Microsoft 服务集成,如 Office 365 和 Microsoft Teams 等。用户可以通过与 Cortana 的交互,轻松完成各种任务和管理工作。

小爱同学是小米公司开发的语音助手,主要应用于小米的智能设备和手机。它支持语音搜索、音乐播放、智能家居控制等功能,并通过学习用户的偏好和习惯,提供个性化的服务和建议。用户可以通过与小爱同学的对话,便捷地操控设备和获取所需信息。

这些语音助手在智能手机、智能音箱和汽车等设备中得到广泛应用,为用户提供了丰富的功能和便捷的交互体验。通过自然语言处理、语音识别和机器学习等技术的应用,这些语音助手能够理解并回应用户的语音指令,提供语音搜索、日程管理、音乐播放、智能家居控制等功能，极大地提升了用户的生活便捷性和交互体验。

从语音搜索快速获取信息、通过语音指令管理日程安排、语音控制音乐播放，以及智能家居控制，语音助手为用户带来了许多便利和增强的功能。这种直观、自然的交互方式使得用户能够更高效地获取所需信息、组织时间、享受音乐和控制家居环境。随着技术的不断发展，我们期待语音助手可以在未来的应用中发挥更加重要的作用，为用户带来更智能化、个性化的服务体验。

3. 图像识别

随着图像识别技术的不断进步，它在各个领域的应用越来越广泛。无论是人脸解锁、图像搜索、智能摄像头还是医学影像诊断，图像识别技术都发挥着重要的作用。

在人脸解锁方面，有苹果公司的 Face ID 技术。Face ID 利用深度学习算法对用户的面部进行识别，从而实现安全的手机解锁功能。通过分析人脸的特征点和纹理信息，Face ID 能够高度准确地辨别用户的身份，同时还能应对不同表情和角度的变化。

在图像搜索领域，谷歌的 Google Lens 是一款非常出色的产品。用户可以通过 Google Lens 拍照或者选择相册中的图片，然后通过图像识别技术快速获取相关信息。例如，用户可以拍摄一本书的封面，Google Lens 能识别出书名、作者和出版信息，并提供相关的购买链接和评论。

智能摄像头的发展也离不开图像识别技术的支持。例如，亚马逊公司的 Ring 智能摄像头可以通过图像识别技术区分人类、动物和车辆等不同对象，从而提供更智能化的安防监控功能。当有人靠近用户的家门时，Ring 摄像头会自动启动并发送通知给用户，让用户可以远程查看和控制家门的情况。

在医学影像诊断方面，图像识别技术为医生提供了更准确、快速的分析工具。例如，基于深度学习的图像识别算法可以帮助医生自动检测肿瘤、血管病变和其他疾病迹象。这种自动化的分析能够提高医生的工作效率，减少诊断错误的可能性，并为患者提供更及时的治疗。

8.1.4　人工智能的发展趋势

目前，人工智能的发展有以下趋势。

（1）强化学习的广泛应用。强化学习是一种机器学习方法，通过试错和奖励机制来训练智能系统。它在许多领域，如游戏、自动驾驶和金融交易等方面取得了重大突破，并有望在更多领域得到应用。

（2）自然语言处理的进步。自然语言处理（natural language processing，NLP）是一项让机器能够理解和处理人类语言的技术。近年来，NLP 取得了巨大的进展，包括语言翻译、语义理解和情感分析等方面。未来，我们期待更加智能和自然的对话系统出现。

（3）计算机视觉的突破。计算机视觉（computer vision）是一项让机器能够理解和解释图像和视频的技术。随着深度学习和神经网络的发展，计算机视觉取得了重大突破，包括图像分类、目标检测和人脸识别等方面。这将在自动驾驶、安防监控和医学影像等领域广泛应用。

（4）边缘计算的兴起。边缘计算是指将计算和数据存储能力移到离用户设备更近的地方。随着物联网（IoT）的快速发展，越来越多的设备需要智能化和联网，边缘计算提供了一种有效的解决方案。人工智能算法将越来越多地应用于边缘设备,以实现更快速的响应和更好的隐私保护。

（5）道德和伦理问题的关注。随着人工智能的广泛应用,引发了一系列与道德和伦理有关的问题。如何确保人工智能的公平性、透明性和可解释性,以及如何应对人工智能可能带来的就业和隐私问题,都成为了重要的讨论话题。

（6）多模态学习的发展。多模态学习是指将多种感知模态（如图像、语音、文字等）结合起来进行学习和理解。近年来,多模态学习得到了广泛应用,如图像描述生成和视频理解等。这种融合不同感知模态的能力将使机器更接近人类的感知和理解能力。

（7）自主系统和自主机器人的兴起。自主系统和自主机器人是指具备自主决策和行动能力的智能系统。随着机器学习和感知技术的进步,自主系统和自主机器人在制造业、物流和服务业等领域得到越来越广泛的应用。

◇ 8.2　人工智能与半导体

8.2.1　半导体技术与发展

1. 什么是半导体技术

半导体技术是一门涉及半导体材料及其应用的前沿科学和工程领域。半导体材料因其独特的电导性质而备受瞩目,其电导性介于导体和绝缘体之间,正是这种特殊性构筑了半导体技术的核心基石。

半导体材料的特性和基本原理可以通过能带理论来深入解释。能带理论描述了半导体中电子能量的分布和行为。在半导体中,存在着两个主要能带:价带和导带。价带表示电子的基态能级,其中的电子被束缚在原子核和相邻原子之间,无法自由移动;而导带则处于较高的能级,其中的电子获得足够的能量以在材料中自由移动。

在常温下,半导体材料的价带通常是被填充的,而导带则是空的。然而,通过施加外部电场或提供足够的能量,价带中的一些电子可以跃迁到导带中,形成可移动的载流子,如自由电子和空穴。这种由激发电子产生的载流子导致半导体的本征导电性增强。

半导体材料的导电性还受掺杂的影响。掺杂是一种向半导体中引入少量杂质原子的方法,以改变其电子结构和导电性。通过引入掺杂物,可以调控半导体的导电性能。例如,在 N 型半导体中,通过引入五价元素（如磷或砷）的杂质原子进行掺杂,增加了其导电性,因为这些杂质原子提供了额外的自由电子;相反,P 型半导体通过引入三价元素（如硼或铝）的杂质原子进行掺杂,增加了其导电性,因为这些杂质原子在晶格中留下了可移动的空穴。

半导体技术的重要性使其在电子设备、通信技术和计算机领域得到广泛应用。例如,半导体器件如二极管、晶体管和集成电路在电子设备中扮演着关键角色。二极管具有单向导电性,用于整流和电路保护。晶体管作为放大器和开关的基本器件,推动了现代计算机和通信技术的发展。集成电路的出现使得电子设备更加小型化、高性能和低功耗,为现代科技的进步提供了强大的技术支持。

2. 半导体技术的发展历程

半导体技术的发展历程是一个令人惊叹的科技进步之旅,从最初的晶体管到如今的微纳米尺度集成电路,见证了人类对电子领域的探索和创新。

回溯到 20 世纪中叶,威廉·肖克利、约翰·巴丁和沃尔特·布拉顿这三位贝尔实验室的杰出科学家于 1947 年发明了晶体管,这一发明被誉为电子工程史上的重大突破之一。晶体管是一种半导体器件,通过控制电流流动从而实现信号的放大和开关。这项发明引发了半导体技术的蓬勃发展,为电子器件的革命性进步铺平了道路。

晶体管的诞生只是半导体技术发展历程中的一个关键里程碑。随着科技的进步,研究人员和工程师们努力改进晶体管的性能,不断提高其集成度和可靠性。然而,随着时间的推移,人们意识到需要更高的集成度、更小的尺寸及更低的功耗来满足日益增长的电子设备需求。

这时候,一个名字不可忽视——戈登·摩尔(Gordon Moore)出现在舞台上。作为 Intel 公司的创始人之一,他于 1965 年提出了著名的摩尔定律,这一定律成为半导体技术发展的重要推动力。摩尔定律指出,集成电路上可容纳的晶体管数量将每隔约 18 个月翻倍,而成本将减少一半。这个观察性规律推动了半导体技术的快速发展,为计算机和通信领域带来了巨大的突破。

随着摩尔定律的引领,半导体技术经历了不断的革新和突破。从最初的小规模集成电路(SSI)到中规模集成电路(MSI),再到大规模集成电路(LSI)和超大规模集成电路(VLSI),每一次的发展都带来了更高的集成度和性能。而如今,我们已经进入了微纳米尺度集成电路的时代。这种先进的集成电路以纳米级尺寸和高度集成的晶体管为特征,实现了惊人的计算能力和功能扩展。微纳米尺度集成电路的出现为现代科技带来了革命性的变革,推动了计算机、通信设备和消费电子产品的迅猛发展。

半导体技术的发展历程是人类智慧和创新的结晶,它不仅改变了我们的生活方式,也推动了社会的进步。无论是威廉·肖克利、约翰·巴丁和沃尔特·布拉顿的晶体管发明,还是戈登·摩尔的摩尔定律,这些伟大的科学家和他们的贡献将永远被铭记在半导体技术的史册中。

3. 当前的半导体技术趋势

在当今的半导体行业中,先进制程是一个引人注目的研究方向,其目标是不断追求更小、更高密度的芯片制程。纳米级制程已经成为当前的研发焦点,其中包括 7nm、5nm 和 3nm 等制程。然而,半导体行业并不满足于此,更先进的制程,如 2nm,正在积极的研发中,以进一步推动技术的发展。

这些先进制程采用了一系列精密的工艺技术,其中光刻技术是至关重要的环节。光刻技术利用光源和掩膜,将精确的图案投射到光敏材料上,形成芯片上的图案结构。通过不断提升光刻机的分辨率和精度,可以实现更小尺寸的芯片结构,从而提高晶体管的密度和性能。

除了光刻技术,多层次金属互连也是先进制程中的重要工艺之一。芯片上的晶体管需要通过金属线路进行连接,而多层次金属互连技术可以在有限的芯片面积上实现更多的线路,从而增加芯片的功能密度。通过精确的金属蒸镀、蚀刻和填充等步骤,可以实现不同层次金属线路之间的互连,从而提高芯片的集成度和性能。

此外,三维堆叠技术也在先进制程中扮演着重要角色。传统的二维芯片布局已经无法满足日益增长的需求,因此引入垂直堆叠的概念,将多个芯片层堆叠在一起。通过采用硅间互连、硅通孔技术(through silicon via,TSV)和面内互连等技术,可以实现芯片内部不同层次之间的高速互连,从而提高芯片的功能密度和性能。

这些先进制程的应用带来了很大的好处。首先,它们实现了更高的晶体管密度,使得芯片能够容纳更多的晶体管,从而提供更强大的计算能力。其次,这些制程能够降低芯片的功耗和减少热量产生,提高能源效率和散热性能。此外,先进制程还为新兴技术领域,如人工智能、物联网和自动驾驶等提供了强大的支持,推动了这些领域的发展。

在先进制程的研发和应用中,一些科学家和工程师的贡献不可忽视。例如,台湾积体电路制造股份有限公司(TSMC)的创始人之一张忠谋(Morris Chang)在芯片制造领域做出了重要的贡献;此外,ASML 公司的荷兰物理学家 Martin van den Brink 则在光刻技术的发展中发挥了关键作用。

8.2.2　人工智能芯片与硬件加速器

随着人工智能技术的飞速发展,人工智能芯片及其与硬件加速器的结合成为当今科技领域的热门话题。人工智能芯片作为支持深度学习和神经网络等计算密集型任务的关键组件,其与硬件加速器的协同作用使得人工智能应用能够在更高效、更快速的方式下运行。

在人工智能芯片领域,一些杰出的科学家和工程师为其发展作出了卓越的贡献。例如,来自斯坦福大学的 Andrew Ng 教授是人工智能领域的知名学者之一,他致力于深度学习算法的研究和推动其在人工智能芯片中的应用,其工作对于提高人工智能芯片的性能和效率具有重要意义;此外,来自纽约大学的 Yann LeCun 教授也是人工智能芯片领域的重要人物,他在卷积神经网络的设计和优化方面做出了突出贡献,为图像识别和计算机视觉等领域的发展奠定了基础。

人工智能芯片与硬件加速器的结合,为人工智能任务的高效处理和推理提供了有力支持。硬件加速器是一种专门设计的硬件设备,旨在加速特定计算任务的执行。在人工智能芯片中,硬件加速器可以通过并行计算、定制化的指令集和优化的算法来提高计算性能和能效比。例如,GPU 是一种常见的硬件加速器,高度并行的计算能力使其成为深度学习任务的理想选择;此外,专用的神经网络处理器(NPU)、张量处理器(TPU)和场效应晶体管(FET)等硬件加速器也被广泛应用于人工智能芯片中,以满足不同应用场景的需求。

人工智能芯片与硬件加速器的结合在各个领域都具有重要意义。在机器学习领域,人工智能芯片的强大计算能力和高效推理能力可以加速模型的训练和推理过程,提高算法的准确性和效率。在图像识别和计算机视觉领域,人工智能芯片的优化架构和并行处理能力使其能够实时进行复杂的图像处理和目标检测。在语音处理和自然语言处理领域,人工智能芯片的高性能计算和优化算法为语音识别、语音合成和自动翻译等应用提供了强大支持。此外,在自动驾驶和智能机器人领域,人工智能芯片的高性能计算和实时决策能力对于实现智能导航和环境感知至关重要。

随着人工智能芯片与硬件加速器的不断创新和进步,我们可以预见,人工智能技术在各个领域的应用将更加广泛和深远。人工智能芯片的持续发展将进一步推动机器学习算法的优化和模型训练技术的创新,从而实现更高级别的智能化任务。同时,硬件加速器的不断发展将提供更高效、低能耗的计算平台,为人工智能应用的推广和市场化提供有力支持。然而,在人工智能芯片与硬件加速器的发展过程中,仍然存在一系列挑战和限制。首先,人工智能芯片的设计和制造面临着物理限制和工艺难题。随着集成度的不断提高和功耗的不断降低，芯片制造过程需要克服微小尺度效应、热量管理和电源供应等物理难题。为了实现更高的集成度，芯片制造商需要采用先进的工艺技术，如三维堆叠和纳米级制造，以提高芯片的性能和能效。

其次，人工智能算法的快速发展要求硬件加速器具备灵活性和可扩展性，以满足不断变化的需求。由于人工智能领域的算法和模型不断涌现和发展，硬件加速器需要具备可编程性和可配置性，以适应不同的算法和任务。此外，硬件加速器还需要具备良好的可扩展性，能够在需要增加计算资源时进行灵活的扩展和升级，以应对越来越复杂的人工智能应用需求。

另一个重要的考量因素是人工智能芯片的安全性和隐私保护。随着人工智能应用的广泛应用，对于数据安全和隐私保护的需求也日益增强。在设计和实现人工智能芯片时，需要采取有效的安全措施，以保护数据的机密性和完整性。同时，算法的可解释性也是一个关键问题，特别是在涉及敏感数据和决策制定的场景中。人工智能芯片的设计应注重算法的可解释性，以使决策过程更加透明和可信。

为了应对这些挑战，许多知名公司和研究机构积极投入到人工智能芯片与硬件加速器的研发中。例如，Intel 公司在人工智能芯片领域发挥着重要作用，如推出了一系列面向人工智能应用的芯片和硬件加速器产品，如 Intel® Xeon® 处理器和 Intel® Movidius™ 视觉处理器。这些产品不仅具备强大的计算能力和优化的算法，还注重数据安全和隐私保护，为用户提供可靠的解决方案。

另外，谷歌公司也在人工智能芯片领域取得了重大突破，如开发了自己的硬件加速器——谷歌 TPU，用于加速深度学习任务。TPU 具备高度并行的计算能力和优化的算法，能够在数据中心快速地进行大规模的机器学习和神经网络计算。谷歌公司还致力于提高人工智能芯片的安全性和隐私保护，通过采用加密技术和隐私保护机制，确保用户数据的安全和机密性。

8.2.3　人工智能芯片在边缘计算中的应用

随着人工智能技术的迅速发展，人工智能芯片在边缘计算中的应用日益引人关注。边缘计算作为一种将数据处理和分析推向网络边缘的计算模式，相较于传统的集中式云计算，具备低延迟、高可靠性和隐私保护等优势。在这一背景下，人工智能芯片的应用不仅能够实现更快速的决策和响应，还能减轻云端计算的负担，提升系统整体性能。

人工智能芯片在边缘计算中的应用涵盖多个方面。首先，人工智能芯片可以用于实现边缘设备的智能化。边缘设备如智能手机、智能摄像头、智能家居等具备感知和计算能力的设备，通过集成人工智能芯片能够实现自主决策和智能交互。例如，智能摄像头可以借助人工智能芯片上的图像识别算法，实现人脸识别、目标跟踪等功能，从而提供更智能的监控和安防服务。

其次，人工智能芯片可以用于边缘设备上的模型推理。模型推理指将经过训练的神经网络模型应用于实际场景的过程。在传统的云计算模式中，模型推理通常在云服务器上进行，但这会带来较长的延迟和较高的网络传输成本。通过在边缘设备上部署人工智能芯片，可以将模型推理直接迁移到离用户更近的位置，实现实时响应和更快速的决策。例如，智能音箱可以利用边缘设备上的人工智能芯片进行语音识别和语义理解,实现智能语音助手的交互功能。

此外,人工智能芯片还可以用于边缘计算中的数据预处理和特征提取。在边缘计算环境中,由于网络带宽和存储容量的限制,传输和存储大量原始数据是一项挑战。通过在边缘设备上部署人工智能芯片,能够对数据进行实时预处理和特征提取,从而减少数据传输量和存储需求。例如,智能传感器可以利用边缘设备上的人工智能芯片,对传感器数据进行实时滤波、降噪和特征提取,以提供更准确的数据分析和决策支持。

除了 Intel 和谷歌,还有一些创新型公司专注于开发人工智能芯片以用于边缘计算。例如,NVIDIA 公司的 Jetson 系列芯片,提供强大的计算性能和丰富的外设支持,广泛应用于边缘设备的人工智能应用开发。另外,华为公司也发布了自家的麒麟芯片,用于支持边缘计算和人工智能技术的融合应用。

◇ 8.3 人工智能与云计算

8.3.1 云计算的基础与概念

云计算(cloud computing)是一种通过互联网提供计算资源和服务的模式。它基于虚拟化技术,将计算和存储资源从本地硬件解耦,提供按需使用、可扩展和灵活的计算环境。云计算的基础与概念主要包括以下几个方面。

1. 服务模式

云计算提供了不同层次的服务模式,包括基础设施即服务(infrastructure as a service,IaaS)、平台即服务(platform as a service,PaaS)和软件即服务(software as a service,SaaS)。这些服务模式提供了不同程度的抽象和管理,使用户能够根据需求选择适合的服务层次。

(1) IaaS:提供基础的计算、存储和网络资源,用户可以通过虚拟机、存储空间等来构建自己的应用环境。

(2) PaaS:在 IaaS 的基础上,提供了更高级别的应用开发平台,包括数据库、中间件、开发工具等,使开发者可以专注于应用程序的开发而无须关注底层基础设施的管理。

(3) SaaS:最高级别的服务模式,提供完整的应用程序,用户可以直接通过互联网访问和使用这些应用,如电子邮件服务、在线办公套件等。

2. 资源共享和弹性伸缩

云计算通过资源共享的方式,将计算和存储资源集中管理,并根据用户的需求实现弹性伸缩。这意味着用户可以根据实际需要快速增加或减少计算资源的容量,而无须投入大量的时间和成本来部署和管理物理设备。

3. 虚拟化技术

虚拟化技术是云计算的核心基础,通过对物理资源(如服务器、存储设备)进行虚拟化,将其抽象为逻辑资源,使得多个用户可以共享同一物理资源的多个虚拟实例。虚拟化技术提供了资源的灵活性和高效利用率,并为用户提供了独立的计算环境。

4. 弹性计算和按需付费

云计算提供了弹性计算的能力,根据用户的实际需求来动态分配和释放计算资源。这种按需分配的方式使得用户可以根据实际使用情况付费，避免了资源的浪费和额外的成本。

5. 可靠性和安全性

云计算提供了高可靠性和安全性的服务，通过备份、冗余和灾备等技术手段来确保用户数据和应用的可靠性。同时，云计算提供了各种安全措施，如身份验证、数据加密和网络隔离等，以保护用户数据的机密性和完整性。

8.3.2　云计算与人工智能的结合

在当今的数字化时代，云计算和人工智能已经成为科技领域的两大热门话题。云计算为人工智能的发展提供了强大的计算和存储能力，而人工智能则通过智能化的算法和模型为云计算注入了更高级的智能和自动化。两者的结合不仅推动了各行各业的创新，也为我们带来了更多可能性。本节将深入探讨云计算与人工智能的融合，并通过实际产品和案例展示其在不同领域的应用和价值。

人工智能作为一项引领未来的关键技术，正以惊人的速度改变着我们的生活和工作方式。然而，要想让人工智能真正发挥其潜力，需要强大的计算能力和可扩展的存储资源来支持其复杂的算法和海量的数据处理需求。在这方面，云计算技术的崛起为人工智能的发展提供了独特而又强大的支持。

云计算平台作为一种基于互联网的服务模式，通过将计算和存储资源提供给用户，使用户能够根据需要弹性调整资源规模，并按需付费。在人工智能领域，云计算平台为研究人员、开发者和企业提供了强大的计算和存储能力支持，极大地推动了人工智能技术的发展。

首先，云计算高性能的计算能力，为人工智能算法的训练和优化提供了强大的支持。人工智能算法通常需要处理大规模的数据集和复杂的计算任务，如深度学习中的神经网络训练。这些计算任务对计算资源的要求非常高，而云计算平台通过提供强大的 GPU 和计算集群，能够并行处理这些计算任务，极大地加速了训练过程。

例如，亚马逊网络服务（Amazon Web Service，AWS）的机器学习平台（Amazon Machine Learning）提供了强大的云计算资源，使用户能够轻松构建、训练和部署自己的机器学习模型。用户可以在云端进行大规模的数据训练，并通过云服务实现实时预测和推理。谷歌云平台（Google Cloud Platform，GCP）的自然语言处理服务和微软 Azure 的认知服务也提供了类似的功能，通过云计算和人工智能技术，实现了智能化的语言处理和图像分析等功能。

其次，云计算平台还提供了可扩展的存储资源，能够容纳海量的训练数据和模型参数。人工智能算法的训练通常需要使用大量的数据来构建准确的模型，而云计算平台的分布式文件系统和对象存储服务可以高效地存储和管理这些数据。通过将数据存储在云端，人工智能研究人员和开发者可以随时访问数据，无须担心本地存储的限制和数据丢失的风险。

8.3.3　人工智能在云计算中的应用

随着科技的快速发展和云计算技术的日益成熟，人工智能逐渐成为云计算领域的重要驱动力。人工智能在云计算中的应用不仅为企业和个人带来了巨大的创新和变革，同时也为数据处理、决策支持、自动化和智能化服务等方面开辟了新的可能性。本节将深入探讨人工智能在云计算中的应用，并通过丰富的案例来展示其在各个领域的巨大潜力和广阔前景。

（1）数据处理与分析的智能化。

人工智能在云计算中的应用延伸到了许多领域。在医疗保健行业，云计算结合人工智能可以帮助医生进行疾病诊断和治疗决策。通过分析大量的医疗数据、病例资料和科学文献，云计算平台可以提供个性化的医疗建议和治疗方案，辅助医生做出准确的诊断和治疗决策，提高医疗质量和患者生存率。

在制造业领域，云计算结合人工智能可以实现智能制造。通过将传感器、设备和生产线连接到云计算平台，实时收集和分析生产数据，可以实现实时监控、预测性维护和智能调度。例如，生产企业可以利用云计算和人工智能技术，实现故障预警和异常检测，及时发现并处理潜在的生产问题，从而提高生产效率和产品质量。

教育领域也可以受益于人工智能和云计算的结合。通过云计算平台的强大计算能力和人工智能算法的支持，教育机构可以提供个性化的学习体验和教育服务。例如，基于学生的学习数据和行为模式，云计算平台可以推荐适合学生个体发展的学习材料和教学方法，以提高教学效果和学生的学习成绩。

人工智能在云计算中的应用还延伸到了交通和城市管理领域。通过将交通信号、摄像头和传感器等设备连接到云计算平台，结合人工智能技术，可以实现智能交通管理和城市运行优化。例如，云计算和人工智能的结合可以实现智能交通信号灯控制，根据实时交通流量和拥堵情况，智能地调整信号灯的配时，从而提高交通效率并减少拥堵。

综上所述，人工智能在云计算中的应用涵盖了多个领域，包括金融、医疗保健、制造业、教育以及交通和城市管理等。这些应用不仅提供了巨大的创新和变革，同时也为企业和个人带来了更高效、更智能化的服务和决策支持。随着技术的不断进步和应用场景的不断拓展，人工智能在云计算中的应用将继续发展，为人类社会带来更多的便利和进步。

（2）智能推荐与个性化服务。

智能推荐与个性化服务在云计算中的应用非常广泛。除了电子商务和媒体娱乐行业，还涉及许多其他领域。

在旅游和酒店行业，云计算结合人工智能可以提供个性化的旅行推荐和定制化服务。通过分析用户的旅行偏好、预算和时间限制，云计算平台可以智能地推荐目的地、行程安排和酒店预订，帮助用户制定最合适的旅行计划。类似的，餐饮行业也可以利用智能推荐系统为顾客提供个性化的菜单推荐和点餐建议，以提高顾客的用餐体验。

在健康和健身领域，云计算结合人工智能可以提供个性化的健康管理和运动指导。通过分析用户的身体数据、健康记录和运动习惯，云计算平台可以智能地为用户制定健康计划、推荐适合的运动和饮食方案，并提供实时的健康监测和反馈。这样，用户便可以根据个人情况进行有效的健康管理和运动训练。

教育领域也可以受益于智能推荐和个性化服务。云计算平台可以分析学生的学习行为、学习历史和学习风格，为其提供个性化的学习材料和教学建议。例如，学生可以根据自己的学习进度和兴趣，从云平台上获取适合自己的教材、练习题和学习资源。这样，学生便可以更加高效地学习，并根据个人需求进行深入学习或巩固练习。

智能推荐与个性化服务还可以应用于人力资源管理和招聘过程。云计算平台可以分析候选人的简历、技能和经验，智能地匹配最合适的职位和岗位要求。同时，云平台还可以为企业提供人才推荐和招聘建议，帮助企业更加精准地招聘和管理人才。

（3）自动化与智能化决策支持。

除了生产制造领域，云计算和人工智能的结合还在金融和投资领域发挥着重要作用。云计算平台可以处理大量的金融数据，并利用人工智能算法进行数据挖掘和分析，帮助投资者做出明智的投资决策。例如，基于云计算和人工智能的投资平台可以根据用户的投资偏好和目标，智能地推荐适合的投资组合和交易策略。同时，云计算平台还可以实时监测市场变化和风险因素，为投资者提供即时的决策支持和风险管理。

在医疗健康领域，云计算结合人工智能可以提供智能化的医疗决策支持和诊断辅助。云计算平台可以整合和分析大量的医疗数据，包括患者的病历、影像数据和基因信息等，利用机器学习和深度学习算法提供疾病诊断和治疗建议。通过云计算平台，医生可以快速获取患者的健康信息和历史数据，并获得个性化的诊断支持，从而提高治疗效果和患者的生活质量。

智能城市和智慧交通也是云计算和人工智能结合的重要应用领域。云计算平台可以集成和分析城市中的各种数据，包括交通流量、环境监测、能源消耗等，通过人工智能算法实现智能化的城市管理和交通优化。例如，基于云计算和人工智能的交通管理系统可以实时监测交通状况，并智能地调整信号灯配时和交通流量分配，从而减少拥堵并提高交通效率。类似的，云计算平台还可以通过分析环境数据，实现智能化的能源管理和环境保护，以推动可持续发展。

综上所述，云计算和人工智能的结合在自动化与智能化决策支持方面具有广泛的应用潜力。无论是在生产制造、金融投资、医疗健康还是智能城市等领域，云计算平台可以为决策者提供准确、及时的数据分析和智能决策支持，推动行业的创新和发展。随着技术的不断进步和应用场景的不断拓展，云计算和人工智能将在决策支持领域发挥越来越重要的作用，为人们的生活和工作带来更多的便利和智能化选择。

（4）智能安全与风险管理。

在金融欺诈和风险方面，云计算平台可以整合大量的金融数据，包括交易记录、用户行为模式和市场动态等，通过人工智能算法进行实时分析和检测。例如，基于机器学习的反欺诈系统可以学习和识别欺诈模式，自动监测和预警潜在的欺诈行为，帮助金融机构及时采取措施以防止损失。此外，云计算和人工智能的结合还可应用于反洗钱领域，通过分析大量的交易数据和行为模式，识别出可疑的资金流动，从而提高反洗钱的效率和准确性。

在网络安全领域，云计算和人工智能的结合提供了更强大的威胁检测和预防能力。云计算平台可以存储和处理海量的网络数据，并结合人工智能算法进行实时监测和分析。例如，基于机器学习的入侵检测系统可以学习正常的网络流量模式，一旦检测到异常行为或潜在的攻击，系统能够快速响应并采取相应的安全措施，以保护网络免受恶意攻击。

此外，云计算和人工智能的结合还可应用于数据隐私和身份认证领域，以加强个人信息的保护和身份验证的准确性。云计算平台可以利用人工智能算法，对用户的行为模式和数据访问进行自动化分析，识别异常活动和潜在的数据泄露风险。同时，基于人工智能的身份认证系统可以通过分析用户的生物特征、声音或行为模式等，提供更精确和安全的身份验证手段，从而防止身份欺骗和未经授权的访问。

综上所述，云计算和人工智能在智能安全与风险管理方面具有广泛的应用潜力。无论是金融领域的欺诈检测和反洗钱，网络安全领域的入侵检测与威胁预防，还是数据隐私和身份认证领域的保护,云计算平台结合人工智能算法能够提供更智能、更自动化的解决方案,帮助企业和组织应对不断增长的安全挑战。随着技术的进步和应用场景的不断拓展,云计算和人工智能在安全领域的应用将迎来更多的创新和发展,为用户和企业带来更安全、更可靠的数字环境。

(5) 边缘计算与人工智能的融合。

人工智能与边缘计算的融合在工业领域具有重要的应用价值。边缘计算设备可以搭载人工智能算法,实现设备的智能化和自主决策。例如,在制造业中,通过在边缘设备上部署人工智能模型,可以实时监测和分析生产线上的传感器数据,预测潜在的故障或质量问题,并及时采取措施进行调整和修复,以提高生产效率和产品质量。

另一个重要的应用领域是边缘医疗。人工智能与边缘计算的融合,可以实现智能医疗设备和系统,提供更及时、更准确的医疗服务。例如,搭载人工智能算法的边缘设备可以对患者的生理数据进行实时分析和监测,预测疾病的发展趋势,及时告警并通知医疗人员。此外,边缘计算还可以支持远程医疗和移动健康监测,通过将人工智能模型部署在边缘设备上,实现对患者的实时监护和诊断,以提高医疗资源的利用率和患者的生活质量。

除了智能交通、工业和医疗领域,人工智能与边缘计算的融合还可以应用于智能家居、智能城市、农业和环境监测等领域。通过在边缘设备上部署人工智能算法,可以实现智能感知、智能控制和智能决策,为用户提供更智能、更便捷的生活体验。

综上所述,人工智能与边缘计算的融合为各个领域的应用带来了更多的可能性。通过将人工智能模型部署在边缘设备上,可以实现实时响应、低延迟的智能决策和控制。无论是智能交通、工业制造、医疗健康还是智能家居,人工智能与边缘计算的融合为我们的生活和工作带来了更智能、更高效的解决方案。随着边缘计算技术的不断发展和人工智能算法的进一步优化,相信这一融合将在未来展现出更广阔的前景和应用场景。

◇ 8.4　人工智能与区块链

8.4.1　区块链的基础与概念

区块链是一种分布式数据库技术,以去中心化和安全性为特点,提供了一种可靠地记录和验证数据交易的方法。区块链的基础与概念涉及分布式网络、密码学和共识机制等多个领域。

首先,区块链作为一种分布式网络,由众多节点组成,每个节点都具备参与网络的能力,并拥有完整的数据副本。这种去中心化的网络结构是区块链的核心特征之一,它与传统的中心化数据库相比,消除了单点故障的风险,提供了更高的容错性和可靠性。

在区块链网络中,每个节点都扮演着重要的角色。它们可以是个人计算机、服务器或专门设计的区块链节点设备。每个节点都存储了完整的区块链数据,并且具备验证和记录新的交易或数据块的能力。通过节点之间的相互通信和协作,区块链网络能够实现数据的广播和共享。

为了达成一致并保持数据的一致性,区块链网络中的节点通过共同的协议来进行交互和协作。这些协议通常基于共识机制,旨在确保节点对于添加新的交易或数据块的顺序和内容达成一致意见。常见的共识机制包括工作量证明（proof of work，PoW）、权益证明（proof of stake，PoS）和权威共识等。

工作量证明是最早被广泛采用的共识机制之一。在工作量证明中，节点通过解决复杂的数学难题来竞争记账权。解决难题需要消耗大量的计算资源和能量，因此，具备更高的计算能力的节点有更大的概率获得记账权。一旦节点找到正确的解决方案，它就可以向网络广播自己的提案，并获得其他节点的验证和认可。

权益证明是另一种常见的共识机制，它基于节点持有的数字资产数量来决定记账权。权益证明认为，持有更多数字资产的节点更有动力保护网络的安全和稳定性，因为它们拥有更大的利益。节点可以通过锁定一定数量的数字资产作为抵押，以参与共识过程并获得相应的奖励。

除了共识机制，区块链网络中的节点还需要通过网络协议来进行通信和同步。常见的区块链网络协议包括比特币核心（Bitcoin Core）、以太坊（Ethereum）等。这些协议定义了节点之间的通信规则、数据结构和交互方式，确保节点能够正确地验证区块链上的交易和数据，并保持网络的一致性。

其次，密码学在区块链中扮演着重要的角色。通过应用密码学算法，区块链可以保证数据的机密性、完整性和用于身份验证。密码学技术的应用使得区块链在保护参与者隐私、防止数据篡改和确保数据可信性方面具备了强大的安全性。

（1）公钥加密算法是区块链中常用的密码学技术之一。公钥加密算法使用一对密钥，即公钥和私钥，来实现数据的加密和解密过程。在区块链中，参与者可以使用公钥加密算法将敏感数据进行加密，确保只有拥有相应私钥的参与者才能解密和访问数据。这种加密方式保护了参与者的隐私，防止未经授权的访问和信息泄露。

（2）哈希函数在区块链中也扮演着重要的角色。哈希函数是一种可以将任意长度的数据转换成固定长度哈希值的算法。在区块链中，哈希函数被广泛应用于生成数据的唯一指纹。每个数据块都包含了前一个数据块的哈希值，形成了一个由数据块链接而成的不可篡改的数据链条。通过对数据块的哈希值进行校验，可以确保数据的完整性，即一旦数据被添加到区块链中，任何对该数据的篡改都会导致后续数据块的哈希值发生变化，从而被网络中的其他节点检测到。

（3）除了公钥加密算法和哈希函数，数字签名也是密码学在区块链中的重要应用之一。数字签名是一种用于身份验证和数据完整性验证的技术。在区块链中，参与者可以使用自己的私钥对交易或数据进行数字签名，而其他参与者可以使用相应的公钥来验证该数字签名的有效性。这种方式保证了交易的真实性和完整性，防止伪造和篡改。

（4）零知识证明也是密码学在区块链中的一项重要技术。零知识证明允许一个主体向另一方证明某个陈述是真实的，而无须透露陈述的具体内容。在区块链中，零知识证明可以用于验证某个交易的有效性或证明某个条件的成立，而无须透露交易的具体内容或条件的细节。这种技术在保护隐私和确保数据安全性方面具有重要意义。

最后，智能合约也是区块链技术的重要组成部分，它以代码形式编写，能够在区块链上自动执行和验证合约条款和条件。智能合约的出现使得复杂的业务逻辑和交易处理可以自动执行，无须依赖第三方中介机构，从而提高了效率、降低了成本，并增加了安全性。然而，智能合约的编写和执行需要谨慎设计，以确保安全性和正确性。

8.4.2 区块链与人工智能的融合

区块链与人工智能的融合是当今科技领域的一个热门话题。区块链作为一种分布式账本技术,以其去中心化、透明、不可篡改的特性,在数字资产交易、供应链管理、智能合约等领域展现出巨大潜力。而人工智能则以其强大的数据处理和智能决策能力,正在重新定义许多行业,如金融、医疗、交通等。将这两个技术进行融合,可以实现更高级别的应用和创新。

在区块链与人工智能的融合中,一个重要的应用是去中心化的人工智能模型。传统意义上的人工智能模型的训练和部署通常集中在中心化的云服务器上。然而,这样的中心化架构存在数据隐私和安全性的问题。通过将人工智能模型训练和执行的过程放置在区块链上,可以实现去中心化的人工智能模型。在这种架构下,数据和模型被分布式存储和共享,参与者可以通过智能合约安全地交换数据和训练模型,从而保护了数据隐私并确保模型的安全性。

另一个有趣的融合应用是区块链与人工智能的数据市场。传统意义上的数据的交换和共享往往受到数据拥有者的限制和中介机构的控制。通过利用区块链的去中心化特性和智能合约的自动化执行能力,可以建立一个去中心化的数据市场,使数据供应商能够直接与数据需求方进行交互,实现数据的安全、高效共享和交易。人工智能算法可以在这个市场上运行,通过分析和挖掘数据,为参与者提供更准确的洞察和预测。

此外,区块链与人工智能的融合还可以应用于联邦学习。联邦学习是一种分布式机器学习方法,允许多个参与者在各自的本地数据上进行模型训练,而无须将数据集中在一个地方。然而,联邦学习中存在着数据隐私和安全性的问题。通过将联邦学习与区块链相结合,可以建立一个安全的联邦学习框架。区块链提供了数据交换和模型更新的可信机制,确保参与者的数据隐私得到保护,同时还可以对模型进行验证和审计。

综上所述,区块链与人工智能的融合为许多领域带来了新的机遇和挑战。通过结合区块链的去中心化和不可篡改性与人工智能的数据处理和智能决策能力,可以构建更加安全、透明和高效的应用。这种融合可以应用于去中心化的人工智能模型、区块链上的数据市场和联邦学习等领域。然而,这样的融合也面临着一些问题,如性能、可扩展性、隐私保护和数据安全等。因此,需要进一步的研究和创新来解决这些挑战,并推动区块链与人工智能融合的发展。

8.4.3 数据隐私与安全性

在当今的数字化时代,数据隐私与安全性是一个备受关注且至关重要的话题。随着大数据的快速发展和广泛应用,个人和机构的数据面临着越来越多的风险,如数据泄露、未经授权的访问和滥用等。因此,确保数据隐私和安全性已经成为保护个人权益和维护商业信誉的重要任务。

数据隐私是指个人或组织对其所属信息的控制权和保护权。隐私保护的核心原则包括信息主体的知情同意、数据的目的限制、数据最小化原则、数据存储和处理期限的限制及数据安全保障措施等。为了保护数据隐私,各个国家和地区都制定了相关的隐私法律法规,如欧洲的《通用数据保护条例》(GDPR)和美国的《加州消费者隐私法》(CCPA)等。

数据安全性则关注数据免受未经授权的访问、篡改、破坏或泄露。数据安全性的保障需要多层次的安全措施，包括物理安全、网络安全、身份认证和访问控制、加密技术、安全审计等。此外，数据备份和灾难恢复计划也是确保数据安全性的重要手段，以防止数据丢失或不可用。

在数据隐私和安全性的保护中，加密技术起到了重要的作用。加密是将数据转化为不可读的密文，只有拥有密钥的授权人员才能解密并访问数据。常见的加密算法包括对称加密算法和非对称加密算法。对称加密算法使用相同的密钥进行加密和解密，适用于快速地加解密大量数据；而非对称加密算法使用公钥和私钥进行加密和解密，更适用于数据传输过程中的身份认证和密钥交换。

除了加密技术，访问控制也是保护数据隐私和安全性的重要手段之一。通过访问控制策略和权限管理，可以限制对数据的访问和操作，确保只有授权人员才可以获取特定的数据。访问控制可以基于身份认证、角色授权、多因素认证等方式进行。此外，监控和审计机制也是确保数据安全性的重要手段，可以记录和跟踪数据的访问和操作，以便及时发现异常行为和安全漏洞。

随着区块链技术的发展，它也为保护数据隐私和安全性提供了新的解决方案。区块链是一种分布式的、去中心化的账本技术，每个参与者都可以共享和验证数据，而数据的修改必须经过共识机制的验证。区块链的特性使得数据具有不可篡改和可追溯性，提高了数据的安全性和可信度。同时，区块链中的智能合约可以实现数据的安全共享和访问控制，确保只有经过授权的参与者才可以获取数据。

在解决这些挑战的过程中，技术、政策和社会三方面的因素都起到了重要作用。技术上，需要不断改进和创新数据隐私和安全性的保护技术，如差分隐私、安全多方计算等。在政策层面上，需要完善隐私法律法规，建立跨国数据传输机制和数据保护标准，加强数据隐私与安全性的监管和执法。在社会层面上，需要提高公众对数据隐私和安全性的意识，加强个人和组织的数据保护责任和道德意识。

◈ 8.5 人工智能与大数据

8.5.1 大数据的基础与概念

在当今的信息时代，大数据正逐渐成为各个行业的核心驱动力。随着互联网的普及和技术的发展，大量的数据被生成、收集和存储，这些数据蕴含着宝贵的信息和见解。为了有效地利用这些海量数据，人们提出了大数据的概念和相关基础。

大数据可以被定义为规模庞大、类型多样且处理速度快的数据集合。它通常具有 3 个主要特征：数据量大、数据类型多样和数据处理速度快。首先，大数据的数据量通常超过了传统数据处理工具的处理能力，需要使用分布式计算和存储技术进行处理。其次，大数据涵盖了多种数据类型，包括结构化数据（如数据库中的表格数据）、半结构化数据（如 XML 和 JSON 格式的数据）以及非结构化数据（如文本、图像和视频等）。最后，大数据要求进行实时或近实时的数据处理和决策，以应对数据的高速生成和变化。

为了应对大数据的挑战和利用其潜力，人们提出了一些基础概念和技术。首先是分布式计算，它是处理大数据的关键技术之一。分布式计算通过将数据和计算任务分布到多个

计算节点上进行并行处理,从而提高了计算效率和容错性。常见的分布式计算框架包括
Hadoop 和 Spark 等。其次是数据存储和管理技术,如分布式文件系统(如 HDFS)和
NoSQL 数据库(如 MongoDB 和 Cassandra),它们能够高效地存储和管理大规模数据。此
外,数据挖掘和机器学习算法也是大数据分析中的重要工具,它们可以从大数据中发现模
式、预测趋势并进行智能决策。

在大数据的应用领域中,有几个典型的场景值得关注。首先是商业智能和市场营销领
域。通过对大量的销售数据、用户行为数据和市场趋势数据进行分析,企业可以了解消费者
需求、优化市场策略和提高竞争力。其次是医疗健康领域。通过分析大规模的医疗数据,包
括病历数据、基因数据和医学影像数据,可以实现个性化医疗、疾病预测和药物研发等。此
外,大数据在城市管理、交通规划、能源管理和环境监测等领域也有广泛应用,以提高城市的
可持续发展和人们的生活质量。

然而,大数据的应用和发展也面临一些挑战和问题。首先是数据安全和隐私问题。由
于大数据涉及的数据量和类型非常庞大,数据的存储和传输面临着安全风险和隐私泄露的
威胁。因此,保护数据的安全性和隐私成为重要的挑战。其次是数据质量问题。大数据具
有多样性和复杂性,其中可能存在着不准确、不完整或不一致的数据,这会对数据分析和决
策产生负面影响。此外,大数据的处理和分析也需要丰富的计算资源和极高的专业技能,这
对于一些中小企业和组织来说可能是一个障碍。

为了克服这些挑战,人们正在不断地研究和发展大数据的相关技术和方法。例如,在数
据安全和隐私保护方面,人们提出了数据加密、访问控制、身份验证和匿名处理等技术,以确
保数据在存储和传输过程中的安全性。此外,数据质量管理也成为大数据领域的重要课题,
人们研究和应用数据清洗、数据集成和数据验证等方法,以提高数据的准确性和一致性。

除了技术和方法的发展,大数据领域还需要建立相应的法律、伦理和政策框架,以保护
个人隐私和公众利益。各国和地区都在制定并完善相关的数据保护法律和监管机制,以确
保大数据的合法和公正使用。

8.5.2　人工智能与大数据分析

随着信息技术的快速发展和互联网的普及,人工智能和大数据分析正成为当今社会热
门的话题之一。这两个领域的结合为各行各业带来了前所未有的机遇和挑战。人工智能作
为一种模拟和扩展人类智能的技术,通过模仿人类的思维和学习方式,使计算机能够自主地
执行复杂的任务和决策。大数据分析则是利用先进的计算方法和工具来处理和分析庞大、
复杂的数据集,以获取有价值的信息和洞察力。

人工智能与大数据分析的结合为企业和组织提供了强大的数据处理和决策支持能力。
大数据的特点包括数据量大、数据类型多样和数据速度快,这对传统的数据处理和分析方法
提出了巨大的挑战。然而,人工智能的算法和技术可以克服这些挑战,并实现对大数据的高
效处理和深入分析。

首先,大数据为人工智能提供了丰富的训练数据。机器学习和深度学习模型需要通过
大量的数据进行训练,以学习和发现数据中的规律和模式。大数据提供了海量的数据样本,
使得模型可以更全面地理解数据的特征和关联。这种数据驱动的方法可以帮助模型更准确
地进行预测、分类和决策。

其次,人工智能的算法和技术可以应对大数据的挑战。传统的数据处理方法在面对大数据时往往效率低下,无法满足实时分析和决策的需求。而人工智能算法具有并行计算和分布式存储的能力,可以在分布式计算框架下进行高效的大数据处理。例如,使用分布式存储系统(如 Hadoop 和 Spark),结合机器学习算法,可以实现对大规模数据集的快速处理和分析。

此外,人工智能的技术还能够提高大数据分析的准确性和效果。传统的统计方法和规则基础的分析往往依赖人工进行特征提取和模型构建,容易受到主观因素和人为限制的影响。而机器学习和深度学习可以自动从数据中学习特征和模式,无须人工干预,能够发现隐藏在数据背后的复杂关系和趋势。这种基于数据的分析方法可以提高分析的准确性和全面性,帮助企业和组织更好地理解数据并做出准确的决策。

在未来,随着人工智能和大数据分析技术的不断发展和成熟,我们可以预见有更多领域将受益于其结合的应用。例如,在医疗健康领域,人工智能与大数据分析可以帮助提高疾病诊断的准确性和效率,优化医疗资源的分配和利用,促进个性化医疗的发展。在交通运输领域,人工智能与大数据分析可以实现智能交通管理和预测,提升交通安全和效率。在金融领域,人工智能与大数据分析可以应用于风险管理、欺诈检测和智能投资等方面,提供更可靠的金融服务和决策支持。

8.5.3 大数据在人工智能中的应用

随着大数据时代的到来,人工智能与大数据的结合成为了引人注目的研究领域。大数据的产生源源不断,涵盖了各个行业和领域的数据。这些海量的数据为人工智能提供了丰富的资源和挑战,使得人工智能能够从中学习和发现规律,进而实现更智能化的应用。

在数据驱动的机器学习中,大数据的规模对于训练模型的准确性和泛化能力至关重要。随着数据规模的增大,机器学习模型可以从更多的样本中学习到更全面、更一致的特征表示。此外,大数据的多样性也能够提供更广泛的场景和情境,使得模型能够更好地适应不同的数据分布和应用领域。

除了数据的规模和多样性,大数据还可以提供更丰富的特征表示和更高维度的数据空间。在传统的机器学习中,特征工程是一个重要环节,需要人工提取和选择适当的特征来表示数据。然而,在大数据时代,由于数据的规模和复杂性,传统的手工特征工程往往面临困难和挑战。相比之下,通过深度学习算法,可以利用大数据的高维特征表示能力,使得模型能够自动从原始数据中学习到更复杂、更抽象的特征表示。深度学习模型(如卷积神经网络(CNN)和循环神经网络(RNN)等)在图像、语音、自然语言处理等领域取得了显著的成果,这得益于大数据提供的丰富特征表示和高维数据空间。

另外,深度学习模型的训练也对大数据的计算资源和存储能力提出了更高的要求。深度学习模型的训练通常需要大量的计算资源和存储空间,尤其是在大规模数据集上进行训练时。为了解决这个问题,研究人员不断探索并开发高效的计算平台和分布式训练方法,如使用 GPU 进行并行计算和采用分布式系统进行模型训练。这些创新使得深度学习模型能够更好地利用大数据的潜力,实现更高的训练效率和准确性。

此外,大数据的应用还促进了机器学习模型和深度学习算法的不断创新和发展。通过大规模数据集的实验和验证,研究人员可以探索新的算法和模型结构,以提高模型的性能和泛化能力。例如,针对大数据场景下的深度学习模型,研究人员提出了各种优化方法和正则化技术,如批标准化(batch normalization)和 Dropout 等,以提高模型的训练速度和泛化能力。此外,大数据还可以用于生成合成数据集,用于模型的预训练和迁移学习,从而加速模型的收敛和提高模型的泛化能力。

在实际应用中,综合运用这些技术和措施,可以建立起一个安全、高效的大数据处理和管理系统。同时,需要充分考虑数据的质量、合规性和伦理问题,确保数据的准确性和可信度。此外,与数据相关的人工智能算法和模型的可解释性和公平性也是需要重视的问题,以避免因数据偏差或不公平而导致的不良决策或偏见。

8.5.4　数据挖掘与机器学习

数据挖掘与机器学习是当今信息时代中重要的技术领域,它们通过深入挖掘和分析数据,从海量数据中提取有用的信息和知识。数据挖掘是指通过自动或半自动的方法,从大规模数据集中发现潜在的模式、关联和规律,以支持决策和预测。而机器学习则是一种通过让计算机系统从数据中学习和改进性能的方法。

数据挖掘与机器学习是紧密相关的领域,机器学习算法在数据挖掘过程中扮演着核心角色。通过机器学习,可以从大量数据中提取有价值的信息和模式,以做出预测、分类和决策。

机器学习算法主要分为 3 种类型:监督学习、无监督学习和强化学习。在监督学习算法中,向算法提供一个已标记的数据集,其中包含输入数据和对应的输出标签。算法通过学习这些已标记数据的模式和特征,可以建立一个模型,进而能够对新的未标记数据进行预测和分类。监督学习算法的目标是通过学习输入和输出之间的关系,从而能够对未来的数据进行准确的预测。常见的监督学习算法包括决策树、支持向量机(support vector machine,SVM)和神经网络。

决策树是一种常用的监督学习算法,其通过树结构来表示各种可能的决策路径。决策树的每个节点代表一个特征,每个分支代表一个可能的取值,而叶子节点则代表最终的决策结果。通过对输入数据进行一系列的特征判断和分割,决策树能够根据已有的标记数据进行分类和预测。

支持向量机是一种监督学习算法,其通过将数据映射到高维空间,并在该空间中找到一个最优的超平面,将不同分类的数据点分隔开。支持向量机通过最大化数据点到超平面的间隔,以提高分类的准确性。支持向量机在处理高维数据和非线性分类问题时表现出色,并且具有较强的泛化能力。

神经网络是一种模拟人脑神经元工作方式的模型,通过多个节点(神经元)之间的连接和权重来处理和传递信息。神经网络通常包含输入层、隐藏层和输出层,其中隐藏层可以有多个。每个节点接收来自前一层节点的输入,并通过激活函数将输入转换为输出。通过训练神经网络,调整连接权重,使网络能够学习和适应输入数据的模式和特征,从而实现对新数据的预测和分类。

数据挖掘与机器学习在未来的发展中仍然具有广阔的前景。随着互联网的不断发展和数字化转型的加速,大量的数据将被产生和积累,需要更加高效和智能的方法来处理和分析这些数据。同时,随着人工智能技术的进一步发展,数据挖掘与机器学习将更加能够融入各个行业和领域中,为人们的生活和工作带来更多的便利和创新。

◆ 8.6 人工智能与量子计算

8.6.1 量子计算的基础

1. 量子力学原理

量子力学是现代物理学中的重要基石,它描述了微观世界中粒子的行为规律。量子力学的发展与一些杰出的科学家以及他们的突破性贡献密不可分。

薛定谔方程是量子力学的核心方程之一,由奥地利物理学家埃尔温·薛定谔(Erwin Schrödinger)于 1925 年提出。薛定谔方程描述了量子系统的波函数随时间演化的规律。波函数是量子力学中用来描述粒子状态的数学函数,通过对波函数的求解,可以获得粒子的能级、位置和动量等物理量的概率分布。

另一个重要的原理是量子力学中的不确定性原理,由德国物理学家维尔纳·海森堡(Werner Heisenberg)于 1927 年提出。不确定性原理指出,在量子力学中,无法同时准确地确定粒子的位置和动量。这意味着无法精确地知道一个粒子的位置和速度,只能通过概率进行描述。不确定性原理深刻地改变了人们对物理世界的认识,打破了经典物理学中确定性的观念。

量子力学还涉及粒子的量子态和量子叠加等概念。量子态描述了粒子的状态,它可以是一个具体的态,也可以是多个态的叠加。量子叠加是指粒子可以同时处于多个可能的状态之中,而不仅仅局限于经典物理学中的确定状态。这种叠加的性质为量子计算和量子通信等领域的发展提供了基础。

在量子力学的发展历程中,一些杰出的科学家做出了重要贡献。例如,丹麦物理学家尼尔斯·玻尔(Niels Bohr)提出了量子力学的哥本哈根解释,强调了观测过程的重要性,并提出了著名的互补性原理。美国物理学家理查德·费曼(Richard Feynman)提出了路径积分方法,为量子力学的计算方法提供了新的视角。还有德国物理学家马克斯·波恩(Max Born)、英国物理学家保罗·狄拉克(Paul Dirac)等也为量子力学的发展做出了重要贡献。

总而言之,量子力学原理的提出和发展为理解微观世界的行为和性质提供了基础。通过薛定谔方程、不确定性原理、量子态和量子叠加等概念,量子力学揭示了微观粒子的奇妙行为和量子世界的规律。尽管量子力学在解释和理解上仍存在一些困难和争议,但它已经成为现代物理学的重要支柱,对于科学研究和技术应用都具有深远的影响。

2. 量子比特与量子态

量子比特(qubit)是量子计算的基本单元,它与经典计算中的比特(bit)有着根本的区别。在经典计算中,比特只能处于 0 或 1 的状态,而量子比特却可以处于多个状态的叠加态,这是量子计算的重要特性之一。

量子比特的叠加态是指它可以同时处于 0 和 1 的叠加态。这种叠加态可以通过量子力学中的线性叠加原理来描述。具体而言,一个量子比特可以表示为一个复数向量,其系数表示了处于不同状态的概率幅。通过对这些系数的调节,可以控制量子比特处于不同状态的概率,从而实现复杂的计算和信息处理。

另一个关键概念是量子态,它用于描述量子比特的状态。量子态可以表示为一个复数向量空间中的单位向量,通常用希腊字母 ψ 表示。量子态不仅包含了量子比特的叠加态,还可以表示量子比特之间的纠缠态。纠缠态是指当多个量子比特之间存在一种特殊的关联关系时,它们的状态无法被单独描述,而需要通过描述整个系统的状态来表达。这种纠缠关系使得量子计算中的操作可以同时作用于多个量子比特,从而实现更复杂的计算任务。

在量子计算中,可以通过对量子比特的操作来进行计算。这些操作包括量子门和量子测量等。量子门是一种对量子比特进行操作的基本单元,它可以改变量子比特的状态,并实现不同的计算任务。常见的量子门包括 Hadamard 门、CNOT 门和 Pauli 门等。量子测量是指对量子比特进行测量以获取其状态的信息。由于量子态的叠加性质,测量结果不是确定的,而是以一定的概率分布出现。

在量子比特和量子态的基础上,量子计算具备了并行计算和量子并行性的能力。量子并行性是指在量子计算中,可以同时处理多个可能性,从而加速计算过程。这是由于量子比特的叠加态和纠缠态的存在,使得量子计算能够在某些情况下实现计算速度的指数级提升。

在量子计算领域的研究中,一些杰出的科学家和研究机构做出了重要贡献。例如,彼得·肖尔(Peter Shor)提出了著名的 Shor 算法,该算法利用量子计算的优势可以在多项式时间内分解大整数,这对现有的加密算法构成了巨大的挑战。另外,约翰·普雷斯基拉(John Preskill)等研究人员致力于解决量子比特的误差和纠错技术,以提高量子计算的可靠性和稳定性。

3. 量子叠加与量子纠缠

量子叠加(quantum superposition)和量子纠缠(quantum entanglement)是量子力学中两个令人着迷的现象,它们是量子计算和量子通信的核心基础。

量子叠加是指量子系统可以同时处于多个状态的叠加态。在经典物理学中,习惯于将物体的状态描述为确定的值,如粒子的位置或速度。然而,在量子力学中,物体的状态可以同时处于多个可能的状态,这些状态以概率幅(probability amplitude)的形式存在。通过量子叠加态,一个量子系统可以处于多个状态的叠加态,每个状态的概率幅决定了它在测量中被观测到的概率。

量子纠缠是指当多个量子系统之间存在特殊的关联关系时,它们的状态无法被单独描述,而需要通过整个系统的状态来表示,这种关联关系在量子力学中被称为纠缠态(entangled state)。当两个或多个量子系统纠缠在一起时,它们的状态变得相互依赖,无论它们之间有多远的距离,在一个系统上进行操作的影响会立即反映在其他系统上。这种非局域性的关联是经典物理学所不具备的。

量子叠加和量子纠缠为量子计算和量子通信提供了独特的优势。在量子计算中,通过将量子比特进行叠加,可以在同一时间处理多个可能的计算路径,从而加速计算过程。另外,量子纠缠可以用于实现量子通信中的量子密钥分发和量子远程通信等任务,这些任务在经典通信中是不可实现的。

一些著名的量子算法和通信协议利用了量子叠加和量子纠缠的特性。例如,著名的 Shor 算法利用量子纠缠和叠加的能力,可以在多项式时间内对大整数进行因式分解,这对传统密码学构成了威胁。另外,量子纠缠也被应用于量子隐形传态和量子远程纠缠等通信协议中,实现了信息的安全传输和共享。

8.6.2　量子计算机的发展历程

第一台实现量子计算的计算机出现标志着人类进入了一个全新的计算时代,这一里程碑性的事件由于其重大的科学和技术意义而引起了广泛的关注和研究。在过去的几十年里,科学家们在量子物理学、信息理论和工程技术领域进行了大量的研究和实验,最终迈出了实现第一台量子计算机的关键一步。

量子计算机是利用量子力学的特性进行计算的一种新型计算机。与传统的经典计算机使用比特作为信息的最小单位不同,量子计算机使用量子比特(qubit)作为其基本单元。量子比特具有叠加态(superposition state)和量子纠缠(quantum entanglement)的特性,使得量子计算机能够在同一时间处理多个计算路径,从而实现指数级的计算加速。

在实现第一台量子计算机的过程中,一个关键的挑战是如何保持量子比特的相干性(coherence)。相干性是量子计算的基础,它使得量子比特能够保持叠加态和纠缠态的性质。然而,由于环境噪声和量子纠缠的易失性,量子比特的相干性很容易被干扰和破坏。因此,科学家们需要设计和实现高效的量子纠缠和量子纠错技术,以确保量子比特的稳定性和可靠性。

在实际的实现过程中,科学家们采用了不同的物理系统作为量子比特的载体,如超导量子比特、离子阱量子比特和拓扑量子比特等。每种物理系统都有其独特的优势和挑战,需要经过精心设计和优化才能实现稳定和可控的量子比特操作。此外,为了实现量子比特之间的相互作用和量子门操作,科学家们还开发了一系列的量子芯片、量子电路和量子控制技术。

最终,科学家们在不同的实验室和研究机构取得了突破性的成果,成功实现了第一台具有量子计算能力的计算机。这些实现包括在小规模量子比特系统上进行的基础性实验,如量子隐形传态、量子纠缠分发和量子算法的演示等。虽然这些实现还远未达到实用性和商业化的程度,但它们为未来量子计算机的发展奠定了坚实的基础,并激发了更多研究者和企业的兴趣和投入。

第一台实现量子计算的计算机的实现不仅具有重大的科学意义,还具有广泛的应用前景。量子计算的能力有望为优化问题求解、大规模数据处理和密码学等领域带来革命性的突破。此外,量子计算还有望推动新材料的发现和模拟量子系统的研究,为科学和工程领域带来新的突破和创新。

近年来,量子计算机的发展取得了令人瞩目的突破,为科学界和技术领域带来了巨大的潜力和挑战。这些进展不仅推动了量子计算的理论研究,还推动了实验室中量子计算机的实际实现。

首先,来回顾一下量子计算机的基本构成单元量子比特。过去几年,研究人员在不同平台上实现了多种类型的量子比特,如超导电路、离子阱、拓扑量子比特等。这些平台都以其独特的性质和优势为量子计算机的实现带来了新的可能性。例如,超导电路是目前最为成熟的量子比特实现平台之一,其具有较长的相干时间和高度可控的操作性能。

其次,量子纠缠的实现也是量子计算机发展中的重要里程碑。量子纠缠是指当多个量子比特之间存在特殊的关系关联时,它们的状态无法被单独描述,而需要通过整个系统的状态来表示。通过实现量子纠缠,研究人员可以利用这种非局域性的关联实现量子计算中的并行性和信息传输的安全性。

在量子计算机的硬件实现方面,近年来取得了显著进展。例如,谷歌于 2019 年宣布实现了量子霸权(quantum supremacy),通过他们的超导量子计算机实现了一个超越经典计算机的计算任务。这一突破表明了量子计算的潜力,并引发了全球范围内对量子计算的广泛关注。

除了硬件实现,量子算法的发展也是近年来的重要突破之一。量子算法是专门为量子计算机设计的算法,利用量子比特的叠加和纠缠特性来解决经典计算中的困难问题。著名的量子算法包括用于因式分解的 Shor 算法和用于搜索的 Grover 算法等。这些算法的实现和优化为量子计算的应用提供了坚实的基础。

此外,量子通信和量子网络的发展也在近年来取得了重要进展。量子通信利用量子比特的纠缠特性实现了量子态的传输和量子密钥分发等任务,为信息安全提供了新的解决方案。量子网络则将多个量子计算节点连接在一起,实现了分布式量子计算和通信,为未来量子互联世界的构建奠定了基础。

8.6.3　量子计算和人工智能

1. 量子计算对人工智能的影响

量子计算作为一项前沿技术,对人工智能领域产生了深远的影响,为解决复杂的计算问题和推动人工智能的发展提供了新的可能性。在传统计算机无法高效处理的问题上,量子计算的优势得以展现。

首先,量子计算的并行计算能力使其在优化问题上具备突出的优势。优化问题是人工智能领域中的一个重要挑战,涉及在给定约束条件下找到最优解的问题。传统计算机需要通过穷举搜索或启发式算法来解决这类问题,而量子计算机利用量子并行性和量子搜索算法(如 Grover 算法)可以用指数级的速度搜索解空间,从而提高求解优化问题的效率。

其次,量子机器学习成为人工智能领域的一个前沿研究方向。机器学习是人工智能的核心技术之一,通过从数据中学习模式和规律,实现自动化的决策和预测。而量子计算机在处理大规模数据集和高维特征空间时具有优势,可以加速机器学习算法的训练和推理过程。例如,量子支持向量机(quantum support vector machine)和量子神经网络(quantum neural network)等量子机器学习算法正在被研究和开发,以提高模式识别和分类等任务的性能。

再者,量子计算对于加密和安全性也具有重要意义。在计算机网络和数据传输中,加密技术是确保信息安全的关键。然而,随着量子计算机的发展,传统加密算法(如 RSA 算法)的破解将变得更加容易。因此,研究人员提出了量子安全加密算法,利用量子纠缠和量子密钥分发等技术来保护数据的安全性。这些新的加密方法为保护敏感信息和确保通信安全提供了新的解决方案。

最后,量子计算还可以用于模拟复杂系统和化学反应。复杂系统的模拟对于了解物质的性质和相互作用具有重要意义,但传统计算机难以处理由大量粒子组成的复杂系统。而量子计算通过量子态的叠加和纠缠特性,可以有效模拟量子力学系统的演化过程,从而提供了更准确的模拟结果。这在材料科学、药物研发和能源领域等具有重要的应用前景。

2. 量子计算的并行计算能力与加速效应

量子计算作为一项颠覆性的技术,以其独特的并行计算能力和加速效应,引起了科学界和工业界的广泛关注。在传统计算机无法高效解决的问题上,量子计算的优势得以彰显,为解决复杂的计算难题提供了新的思路。

首先,量子计算的并行计算能力是其最重要的特征之一。在传统计算机中,计算任务按照顺序执行,每个操作都需要依次进行。然而,量子计算机中的量子比特可以同时处于多个状态的叠加态,从而实现了并行计算。通过在量子比特上施加量子门操作,可以对多个可能性进行并行计算,从而极大地提高了计算效率。这种并行计算的能力使得量子计算机在解决复杂问题时具备了巨大的优势。

其次,量子计算的加速效应是其另一个显著特点。在某些特定的计算任务中,量子计算机可以以指数级的速度加速计算过程。例如,通过量子搜索算法(如 Grover 算法),量子计算机可以在未排序的数据库中以平方根的速度搜索目标项,而传统计算机则需要线性时间。这种加速效应对于解决大规模优化问题、密码破解和数据挖掘等任务具有重要意义,为科学研究和实际应用提供了全新的可能性。

此外,量子计算的并行计算和加速效应在量子模拟中也发挥着重要作用。量子模拟是指利用量子计算机模拟和研究复杂的物理系统或化学反应过程。传统计算机在模拟这些系统时往往面临指数级的计算复杂度,而量子计算机可以利用量子叠加和纠缠的特性,在更短的时间内完成相应的模拟。这为研究新材料的设计、药物分子的优化以及量子化学等领域提供了强大的工具和方法。

最后,尽管量子计算拥有强大的并行计算能力和加速效应,但是目前仍然面临着一些挑战。量子比特的相干性和纠缠性的保持时间(相干时间)限制了量子计算的可扩展性和误差纠正的速度。此外,量子计算机的制造和操作也需要极高的技术要求和复杂的实验设备。因此,进一步的研究和技术创新仍然是实现大规模量子计算的关键。

3. 量子机器学习与数据处理

量子机器学习作为量子计算和人工智能的交叉领域,正在引起学术界和工业界的广泛关注。它融合了量子计算的并行计算能力和人工智能的数据处理技术,为数据分析和模式识别等任务提供了新的解决方案。

首先,量子机器学习利用量子计算的并行计算能力加速了传统机器学习算法的训练和推理过程。传统机器学习算法在处理大规模数据集和高维特征空间时面临着挑战,而量子计算机可以利用量子叠加和纠缠的特性,在指数级的速度上处理这些复杂任务。例如,量子支持向量机和量子神经网络等量子机器学习算法正在被研究和开发,以提高模式识别、分类和回归等任务的性能。

其次,量子机器学习利用量子计算的量子叠加和纠缠的特性,提供了一种全新的数据处理方式。传统机器学习算法通过经验和统计方法从数据中学习模式和规律,而量子机器学习则利用量子叠加和纠缠的特性,从数据中提取隐藏的量子特征。这种基于量子特征的数据处理可以更好地捕捉数据之间的关系和非线性规律,从而进一步提高模型的准确性和泛化能力。

此外,量子机器学习还可以用于保护数据隐私和解决隐私计算的问题。在传统机器学习中,数据隐私和安全性是一个重要的问题,特别是在涉及敏感数据的情况下。而量子机器学习通过量子纠缠和量子密钥分发等技术,可以实现在不暴露原始数据的情况下进行模型训练和推理。这为保护个人隐私和进行安全计算提供了新的解决方案。

然而,尽管量子机器学习具有巨大的潜力,但是目前仍然面临着一些挑战。量子比特的相干性和纠缠性的保持时间限制了量子机器学习的可扩展性和模型的稳定性。此外,量子机器学习算法的设计和优化也需要进一步的研究和开发。因此,加强量子计算和机器学习的交叉研究,促进量子机器学习算法的创新和优化,是实现量子机器学习在实际应用中取得突破的关键。

4. 量子计算对模式识别与优化的影响

量子计算作为一种基于量子力学原理的计算模型,对模式识别和优化问题具有潜在的巨大影响。随着量子计算技术的不断发展,我们正迈向一个全新的计算时代,其中量子计算在模式识别和优化领域展现出了非凡的潜力。

首先,量子计算在模式识别方面具有突破性的优势。模式识别是指从大量数据中识别出特定模式或结构的过程,如图像、语音、文本等。传统的模式识别算法在处理复杂的高维数据时往往面临着计算复杂度和存储需求的挑战。而量子计算利用量子叠加和纠缠的特性,可以在指数级的速度上搜索和处理数据,从而加速模式识别的过程。量子机器学习算法如量子支持向量机、量子神经网络等,通过量子计算的并行计算能力和优化算法,能够更快地识别和分类数据中的模式,并提供更准确的结果。

其次,量子计算对优化问题的解决提供了全新的思路。优化问题广泛存在于各个领域,如供应链优化、资源分配、组合优化等。传统的优化算法在处理大规模和复杂的优化问题时往往受到局部最优和计算复杂度的限制。而量子计算利用量子叠加和纠缠的特性,可以在庞大的搜索空间中高效地寻找全局最优解。量子优化算法如量子模拟退火、量子变分优化等,利用量子计算的优势,能够更快速地找到优化问题的最佳解决方案。

此外,量子计算还提供了一种新的数据表示和处理方式,即量子态表示和量子信息处理。量子态表示能够更好地捕捉数据中的量子特征和量子关系,从而提供更全面和准确的数据描述。量子信息处理则利用量子纠缠和量子通信等技术,实现了密钥分发、安全传输和数据隐私保护等功能,为数据处理和模式识别提供了更安全和可靠的环境。

尽管量子计算在模式识别和优化领域具有巨大的潜力,但是目前仍然面临着一些挑战。量子比特的相干性和纠缠性的保持时间限制了量子计算的可扩展性和稳定性。此外,量子算法的设计和优化也需要进一步的研究和开发。因此,加强量子计算和模式识别、优化的交叉研究,推动量子算法的创新和优化,是实现量子计算在实际应用中取得突破的关键。

综上所述,量子计算对模式识别和优化问题具有重要的影响。它通过并行计算、量子态表示和量子信息处理等手段,加速了模式识别的过程,提供了更准确和全面的结果;同时,通过量子优化算法和全局搜索能力,为复杂的优化问题提供了更高效和优化的解决方案。随着量子计算技术的不断发展和创新,数据的爆炸式增长对计算机的数据处理能力提出了巨大的挑战。为了应对这一挑战,需要寻求新的方法和技术来高效地处理和分析海量数据。在这个背景下,量子计算和数据处理的结合成为一个备受关注的领域,提供了一种全新的解决方案。

8.6.4　人工智能与量子计算的前沿研究

人工智能和量子计算作为当今科技领域最热门的两大前沿研究领域,各自都具备着巨大的潜力和影响力。近年来,人工智能和量子计算的融合逐渐引起广泛的关注,开启了一个全新的研究方向与应用前景。

在人工智能领域,机器学习和深度学习已经取得了显著的成果。然而,传统的机器学习和深度学习算法在处理复杂问题时面临着计算复杂度和存储需求的挑战。而量子计算的并行计算能力和优化算法为人工智能的发展提供了新的契机。量子机器学习是人工智能和量子计算相结合的前沿领域,它利用量子计算的优势,如量子叠加和量子纠缠,来加速机器学习算法的训练和推理过程。通过量子计算的并行性和优化算法,量子机器学习能够更快速地处理和分析大规模数据,并提供更精确和高效的结果。

此外,量子计算还为人工智能中的优化问题提供了新的解决思路。在传统的优化问题中,如路径规划、资源分配等,常常需要在庞大的搜索空间中找到最优解。传统的优化算法在处理这些问题时常常受到局部最优和计算复杂度的限制。而量子计算利用量子叠加和纠缠的特性,可以在庞大的搜索空间中高效地寻找出全局最优解。量子优化算法如量子模拟退火和量子变分优化等,利用量子计算的优势,能够更快速地找到优化问题的最佳解决方案。

此外,人工智能和量子计算的融合还促进了量子神经网络的发展。量子神经网络结合了传统神经网络和量子计算的特点,通过量子比特的并行计算能力和量子门操作,提高了神经网络的计算效率和学习能力。量子神经网络不仅可以用于传统的模式识别和分类,还可以在量子化学、量子物理等领域发挥重要作用。

尽管人工智能与量子计算的融合已经取得了一些突破和进展,但是仍然面临着一些挑战。首先,量子计算技术的可扩展性和稳定性需要进一步提高,以满足实际应用的需求。其次,人工智能和量子计算的融合需要更多的理论和算法支持,以提高整体系统的性能和效率。此外,人工智能和量子计算的交叉研究还需要建立更多的合作平台和交流机制,以促进学术界和工业界的合作与创新。

◇ 8.7 本章小结

本章深入探讨了人工智能和量子计算之间的关系,并介绍了它们相互融合对计算和智能领域的重要性。首先,介绍了量子计算的基本知识。量子计算是一种基于量子力学原理的计算模型,利用量子比特和量子态进行信息的存储和处理。与传统计算不同,量子计算利用量子叠加和量子纠缠等特性,可以在同一时间进行大量的并行计算,从而具备强大的计算能力。

其次,详细探讨了量子力学的基本原理。这包括量子比特的概念,它是量子计算的基本单位,以及量子叠加和量子纠缠等重要概念。了解这些基本原理对于理解人工智能和量子计算之间的关系至关重要,它们为量子计算提供了基础,并且与计算和智能密切相关。

然后,探讨了量子计算机的发展历程。自量子比特的概念提出以来,量子计算机经历了多年的研究和发展。在最近几年,量子计算机取得了一系列突破,包括实现了第一台量子计算机和在量子位上进行了复杂的计算。这些进展为人工智能和量子计算的融合提供了坚实的基础,并为未来的研究和应用奠定了基础。

接着进一步探讨了人工智能和量子计算的关系。量子计算对人工智能具有重要影响,它可以提供并行计算能力和计算速度的加速。通过利用量子机器学习和量子数据处理的方法,人工智能可以在量子计算环境下实现更高效、更精确的数据分析和决策。此外,量子计算还对模式识别和优化等领域具有重要影响,为解决复杂问题提供了新的可能性。

最后介绍了人工智能和量子计算的前沿研究。目前,研究人员正在探索如何将人工智能算法和模型与量子计算相融合,以实现更强大的计算和智能。例如,量子神经网络和量子优化算法是当前研究的热点领域,它们有望为人工智能提供新的计算框架和方法。此外,还有一些领域,如量子深度学习、量子强化学习和量子图神经网络等,也引起了研究人员的广泛兴趣。

综上所述,人工智能和量子计算的融合为计算和智能领域带来了巨大的潜力和机遇。量子计算的并行计算能力和加速性能可以推动人工智能技术的发展,并为解决复杂问题提供新的解决方案。然而,人工智能和量子计算的融合也面临一些挑战,如量子比特的稳定性、量子错误校正和量子算法的设计等方面,需要进一步的研究和发展。

展望未来,我们期待人工智能和量子计算的不断融合和发展。随着量子技术的进一步成熟和量子计算机的发展,可以预见更多的创新和突破。人工智能算法和模型将逐渐与量子计算相融合,从而提供更强大的计算和智能能力。这可能会促使许多领域,如材料科学、药物研发、优化问题和模式识别等的重大突破。

然而,人工智能和量子计算的融合还面临着一些技术和应用上的挑战。目前,量子计算的规模和稳定性仍然是限制因素,需要进一步的研究和努力来解决这些问题。此外,量子算法的设计和优化也是一个重要的研究领域,需要寻找更有效的方式来利用量子计算的特性。

总体来说,人工智能和量子计算的融合是一个激动人心的领域,为我们提供了许多机遇和挑战。通过持续的研究和创新,我们期待可以在未来看到更多关于人工智能和量子计算的突破和应用,这将对社会、经济和科学产生深远的影响。

◆ 8.8 习　　题

一、选择题

1. 下面哪个选项描述了人工智能的历史发展?

A. 人工智能的起源可以追溯到 20 世纪初,随着计算机技术的发展,人工智能开始崭露头角。

B. 人工智能的历史可以追溯到古代,人们通过机械装置和自动化系统试图模拟智能行为。

C. 人工智能的兴起始于 20 世纪中叶,随着计算机硬件和算法的进步,人工智能逐渐成为独立的研究领域。

D. 人工智能是近年来的概念,随着互联网和大数据的兴起,人工智能开始引起人们的广泛关注和研究。

2. 以下哪个是对人工智能的正确定义?

A. 人工智能是一种使计算机具备类似于人类智能能力的科学和工程领域,涵盖了机器学习、自然语言处理、计算机视觉等子领域。

B. 人工智能是一种模拟和复制人类智能的理论、方法、技术和应用,旨在使计算机能够执行智能任务。

C.人工智能是一种通过使用专家系统和推理系统等技术,使计算机能够模拟人类的推理和决策过程。

D.人工智能是一种使计算机具备自主学习和适应能力的领域,通过机器学习和深度学习等技术实现。

3.以下哪个描述最准确地说明了人工智能芯片在边缘计算中的应用?

A.人工智能芯片主要用于云计算环境中的人工智能应用,辅助云服务器进行大规模数据处理和算法运算。

B.人工智能芯片在边缘设备上使用,将计算和推理能力移至离数据源更近的地方,实现实时响应和隐私保护。

C.人工智能芯片仅用于移动设备上的人工智能应用,如智能手机和平板电脑,提供更高效的图像识别和语音处理功能。

D.人工智能芯片在物联网设备中应用,用于连接和控制各种传感器和执行器,实现智能化的物联网系统。

4.以下哪个描述最准确地说明了人工智能芯片与硬件加速器之间的关系?

A.人工智能芯片是硬件加速器的一种实现方式,用于提高人工智能算法的执行效率和计算速度。

B.硬件加速器是人工智能芯片的一个组成部分,用于存储和管理人工智能算法所需要的数据。

C.人工智能芯片和硬件加速器是两个独立的概念,彼此没有明确的关联。

D.人工智能芯片和硬件加速器相互依赖,硬件加速器提供专门的计算引擎,以提高人工智能算法的运行效率。

5.哪项描述最准确地表达了大数据与人工智能之间的关系?

A.大数据是人工智能的一种应用,用于存储和管理人工智能算法所需要的数据。

B.人工智能是大数据的一种技术,用于处理和分析大规模的数据集。

C.大数据和人工智能是两个独立的概念,彼此没有明确的关联。

D.大数据和人工智能相互依赖,大数据为人工智能提供训练和决策依据。

6.在自动化与智能化决策支持中,以下哪个描述最准确地说明了两者之间的区别?

A.自动化决策支持是基于预先设定的规则和流程进行决策,而智能化决策支持则是通过机器学习和人工智能算法自主学习并推断得出决策。

B.自动化决策支持和智能化决策支持是相同的概念,两者可以互换使用。

C.自动化决策支持是一种基于人工智能的辅助决策技术,而智能化决策支持是指完全由人工智能系统自主决策。

D.自动化决策支持和智能化决策支持是两种不同的技术,它们没有明确的区别。

7.以下哪个描述最准确地说明了人工智能与云计算之间的关系?

A.人工智能是云计算的一种应用,利用云平台提供的计算资源进行算法训练和推理。

B.云计算是人工智能的一种技术,用于存储和管理人工智能算法所需要的数据。

C.人工智能和云计算是两个独立的概念,彼此没有明确的关联。

D.人工智能和云计算相互依赖,云计算提供了强大的计算和数据存储能力,支持人工智能的发展和应用。

二、判断题

1. 人工智能的定义是研究如何使计算机具备类似于人类智能能力的科学和工程领域。
（　　）

2. 人工智能只涉及模拟和复制人类智能的理论、方法和技术，没有直接应用于实际场景。
（　　）

3. 机器学习是人工智能的一个子领域，它主要关注如何使计算机系统能够从数据中学习并改进性能。 （　　）

4. 人工智能芯片在边缘计算中的应用主要是为了保护数据隐私和安全性。 （　　）

5. 人工智能芯片在边缘计算中的应用仅限于移动设备，如智能手机和平板计算机。
（　　）

6. 人工智能芯片可以直接用于量子计算机的构建和运行。 （　　）

7. 人工智能只能应用于处理结构化数据，无法处理非结构化数据。 （　　）

8. 大数据在人工智能中的应用主要集中在数据存储和备份领域。 （　　）

9. 数据挖掘是一种人工智能技术，用于挖掘数据中的隐含模式和规律。 （　　）

10. 数据挖掘是一项自动化的过程，不需要人为干预。 （　　）

11. 区块链是一种用于数据存储和传输的中心化数据库技术。 （　　）

12. 区块链技术可以保护数据隐私和安全性，确保数据的不可篡改性。 （　　）

13. 区块链技术可以解决人工智能模型的可解释性和透明性问题。 （　　）

三、简答题

1. 什么是人工智能？

2. 区块链如何增强数据隐私与安全性？

3. 人工智能与大数据分析有何关系？

4. 数据挖掘与机器学习有何区别？

5. 人工智能和云计算如何结合？

参 考 文 献

[1] 李暾,毛晓光,刘万伟,等. 大学计算机基础[M]. 3 版. 北京:清华大学出版社,2018.

[2] 陈国良,王志强,张艳,等. 大学计算机:计算思维视角[M]. 2 版. 北京:高等教育出版社,2014.

[3] 沙行勉. 计算机科学导论:以 Python 为舟[M]. 3 版. 北京:清华大学出版社,2020.

[4] 战德臣,张丽杰. 大学计算机:计算思维与信息素养[M]. 3 版. 北京:高等教育出版社,2019.

[5] 李凤霞,陈宇峰,史树敏. 大学计算机[M]. 北京:高等教育出版社,2014.

[6] 董涛. 浅析计算机数值编码中的原码、反码与补码[J]. 数字技术与应用,2011(1):118-119.

[7] 龚沛曾,杨志强,李湘梅,等. 大学计算机基础[M]. 5 版. 北京:高等教育出版社,2009.

[8] 王移芝,桂小林,王万良,等. 大学计算机[M]. 7 版. 北京:高等教育出版社,2022.

[9] 张亚玲,王炳波,金海燕,等. 大学计算机基础:计算思维初步[M]. 北京:清华大学出版社,2014.

[10] 董付国. Python 程序设计[M]. 3 版. 北京:清华大学出版社,2020.

[11] 埃里克·马瑟斯. Python 编程从入门到实践[M]. 袁国忠,译. 北京:人民邮电出版社,2016.

[12] Python 软件中心. 教程[R/OL]. (2023-02-15) [2023-02-26]. https://docs.python.org/3/tutorial/index.html.

[13] 唐朔飞. 计算机组成原理[M]. 北京:高等教育出版社,2008.

[14] 唐朔飞. 计算机组成原理:学习指导与习题解答[M]. 北京:高等教育出版社,2008.

[15] 白中英,戴志涛. 计算机组成原理(第五版·立体化教材)[M]. 北京:科学出版社,2013.

[16] 罗宇,邹鹏,邓胜兰,等. 操作系统[M]. 3 版. 北京:电子工业出版社,2011.

[17] 汤子瀛,哲凤屏,汤小丹. 计算机操作系统[M]. 西安:西安电子科技大学出版社,2001.

[18] 布莱恩特,奥哈拉伦. 深入理解计算机系统[M]. 3 版. 龚奕利,贺莲,译. 北京:机械工业出版社,2016.

[19] STALLINGS W. 操作系统:精髓与设计原理[M]. 8 版. 陈向群,陈渝,等译. 北京:电子工业出版社,2017.

[20] TANENBAUM A. 现代操作系统[M]. 3 版. 陈向群,马洪兵,等译. 北京:机械工业出版社,2009.

[21] 刘晓宁,马西,曾航,等. 大数据、云计算审计技术创新研究[J]. 中国农业会计,2022(8):46-49.

[22] 刘彩霞. 云计算在计算机数据处理中的应用发展[J]. 数字技术与应用,2022,40(10):55-57.

[23] 李沂修. 云计算和大数据的特点与风险分析[J]. 电子技术,2022,51(7):100-101.

[24] 梅宏,杜小勇,金海,等. 大数据技术前瞻[J]. 大数据,2023,9(1):1-20.

[25] 王晓中. 大数据视角下媒体融合途径[J]. 中国报业,2022(18):30-31.

[26] 吴军. 浪潮之巅[M]. 北京:人民邮电出版社,2019.

[27] ERL T,PUTTINI R,MAHMOOD Z. Cloud Computing:Concepts,Technology & Architecture[M]. Upper Saddle River:Prentice Hall,2013.

[28] 刘云浩. 物联网导论[M]. 3 版. 北京:科学出版社,2017.

[29] SCHMALSTIEG D,HOLLERER T. Augmented Reality:Principles and Practice[M]. Addison-Wesley,2016.

[30] BLASCOVICH J,BAILENSON J. Infinite reality:Avatars,eternal life,new worlds,and the dawn of the virtual revolution[M]. William Morrow & Co,2011.

[31] 赵刚. 区块链:价值互联网的基石[M]. 北京:电子工业出版社,2016.

[32] 尼克. 人工智能简史[M]. 北京:人民邮电出版社,2017.